Emil Zuckerkandl

**Normale und pathologische Anatomie der Nasenhöhle**

und ihrer pneumatischen Anhänge

Emil Zuckerkandl

**Normale und pathologische Anatomie der Nasenhöhle**
*und ihrer pneumatischen Anhänge*

ISBN/EAN: 9783743450271

Hergestellt in Europa, USA, Kanada, Australien, Japan

Cover: Foto ©berggeist007 / pixelio.de

Emil Zuckerkandl

**Normale und pathologische Anatomie der Nasenhöhle**

# NORMALE UND PATHOLOGISCHE

# ANATOMIE DER NASENHÖHLE

### UND IHRER

## PNEUMATISCHEN ANHÄNGE

VON

### D̲R̲ E. ZUCKERKANDL

O. Ö. PROFESSOR DER ANATOMIE AN DER K. K. UNIVERSITÄT IN WIEN.

## II. BAND.

MIT 24 LITHOGRAPHIRTEN TAFELN.

---

WIEN UND LEIPZIG.
WILHELM BRAUMÜLLER
K. U. K. HOF- UND UNIVERSITÄTSBUCHHÄNDLER.
1892.

# HERRN

# PROFESSOR D^R HANS KUNDRAT

FREUNDSCHAFTLICHST ZUGEEIGNET.

# Vorwort.

Hiemit übergebe ich den zweiten Band dieses Werkes der Oeffentlichkeit. Er enthält vielfach Ergänzungen des ersten Bandes, seit dessen Erscheinen zehn volle Jahre verflossen sind; ferner neue Befunde, über die ich seinerzeit aus Mangel an Erfahrung nicht berichten konnte. Einige Fragen, wie die des Empyem der Kieferhöhle und der Structur der Nasenpolypen, deren Discussion auf der Tagesordnung steht, habe ich auf Grundlage neuer Untersuchungen geprüft.

Die Reihenfolge der Capitel wurde nicht strenge nach den einzelnen pneumatischen Räumen, sondern in der Weise angeordnet, dass das Folgende sich aus dem Vorhergegangenen erklären lässt. So findet sich beispielsweise die Entzündung der Kieferhöhlenschleimhaut vor den Nasenpolypen abgehandelt, weil es des Vergleiches halber nothwendig ist, vor Abhandlung der Gallertpolypen von dem Stroma der entzündeten Kieferhöhlenschleimhaut Kenntniss zu haben.

Den Fall von Hyperostose der Nasenmuscheln und jenen mit Inversion des Schneidezahnes verdanke ich der Freundlichkeit meines Collegen, Professor H. Kundrat. Das Präparat mit Odontom des Oberkiefers gehörte ehemals der Sammlung von weiland Professor W. Gruber an.

Das Material, auf dessen Grundlage die allgemeinen Schlüsse gezogen wurden, ist in den einschlägigen Capiteln enthalten. Von jenen Lesern, die ihre eigenen Forschungsergebnisse mit dem in diesem Werke niedergelegten zu vergleichen beabsichtigen, habe ich die Ueberzeugung, dass sie die reichliche Casuistik nicht übel nehmen, während Andere, die blos über den Gegenstand orientirt zu sein wünschen, sich leicht zu helfen wissen werden.

Schliesslich bemerke ich, dass das Manuscript dieses Buches im Monate December des verflossenen Jahres in Druck gegeben wurde.

Wien, Ostern 1892.

# Inhaltsverzeichniss.

|  |  |  | pag. |
|---|---|---|---|
| I. Capitel. | | Anatomie der Nasenscheidewand | 1 |
| II. | „ | Brüche der Nasenscheidewand | 19 |
| III. | „ | Aetiologie der Septumdeviation | 41 |
| IV. | „ | Rhinitis | 48 |
| V. | „ | Habituelles Nasenbluten | 58 |
| VI. | „ | Das runde Geschwür der Nasenscheidewand | 60 |
| VII. | „ | Die entzündlichen Processe der Kieferhöhlenschleimhaut | 63 |
| VIII. | „ | Nasenpolypen | 78 |
| IX. | „ | Ueber Muschelatrophie | 126 |
| X. | „ | Synechien | 136 |
| XI. | „ | Syphilis | 145 |
| XII. | „ | Tuberculose | 157 |
| XIII. | „ | Rhinolithen | 158 |
| XIV. | „ | Osteoporose der Muscheln und der Nasenscheidewand | 161 |
| XV. | „ | Ueber in die Nasenhöhle hineingewachsene Zähne und Zahngeschwülste | 163 |
| XVI. | „ | Zahncysten, Empyem der Kieferhöhle, Hydrops antri Highmori | 169 |
| XVII. | „ | Polypen der Kieferhöhle | 198 |
| XVIII. | „ | Das Empyem des Siebbeinlabyrinthes | 205 |
| XIX. | „ | Ueber einen in die Rachenhöhle hineinragenden geschwulstartigen Vorsprung des oberen Halswirbel | 209 |
| | | Erklärung der Abbildungen | 212 |

# Erstes Capitel.

## Anatomie der Nasenscheidewand.

Das Septum nasale reicht von den äusseren Nasenöffnungen bis an die Choanen und bildet die gemeinsame Innenwand beider Nasenhöhlen. Es setzt sich aus zwei Platten, einer knöchernen und einer knorpeligen zusammen (Taf. 1, Fig. 1) und ist an seinen freien Flächen mit Schleimhaut überzogen. Knöchern ist die grössere hintere, knorpelig die vordere kleinere Partie der Nasenscheidewand, welch letzterem Umstande die äussere Nase ihre Biegsamkeit verdankt.

Die Form des Septum hängt vorwiegend von der Beschaffenheit der Knochen-Knorpellamelle ab, doch nimmt auch der Schleimhautüberzug Einfluss auf seine Modellirung.

Für das Verständniss der verschiedenen Formen, unter welchen sich die Nasenscheidewand, insbesondere ihre Oberfläche repräsentirt, erscheint es nothwendig, auf ihre Entwickelungsgeschichte näher einzugehen.

Anfänglich, so lange die Skelettheile noch nicht präformirt sind, entsendet die dem Mundraume zugekehrte Oberfläche des mittleren Stirnfortsatzes nach W. His[1]) zwei rundliche Leisten (Laminae nasales), die leicht divergirend zur Rachendecke treten und unter rascher Höhenabnahme hier auch endigen. Dieselben bilden die mediale Wand der Nasengrube und sind anfangs durch eine **breite Furche von einander geschieden**, dann aber treten die beiden Laminae in der Mittellinie zusammen, verschmelzen untereinander und entwickeln sich, soweit sie nicht zur Lippen- und Zwischenkieferbildung verwendet werden, zum Septum narium. „**Das Septum entsteht**

---

[1]) Anatomie menschlicher Embryonen. Leipzig 1885.

demnach ... durch eine mediane Verbindung von zwei ursprünglich getrennten Anlagen" (W. His). Die auf die geschilderte Weise entstandene Scheidewand wandelt sich mit anderen Theilen des fötalen Schädels in Knorpel um, der dann später durch die auftretende Ossification zum Verschwinden gebracht wird. Der Knorpel verschwindet jedoch nicht gänzlich, und im Nasenscheidewandknorpel (Cartilago quadrangularis) sowie in der Cartilago triangularis und alaris sind noch Stücke des unverknöcherten Primordialschädels erhalten geblieben. Die Ossification der Nasenscheidewand beginnt im 2. Fötalmonate. Nach A. Rambaud und Ch. Renault[1]) erscheint um diese Zeit zu beiden Seiten der unteren Partie des Septum als erste Andeutung eines Pflugscharbeines je eine kleine Knochenlamelle, die im 3. Fötalmonate untereinander verwachsen und eine Knochenschiene (Vomerschiene) bilden. Der Vomer besteht von nun an aus zwei am hinteren und unteren Rande ineinander umbiegenden Knochenplatten, die eine tiefe Rinne (Sulcus vomeris) zwischen sich fassen. In der Rinne steckt die basale und als Cartilago vomeris bezeichnete Partie des Nasenscheidewandknorpels (Fig. 1).

In diesem Stadium besteht das Septum aus einem unteren kleinen knöchernen Antheil (dem Vomer) und einem grösseren oberen bis an das Keilbein reichenden knorpeligen Antheil, welcher zur Lamina perpendicularis ossis ethmoidei und zur Cartilago quadrangularis wird. Das Gebiet des knorpeligen Antheiles erfährt später eine wesentliche Verkleinerung durch die Lamina perpendicularis und durch Veränderungen, die sich am Pflugscharbeine bemerkbar machen. Die Perpendicularplatte wächst von oben herab, sich immer mehr und mehr dem Vomer nähernd, und je näher sie diesem kommt, desto schmäler wird der Knorpel an dieser Stelle. Ist endlich die knöcherne Verbindung zwischen Vomer und Lamina perpendicularis hergestellt, dann findet sich nur mehr im Sulcus vomeris ein Knorpelstreifen, der vorne mit der erst jetzt scharfbegrenzten Cartilago quadrangularis im Zusammenhange steht. Durch das Wachsthum des Pflugscharbeines wird später die Rinne abgeschlossen, so dass der Knorpelstreifen in einen Knochencanal gebettet lagert. Dieser Canal mündet, wie auch J. Henle[2]) angibt, an der Rinne zwischen den beiden Alae vomeris und ist gewöhnlich auf einer Seite durch einen Längs-

---

[1]) Origine et Développement des Os. Paris 1864.
[2]) Knochenlehre. Braunschweig 1855.

spalt geöffnet. Zuweilen aber finden sich nach beiden Seiten hin Dehiscenzen der Canalwandung.

Der eingeschlossene Knorpelstreifen erhält sich häufig bis in das späte Greisenalter, und verursacht bei seiner Verknöcherung eine am Vomer schräg auf- und rückwärts ziehende leistenartige Verdickung.

Die Thatsache, dass zwischen Vomer und Lamina perpendicularis Knorpelgewebe auftritt, war schon J. Henle[1]) und Ph. Sappey[2]) bekannt; auch A. Kölliker[3]) erwähnt eines solchen Falles. Die beiden letztangeführten Forscher scheinen nicht genügende Erfahrungen über den Gegenstand gesammelt zu haben, denn es fehlt bei ihnen die Bemerkung, dass die Persistenz der Cartilago vomeris einen ganz gewöhnlichen Befund abgibt.

An der Articulationsstelle zwischen Vomer und Scheidewandknorpel lässt sich Folgendes beobachten:

Die Cartilago vomeris verringert sich; die beiden knöchernen Vomerplatten nähern sich und verwachsen grösstentheils untereinander, so dass von der Rinne nur mehr Reste vorhanden sind, oder auch diese schwinden. Es verdient in dieser Beziehung hervorgehoben zu werden, dass der bezeichnete Rand variirt und zuweilen die juvenile Form im ausgebildeten Zustande beibehält. Eine in dieser Richtung angestellte statistische Untersuchung lehrt, dass in einzelnen Fällen schon zwischen dem 2. und dem 3. Lebensjahr der Sulcus vomeris so rudimentär wie im definitiven Zustande ist.

Im 3. Lebensjahre zeigen unter 20 Fällen
   17 die juvenile,
    3 die definitive Form;
im 3. bis (incl.) 4. Jahr unter 32 Fällen
   22 die juvenile,
   10 die definitive Form;
im 4. bis (incl.) 5. Jahr unter 13 Fällen
   10 die juvenile,
    3 die definitive Form;
im 5. bis (incl.) 6. Jahr unter 21 Fällen
   14 die juvenile,
    7 die definitive Form;

---

[1]) l. c.
[2]) Traité d'Anat. descript. T. I. Paris 1867.
[3]) Ueber die Jacobsohn schen Organe des Menschen. Leipzig 1877.

im 7. Jahr zeigen unter 7 Fällen
6 die juvenile,
1 die definitive Form;
im 8. Jahr unter 4 Fällen
3 die juvenile,
1 die definitive Form;
im 9. Jahr unter 2 Fällen
1 die juvenile,
2 die definitive Form;
im 10. Jahr unter 9 Fällen
6 die juvenile,
3 die definitive Form;
im 11. bis 12. Jahr unter 3 Fällen
3 die definitive Form;
im 12. bis (incl.) 14. Jahr unter 6 Fällen
3 die juvenile,
3 die definitive Form;
im 16. bis 19. Jahr unter 8 Fällen
1 die juvenile,
7 die definitive Form.

1. Dentition: Die juvenile Form in 74·2%,
„ definitive „ „ 25·8%.
2. Dentition, allerdings weniger Schädel:
Die juvenile Form in 43·8%,
„ definitive „ „ 56·2%.

Bei Erwachsenen findet man unter 100 Fällen in 62% die Rinne oder den Rest derselben, in 38% keine Spur der Rinne; bei Kindern im Alter von 2 bis 14 Jahren (122 Schädel) 14·7% ohne Rinne.

Im fertigen Zustande bildet das Pflugscharbein eine vierseitige Platte, die sich am oberen Rande mit dem Keilbeinkörper, am unteren mit der Crista nasalis verbindet. Der vordere Rand articulirt theils mit der Lamina perpendicularis ossis ethmoidei, theils mit der Cartilago quadraugularis, der hintere Rand dagegen liegt frei als Scheidewand zwischen den beiden Choanen.

Am Zwischenkiefer articulirt der vordere Vomerrand nicht direct mit der Spina nasalis anterior, sondern mit einem kurzen, niedrigen Knöchelchen, welches als Wiederholung der Crista nasalis an der Nasenseite des Zwischenkiefers angesprochen werden kann und Crista incisiva genannt wird. Auf diese Weise entsteht eine kurze Rinne, Sulcus praevomeris, und an den hinteren Rand dieser Rinne passt sich das Pflugscharbein an, so dass durch diese kleinen Knochenleisten die Vomerrinne nach vorne hin bis an die Spina nasalis anterior verlängert wird. Die Entwickelung dieser Semicrista incisiva lehrt, dass am Ende des 2. Fötalmonates an der Nasenfläche eines jeden Zwischenkiefers sich ein senkrecht gestelltes Knochenplättchen erhebt, welches seitlich eine Rinne begrenzt. Mit dem hinteren Rande dieses Knöchelchens articulirt jederseits eine der beiden Vomerplatten, oder es schiebt sich das vordere Vomerende in die Rinne selbst ein. Rambaud und Renault, die das bezeichnete Knöchelchen entdeckt haben, nennen es Os sousvomerien. Dasselbe ist nach den Angaben der citirten Forscher im 1. Lebensjahre noch nicht mit dem Oberkiefer verwachsen, persistirt aber zuweilen bis ins 15. und 18. Lebensjahr als selbstständiges Knöchelchen. Bezüglich der definitiven Form des Knöchelchens hebe ich hervor, dass es sich in ähnlicher Weise verändert, wie der gefurchte Theil des oberen Vomerrandes. Die Furche kann fehlen, in welchem Falle die beiden Semicristae incisivae zu einem kurzen Knochenkamme verwachsen sind.

## Lamina perpendicularis des Siebbeines.

Die Lamina perpendicularis bildet im fertigen Zustande eine unregelmässig viereckige Knochenplatte, die kürzer, aber breiter (höher) als das Pflugscharbein ist. Von den vier Rändern haftet der obere an der Siebplatte, der untere articulirt mit dem Vomer, der hintere mit dem Keilbein, der vordere mit dem Nasenrücken. Hier schliesst sich die Lamina perpendicularis theils an die Spina nasalis ossis frontis, theils an die Crista nasalis der medialen Nasenbeinränder an. Die Ossification der Perpendicularplatte beginnt im 6. Lebensmonate an der Crista galli und schreitet von oben nach unten vor. Bereits im 1. Lebens-

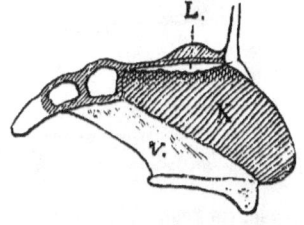

Fig. 1. Ossification der Lamina perpendicularis ossis ethmoidei. V. Vomer. K. Knorpelige Nasenscheidewand. L. Lamina perpendicularis.

jahre repräsentirt die Lamina perpendicularis einen niedrigen, leistenartigen Ansatz der Lamina cribrosa, aber erst im 3. Lebensjahre erreicht die Platte als Knochengebilde den Vomer. Zuweilen verzögert sich der Ossificationsprocess bis in das 5. Lebensjahr, und dann schaltet sich zwischen Vomer und Lamina perpendicularis ein auffallend breiter Knorpelstreifen ein. Im 6. Jahre ist die Articulation zwischen Vomer und Lamina perpendicularis zumeist schon definitiv gestaltet, und nach dem 9. Lebensjahre dürfte der Spalt zwischen ihnen kaum mehr vorkommen.

## Die Articulation zwischen Perpendicularplatte und Nasendach.

Beim Erwachsenen beobachtet man, dass die Articulation der Lamina perpendicularis mit dem Nasenrücken nicht immer dieselbe Ausdehnung besitzt. Die Articulation reicht bald bis zur Mitte des

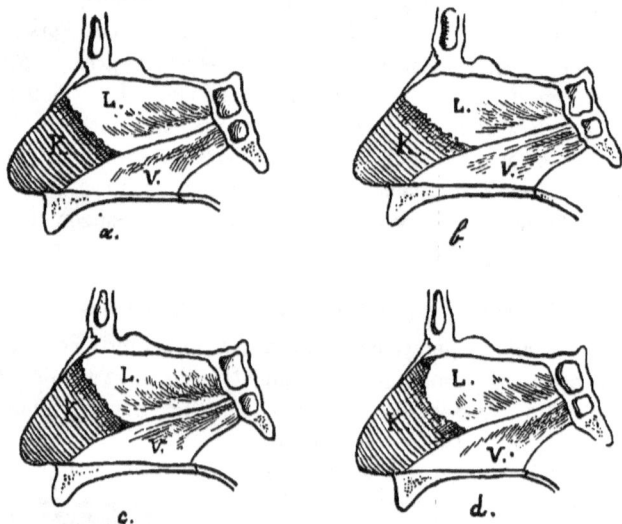

Fig. 2. Verhalten des Septum nasale zu dem Nasenrücken.
L. Lamina perpendicularis ossis ethmoidei. V. Vomer. K. Cartilago quadrangularis. Die L. p. reicht in *a* bis unter die Mitte, in *b* bis an den freien Rand des Os nasale, in *c* nur bis zur Spina nasalis ossis frontalis, und gelangt in *d* überhaupt nicht an den Nasenrücken heran.

Nasenrückens oder rückt noch tiefer herab, bald hört sie höher oben auf, und es kommt bei besonderer Kürze des vorderen Randes der Lamina perpendicularis sogar vor, dass eine Verbindung mit den Nasenbeinen sich überhaupt nicht entwickelt, in welchem Falle sich die Perpendicularplatte blos auf die Spina nasalis superior stützt. Eine einschlägige statistische Untersuchung lieferte folgende Ergebnisse:

In 49% reicht der vordere Rand der Lamina perpendicularis bis zur Mitte des Nasenrückens herab.

In 38% reicht der vordere Rand der Perpendicularplatte bis an die Grenze zwischen dem mittleren und unteren Drittel des Nasenrückens.

In 10% hört der Contact zwischen Lamina perpendicularis und Nasenrücken schon an der Grenze zwischen dem oberen und mittleren Drittel des letzteren auf.

In 3% endlich fehlt eine Articulation der beiden genannten Skeletstücke und die Lamina perpendicularis stützt sich blos auf die Spina nasalis superior.

Ich hebe diese Details speciell hervor, weil sie für die Beurtheilung der Nasenscheidewandbrüche von Wichtigkeit sind.

Eine andere, nicht selten vorkommende Varietät besteht darin, dass der Randstreifen, der sich an den Nasenrücken anlegt, knorpelig bleibt, in welchem Falle man zwischen Lamina perpendicularis und Nasenrücken einen Einschnitt findet, in welchem ein Knorpelfortsatz der Lamina quadrangularis steckt.

Das knorpelige Septum bildet eine viereckige Platte von solcher Grösse, dass sie mit ihrer vorderen Hälfte die Apertura pyriformis weit überragt (Fig. 1) und den Hohlraum der äusseren Nase in eine rechte und in eine linke Hälfte theilt. Von den vier Rändern der Cartilago quadrangularis setzt sich der hintere direct in die Lamina perpendicularis fort, der untere ist in die Vomerfurche eingefalzt oder geht beim Mangel der Vomerrinne direct in das Pflugscharbein über. Der Knorpel reicht hier bis an die Spina nasalis anterior und biegt in den vorderen Rand (Fig. 1) um, welch letzterer der Nasenspitze entsprechend unter stumpfem Winkel in den oberen Rand übergeht. Ueber dem Septum membranaceum ist der vordere Rand des Knorpels zu fühlen. Der obere Rand der Lamina quadrangularis legt sich an den knöchernen Nasenrücken an und bildet weiter unten mit dem Ansatze der Cartilago triangularis den Rücken der knorpeligen Nase. Der knöcherne Nasenrücken ruht demnach theils auf der knöchernen, theils auf der knorpeligen Nasenscheidewand. Die Articulationslinie zwischen dem knöchernen Nasenrücken und der knorpeligen Nasenscheidewand ist nicht in allen Fällen gleich lang; Knorpel und Lamina perpendicularis compensiren sich gegenseitig. Reicht letztere weit herab, so stützt sich blos der Randtheil des Nasenbeines auf das knorpelige Septum, hört dagegen die Lamina perpendicularis — um das andere Extrem zu nennen — schon an der Spina nasalis superior auf, dann lagert der Nasenrücken seiner ganzen Länge nach auf der knorpeligen Scheidewand. Nach den vorher gegebenen Daten ruhen zumeist blos die obere Hälfte oder die oberen zwei Drittheile der Nasenbeine auf knöcherner Unterlage, der Rest auf Knorpel. Dieses wechselnde Verhalten ist in der eigenthümlichen Ossificationsart der Nasenscheidewand begründet. Das ursprünglich in toto knorpelige Septum ossificirt nämlich nicht immer in gleicher Ausdehnung. Die Ossification überschreitet sogar häufig die normalen Grenzen, und man findet dann die Lamina perpendicularis über die Apertura pyriformis in die äussere Nase hineinragend, oder der Vomer ist durch besondere Höhe ausgezeichnet, und der Knochenwinkel für das knorpelige System ist eingeengt. Die Wichtigkeit dieses anatomischen Details wird klar, wenn man auf die architektonische Bedeutung des knorpeligen Septum als Stützpfeiler für die knorpelige Nase Rücksicht nimmt, wie dies am deutlichsten aus der Betrachtung gewisser Fälle von Ulcus perforans hervorgeht. Für gewöhnlich hat das Ulcus einen solchen Sitz, dass es allseitig einen breiten Knorpelrahmen besitzt, und dadurch die Scheidewand im Stande bleibt, die Nase zu stützen. In jenen Fällen hingegen, wo die Perforation weit vorne, ganz nahe dem Nasenrücken sitzt, ist der vordere Rahmenantheil des Ulcus zu schwach und die Nase sinkt ein. Die topischen Beziehungen der knorpeligen Nasenscheidewand erklären ferner den Umstand, dass Nasenbeinbrüche gewöhnlich zu Brüchen des knorpeligen Septum Anlass geben (siehe das nächste Capitel).

## Dicke der knorpeligen Scheidewand.

Die viereckige knorpelige Platte besitzt nicht an allen Stellen die gleiche Dicke. Im Vestibulum nasale ist sie dünner als in der Nasenhöhle, dabei aber in allen Höhenschichten von gleicher Dicke. 1 cm. hinter der Apertura pyriformis zwischen den vorderen Enden der mittleren Muscheln und entsprechend dem Tuberculum septi ist der Knorpel verdickt; über und unterhalb dieser Stelle verjüngt sich der Knorpel ein wenig, so dass das Septum in diesem Bereiche eine spindelförmige Gestalt zeigt. Daher rührt auch die starke Verdickung der Lamina perpendicularis, wenn sich die Ossification der Scheidewand bis über das Tuberculum septi hinaus erstreckt. Durchschneidet man den Scheidewandknorpel mitsammt der Lamina perpendicularis und dem Vomer, so zeigt sich, dass der Knorpel an der Lamina perpendicularis am dicksten ist und von hier gegen den

Vomer an Dicke allmälig abnimmt. Desgleichen gewinnt die Knorpelplatte von vorne nach hinten an Dicke.

Ganz eigenthümlich verhält sich der Knorpel an der Articulationsstelle mit dem Vomer. Der Knorpelrand ist schmal oder breit, abnorm verbreitert, keulenförmig angeschwollen und zwar symmetrisch oder nur auf einer Seite, einseitig oder beiderseits zu einer der Breite nach variirenden Platte ausgewachsen oder hakenförmig umgebogen, Verhältnisse, die theilweise schon von B. Loewenberg[1]) beschrieben worden sind. Der Vomer accommodirt sich natürlich diesen Bildungen am Knorpel: es findet sich eine median gestellte tiefe Vomerrinne, oder sie fehlt, und Knorpel und Knochen stossen mit planen Flächen aufeinander. Die Lefzen der Vomerrinne legen sich auseinander, wodurch die Rinne selbst breiter, aber seichter wird oder ganz fehlt, und endlich steht die Articulationsfläche nicht gerade, sondern neigt auf eine oder die andere Seite hin, wie dies schon B. Loewenberg richtig angegeben hat. Dabei scheint es mir mehr als wahrscheinlich zu sein, dass die Knorpelveränderungen

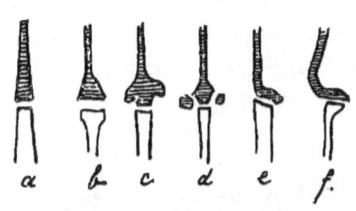

Fig. 3. Beschaffenheit des unteren Randes der Cartilago quadrangularis an der Articulation mit dem Vomer. Der Knorpel ist schraffirt. *a* Rand nicht verdickt. *b* und *c* Rand verdickt, und in *c* in seitliche Leisten auslaufend. *d* Rand verdickt, mit Seitenleisten versehen, die von den dicken Jacobson'schen Knorpeln gebildet werden. *e* und *f* Knorpelrand nach einer Seite hin abgebogen.

das Primäre seien, und der Knochenrand sich eben nach der Form des Knorpelrandes modellire. Häufig springt auch der Knorpel über den Knochenrand vor.

Die bald einseitigen, bald doppelseitigen Verdickungen sind wichtig, weil sie zu Leistenbildungen des Septum Anlass geben.

Knapp hinter der Spina nasalis anterior schliesst sich an den Articulationsrand des Septum jederseits ein accessorisches Knorpelstückchen an, welches den Namen Huschke'scher Knorpel führt. J. Henle[2]) bestreitet die Existenz der kleinen Knorpel, vermuthet dagegen, dass bei jungen Menschen knorpelige Epiphysen an der Crista incisiva vorkommen, die für accessorische Knorpel gehalten wurden.

---

[1]) Anat. Unters. üb. d. Verbieg. d. Nasenscheid. Zeitschr. f. Ohrenh. 1883.
[2]) Eingeweidelehre.

Dem ist jedoch nicht so, und es dürfte sich wohl Jeder, der in dieser Sache Erfahrungen sammelt, der Huschke schen Anschauung anschliessen. Die Huschke schen Knorpel sind interessante Gebilde, weil sie Rudimente eines Knorpels darstellen, welcher bei Thieren zu einer ganz exquisiten Entfaltung gelangt. Man findet fast constant beim Menschen am vorderen, unteren Theile der Nasenscheidewand einen in die Nasenhöhle mündenden Schleimhautcanal, der hinten blind endet, und dessen Mündung vor der Oeffnung des Canalis incisivus sich befindet. Dieser Schleimhautcanal repräsentirt nun das Rudiment des bei Thieren vorkommenden Jacobsohn schen Organes, und der Huschke sche Knorpel ist ein Rest der Knorpelkapsel, die das eben genannte Organ umgibt.

Mehrere Male habe ich beobachtet, dass in der Nachbarschaft der Oeffnung des Jacobsohn schen Organes, aber schon im Bereiche der Cartilago quadrangularis, Knorpelplättchen auftraten, welche von dem perichondralen Bindegewebe eingehüllt waren.

### Dicke des knöchernen Septum.

Von der knöchernen Scheidewand ist die Perpendicularplatte des Siebbeines an ihren Ansätzen (an der Lamina cribrosa und am Nasenrücken), ferner am freien Rande ein wenig verdickt, sonst dünn und durchsichtig. Das Pflugscharbein bildet in seiner oberen Partie eine dicke Leiste, die, an der Spina nasalis beginnend, entlang der Articulationslinie mit der Lamina quadrangularis und perpendicularis schräg nach hinten gegen das Rostrum sphenoidale emporsteigt, und hier angelangt, sich in die beiden Flügel des Vomer spaltet. Jene Partie des Vomer, die sich der Crista palatina anschliesst, ist wie diese selbst relativ dick, während die übrigen Vomertheile gleich der Lamina perpendicularis sich durch Zartheit auszeichnen.

### Schleimhaut.

Der Schleimhautüberzug des Septum ist an zwei Stellen durch Verdickungen bemerkenswerth: durch das Tuberculum und die Plicae septi.

Das Tuberculum septi variirt der Grösse nach beträchtlich, befindet sich vorne am Eingange in den Riechspalt, entspricht ziemlich genau den vorderen Enden der mittleren Nasenmuscheln, erreicht aber hinten noch den Uebergang des Knorpels in die Lamina perpendicularis und zeigt die Grösse eines Kreuzerstückes. Zuweilen verlängert es sich nach hinten und bildet dann eine schräg aufsteigende, wulstige Schleimhautleiste. Die Ursache der Schleimhautverdickung am Tuberculum septi, die zuweilen durch eine Knochenverdickung an der gleichen Stelle noch verstärkt wird, ist in einer besonderen Anhäufung von Drüsen gegeben (siehe Fig. 11, I. Bd.). Bresgen[1]) meint wohl, dass Gefässe die Vorwölbung veranlassen, doch ist diese Angabe ebenso unrichtig, wie eine Reihe von anderen Behauptungen, die dieser Autor über das Gefässsystem der Nasenschleimhaut aufgestellt hat.

Die Plicae septi treten im hinteren Antheile der Scheidewand auf, gehören aber nicht zu den constanten Bildungen der Nasenschleimhaut. Sie bilden eine der Zahl nach variante Reihe von schräg gerichteten, parallelen Falten, deren hintere Enden bis nahe an den Choanenrand der Scheidewand sich erstrecken. Die Plicae septi stellen eine physiologische Bildung dar, wie dies schon aus der Thatsache hervorgeht, dass sie selbst bei Embryonen vorkommen. Auf Taf. 11, Fig. 2 kann man diese Falten im hypertrophirten Zustande sehen.

## Verbiegung des Septum.

Die Nasenscheidewand weicht häufig von ihrer typischen, medianen Stellung nach einer oder der anderen Seite hin ab, und man bezeichnet diesen Zustand als Septumdeviation. Die Deviation kann eine einfache oder doppelte sein, je nachdem die Scheidewand eine convex-concave Platte bildet (einfache Skoliose) oder eine S-förmige Verbiegung acquirirt hat (doppelte Skoliose). Im ersteren Falle ist die Nasenhöhle der convexen Septumfläche verengt, die Gegenseite compensatorisch erweitert; im letzteren Falle zeigt jede Nasenhöhle alternirend eine Verengerung und Erweiterung. Der Choanentheil der Scheidewand wird von der Verbiegung nicht getroffen; unbedeutende Asymmetrien der Choanen kommen allerdings vor, da ja überhaupt von einer strengen Symmetrie im menschlichen Körper kaum die Rede sein kann. Die Asymmetrie der Choanen ist jedoch, wenn überhaupt bemerkbar, so unbedeutend, dass sie für die Praxis nicht in Betracht kommt. In dieser Weise sind meine früheren Angaben zu verstehen, und habe ich auch bis heute eine nennenswerthe Asymmetrie der Choanen nicht gesehen.

Die Deviation trifft sowohl den knöchernen als auch den knor-

---

[1]) Med.-chir. Centralblatt. Wien 1885 u. 1886.

peligen Theil des Septum, und die Behauptung von A. Jurasz[1]), dass in keinem einzigen seiner Fälle die Verbiegung am hinteren knöchernen, sondern stets im vorderen knorpeligen Theile des Septum constatirt wurde, wird wohl auf einer fehlerhaften Beobachtung beruhen. Bei vielen Fällen dürfte die Verbiegung der knöchernen Scheidewand sogar das Primäre sein, und die der knorpeligen eine Anpassung an diese Deformation.

Ueber die Häufigkeit der Septumdeviation geben nachstehende Zahlen einen Ueberblick.

### Schädel von Europäern.

Unter 370 Cranien ist die Scheidewand
   in 46·8% symmetrisch gestellt,
   „ 53·2% deviirt.

Unter 92 Schädeln aussereuropäischer Völker:
   in 73·9% symmetrisch gestellt,
   „ 26·1% deviirt.

Neuere Untersuchungen an 329 Cranien von aussereuropäischen Völkern ergeben folgende Resultate:

| | Zahl | deviirt |
|---|---|---|
| Afrikaneger . . . . | 54 | 6 |
| Afrikaner (unbestimmt) . | 5 | 3 |
| Malayen . | 163 | 45, in weiteren 20 Fällen Andeutung einer Deviation vorhanden, |
| Chinesen . | 39 | 9, in weiteren 11 Fällen Andeutung einer Deviation vorhanden, |
| Asiaten (unbestimmt) . | 10 | 5 |
| Australier . . . | 28 | 10, in weiteren 3 Fällen Andeutung einer Deviation vorhanden, |
| Indianer und Alt-Peruaner | 30 | 14, in weiteren 4 Fällen Andeutung einer Deviation vorhanden. |
| | 329 | 92  38 |

Es ist demnach das Septum in 27·9%, eventuell wenn man die mit Andeutung einer Deviation versehenen Fälle hinzuzählt, in 39·5% deviirt. Es lässt sich daher eine wesentliche Differenz zwischen europäischen und fremden Cranien constatiren, denn unleugbar kommen Septumdeviationen bei uns viel häufiger vor, als bei nichteuropäischen

---

[1]) Die Krankheiten d. oberen Luftwege. I. Heft. Heidelberg 1891.

Völkern, Verhältnisse, auf welche ich noch später zurückkommen werde.

Die Septumdeviation combinirt sich häufig mit **leistenartigen Verdickungen** am knöchernen Septum, die ich wegen des hakenförmigen Auslaufens an einer Stelle als Hakenfortsatz bezeichnet habe.

Theile[1]) nennt den Fortsatz Kamm des Vomer, Welcker[2]) Crista lateralis. Ich halte die letztere Bezeichnung für die am meisten charakteristische, nur wird es gut sein, den Terminus Hakenfortsatz beizubehalten, da die Leiste häufig in Form eines breiten Dornes auswächst, und ähnliche Auswüchse auch ohne Leistenbildung aufzutreten pflegen. Die genannte Leiste kommt gewöhnlich nur auf einer Seite vor, **gehört unter allen Verhältnissen dem Pflugscharbeine an, und zieht bei voller Ausbildung dem oberen verdickten Vomerrande folgend und an der Spina nasalis anterior beginnend, in schräger Richtung von vorne unten nach hinten oben gegen das Rostrum sphenoidale empor.** Participirt die Perpendicularplatte an der Leistenbildung, so repräsentirt dies eine Anpassung an den in der Nachbarschaft entstandenen Hakenfortsatz. **Die Länge der Crista lateralis wechselt individuell.** Sie passirt wie im oben angeführten Beispiele **das Septum seiner ganzen Länge nach, oder beschränkt sich auf seine vordere Hälfte, in welchem Falle häufig auch auf der Gegenfläche der Scheidewand eine kurze Seitenleiste beobachtet wird. Das vordere Ende der Crista lateralis ragt frei in den unteren Nasengang hinein oder berührt fast den Nasenboden.**

Untersucht man bei Gegenwart solcher Leisten die Nasenhöhle von der Apertura pyriformis aus, so findet man **gleich hinter der Spina nasalis anterior einseitig oder auch beiderseits** je eine quer am Septum aufsitzende Platte, die in Bezug auf Länge, Breite und Dicke höchst variant ist. Zuweilen bilden die Leisten flache Vorsprünge, in anderen Fällen sind sie wieder so breit, dass sie den unteren Nasengang wesentlich verengen; auf Taf. 1, Fig. 2 ist ein Fall abgebildet, in welchem eine Crista lateralis gleich einer Muschel gegen die Nasenhöhle vorspringt.

Die Leiste des Septum ist nicht überall von gleicher Dicke;

---

[1]) Zeitschr. f. rat. Med. Neue Folge. Bd. VI.
[2]) Die Asymmetrie der Nase etc. 1882.

eine Partie derselben zweigt sich häufig zu einem höcker-, dorn- oder hakenförmigen Fortsatze ab, der bald vorne, bald hinten lagert, und durch welchen die Leiste in zwei Hälften, in eine vordere und eine hintere getheilt wird (eine Pars anterior und Pars posterior cristae). Die Gegenseite der mit einer Crista lateralis versehenen Septumfläche zeigt entsprechend dem Hakenfortsatz eine der Längenachse des Fortsatzes parallel laufende Rinne oder Grube (siehe Taf. 12, Fig. 1), die ohne Zweifel eine durch das Wachsthum des Fortsatzes hervorgerufene Faltung des Septum repräsentirt. **Aus diesem Grunde wird das Septum bei stärkerer Entwickelung des Hakenfortsatzes stets leicht deviirt sein.** Wir haben hier eine Sorte von Septumdeviation vor uns, die mit der Entwickelung eines Hakenfortsatzes im innigen Connexe steht. Bei kleinen Hakenfortsätzen ist das Septum gerade oder leicht verbogen, bei grossen Fortsätzen stärker deviirt. Ueber diese Verhältnisse geben die nebenanstehenden Daten ein übersichtliches Bild.

Unter 483 Schädeln finde ich:
in 20·1% den Hakenfortsatz ohne Deviation,
„ 15·3% combinirt mit stärkerer Septumdeviation
(auf Cristae laterales ohne Hakenfortsätze wurde keine Rücksicht genommen).

Unter 329 aussereuropäischen Schädeln findet sich die Crista lateralis in 14·9%, darunter in 4·5% die Leiste nur angedeutet.

Zuweilen trägt die Nasenscheidewand einen Hakenfortsatz, der nicht von einer Crista lateralis abzweigt, und in diesem Falle ist eben nur eine umschriebene Partie derselben zur Entwickelung gelangt. Einen grossen Hakenfortsatz dieser Gattung fand ich in einem Falle ganz hinten und hoch oben knapp neben dem Keilbeinkörper.

## Entwickelung der Crista lateralis.

Die Crista lateralis entwickelt sich auf Grundlage der vorher erwähnten Cartilago vomeris und der streifenförmigen Verlängerung derselben, welche, der Articulation des Vomer und der Lamina perpendicularis folgend, nach hinten und oben zu dem Flügeltheil des Pflugscharbeines zieht. So lange das Pflugscharbein eine tiefe Rinne besitzt, kommt es nicht zur Leistenbildung. Dieselbe tritt vielmehr erst dann auf, wenn die Verknöcherung der Cartilago vomeris schon solche Fortschritte gemacht hat, dass die Vomerrinne rudimentär ist. Der Knorpel, der bisher überall die gleiche Dicke besass, verbreitert sich jetzt an der Articulationsstelle mit dem Vomer (siehe auch pag. 9), und hiemit ist der Anstoss zur Bildung einer Crista lateralis gegeben, zumal auch seine streifenförmige Verlängerung sich zu verdicken beginnt. Je nachdem nun die Cartilago vomeris sich nach beiden Seiten hin oder blos auf einer Seite verdickt, wird im vordersten Theile der Nasenhöhle einseitig oder beiderseits eine Leiste am Septum gefunden. Ist nur eine Leiste vorhanden, so verlängert sie sich gewöhnlich bis an das hintere Ende des Vomer, sind zwei Leisten entwickelt, so beobachtet man die Verlängerung nach hinten blos an einer, weil der eben genannte Knorpelstreifen sich entweder nach rechts oder nach links, niemals aber nach beiden Seiten hin verdickt. Die kürzere der beiden Leisten reicht diesfalls gewöhnlich bis in den Bereich des einspringenden Winkels zwischen Vomer und Lamina perpendicularis.

Der Haken an der Septumleiste kommt auf die Weise zu Stande, dass die Cartilago vomeris oder der Knorpelstreifen an einer umschriebenen Stelle sich beträchtlich verdickt, in gut ausgebildeten Fällen daselbst sogar einen förmlichen Knorpelwulst bildet. Die nachbarlichen Knochen (Vomer und Lamina perpendicularis) wachsen mit aus und schliessen an der betreffenden Stelle den Knorpelwulst kapselartig ein. Diese Form erhält sich, oder es verknöchert der Knorpelwulst und verwächst mit den ihn deckenden Knochenplatten zu einem dicken Knochenfortsatze, an dem die ehemalige Zusammensetzung aus differenten Bestandtheilen nicht mehr zu erkennen ist. Aehnliche Ossificationen können sich auch an den in der Fortsetzung des Hakenfortsatzes gelegenen Knorpelleisten etabliren.

Doppelseitige Hakenbildung ist selten. Sie kommt dadurch zu Stande, dass die Cartilago vomeris auch an der Gegenseite des Hakens an einer dehiscirten Stelle der den Knorpelstreifen deckenden Knochenlamelle sich verdickt und nachträglich verknöchert. Es ist aber zu bemerken, dass die Haken dieser Sorte niemals gross werden. Ausnahmsweise beobachtet man, dass die Pars anterior der Crista lateralis keine Verbindung mit einem vorhandenen Haken eingeht. Es verflacht sich der hintere Antheil der Leiste, hierauf folgt eine glatte Stelle, und erst ganz hinten an der Pars posterior der Crista findet sich ein stacheliger oder mehr stumpfer Hakenfortsatz.

## Lage des Hakenfortsatzes.

Die schräg aufsteigende Richtung der Crista lateralis septi bringt es mit sich, dass der Hakenfortsatz, je weiter rückwärts er auftritt, eine um so höhere Lage einnimmt. Die vorderen Hakenfortsätze liegen vis-à-vis der wahren Nasenmuschel, die hinteren gegenüber der mittleren Muschel, und die zwischen den beiden Extremen befindlichen stellen sich gegenüber dem mittleren Nasengange und tangiren häufig sogar beide Muscheln. Für die Diagnostik des hinten aufsitzenden Hakenfortsatzes am Lebenden ist bemerkenswerth, dass er durch die Rhinoscopia posterior leicht gesehen werden kann.

## Schädliche Folgen der Septumdeviation und der Crista lateralis.

Ich beschränke mich bei der Besprechung dieser Momente auf die Veränderungen, die zu Stande kommen, wenn das deviirte Septum oder seine Leiste mit den Gebilden der äusseren Nasenwand in Berührung gerathen und sehe von der Verengerung, die hiebei der Nasenspalt erfährt, ganz ab. Die deviirte Scheidewand erreicht von den Binnenorganen der Nasenhöhle am leichtesten die vordere Hälfte der mittleren Muschel, insbesonders in jenen Fällen, in welchen der bezeichnete Muschelabschnitt durch Aufblähung und durch Umwandlung in eine Knochenblase vergrössert wird. Die Muschel wird dann an der bezeichneten Stelle papierblattdünn, biegsam und ganz häutig; ihr Längen- und Höhendurchmesser ist verkürzt, das Operculum fehlt. Der vordere Rand bildet mit dem unteren keinen Winkel mehr, sondern beide liegen in einer Flucht, kurz die Muschel wird kleiner, und es treten alle Zeichen der Atrophie auf. Die Leisten und Hakenfortsätze führen ähnliche Folgezustände herbei. Hat die Crista lateralis eine gewisse Breite erreicht, so kommt es häufig zum Contacte zwischen der Leiste und den Nasenmuscheln, eventuell sogar, wenn der Fortsatz im mittleren Nasengange steckt, zu einer Berührung mit der äusseren Nasenwand selbst. Auch kleinere Fortsätze finden sich mit den Binnenorganen der Nasenhöhle in Contact, wenn die Scheidewand deviirt ist. An der unteren Nasenmuschel erzeugt eine anliegende Crista gewöhnlich eine Rinne, deren Länge und Richtung sehr verschieden sein kann (Taf. 1, Fig 3). In schön ausgebildeten Fällen zieht an der Muschel eine schräge, von vorne unten nach hinten und oben gehende Rinne, deren Schleimhautauskleidung verdünnt und atrophisch ist. Die Atrophie kann hiebei einen solchen Grad erreichen, dass die Drüsen vollständig schwinden und die Mucosa das

Aussehen einer Serosa acquirirt (Taf. 1, Fig. 4). Quert die Leiste den mittleren Nasengang, und ist der Haken von beträchtlicher Länge, so kommt es dazu, dass die Spitze des Fortsatzes die äussere Nasenwand berührt. Die Berührung tritt gewöhnlich im Bereiche der hinteren und unteren Nasenfontanelle auf, und je nachdem der Druck mehr oder weniger stark einwirkt, kommt es auch hier zu umschriebenen Atrophien oder zur Perforation der Schleimhaut. Diese Oeffnungen sind nicht mit jenen accessorischen Lücken zu verwechseln, die spontan jedenfalls ohne Hinzuthun von Seite eines Hakenfortsatzes zu Stande kommen (siehe Bd. I). An der mittleren Nasenmuschel erzeugt der Hakenfortsatz, je nachdem er blos mit der Kante oder mit breiter Fläche anliegt, verschiedene Bilder. Im ersteren Falle entsteht ein Einschnitt, im letzteren atrophirt die Muschel in der vorher beschriebenen Weise; diese Sorte von Muschelatrophie kommt häufig vor, und ich will es nicht unterlassen, einen der selteneren Fälle zu beschreiben. Es handelt sich um einen Fall mit stark vorspringender Seitenleiste, die an einer umschriebenen Stelle einen grossen, theils knöchernen, theils knorpeligen Hakenfortsatz trägt. Dieser ist derart gelagert, dass er die untere und die mittlere Nasenmuschel tangirt. An der unteren Muschel findet sich eine schräg verlaufende, breite, tiefe Druckmarke. Die mittlere Muschel wird in ihrer **hinteren Hälfte** von der Leiste getroffen; sie ist hier kürzer, schmäler, dünn und biegsam, während der vordere Antheil sich normal verhält. Die Verkleinerung der mittleren Muschel hat zur Blosslegung des Hiatus semilunaris Anlass gegeben, der von rückwärts her sichtbar ist. Das deviirte Septum liegt über der Leiste der oberen Muschel an und ist mit derselben an zwei Stellen verwachsen (siehe Synechien). Neben den atrophischen finden sich in diesem Fall auch hypertrophische Stellen, natürlich nur dort, wo kein Druck von Seite des Septum ausgeübt wurde, wie am Hiatus semilunaris und **beiderseits** an den hinteren Muschelenden. Diese Hypertrophien der Schleimhaut sind die Folge von chronischen Katarrhen, und es ist sehr wahrscheinlich, dass der Reiz, den die Leiste auf die Muschelschleimhaut ausübte, mit den geschilderten Hypertrophien in einem Zusammenhange steht. Hiefür spricht der Umstand, dass Hypertrophien häufig da auftreten, wo sich Septum- und Muschelschleimhaut berühren, ohne jedoch einen Druck aufeinander auszuüben.

Die Hakenfortsätze am hinteren Ende der Crista sind wegen der grossen Distanz, die hier zwischen Septum und Muschelende besteht, niemals in Berührung mit den Bestandtheilen der äusseren Nasenwand.

Ausser dem Haken der eben beschriebenen Gattung kommen in seltenen Fällen stachelige Exostosen (wahre Exostosen) der Lamina perpendicularis vor.

Eine zweite Sorte von Verdickung des Septum, welche aber niemals die Grösse erreicht, die wir an der Crista lateralis beobachtet haben, und aus diesem Grunde auch praktisch von keiner besonderen Bedeutung ist, tritt an der Verbindungsstelle zwischen der Perpendicularplatte und der Cartilago quadrangularis auf. Man findet im Bereiche dieser Stelle eine rundliche Erhabenheit, oder die Wulstung ist mehr in die Länge gezogen und nimmt, dem Knochenrande folgend, eine schräg von hinten unten nach vorne oben verlaufende Richtung an. Zur Annahme einer Leistenbildung an diesem Punkte wird man zuweilen dadurch verführt, dass sich das Tuberculum septi leistenartig verlängert. Der vordere Rand der Lamina perpendicularis ist allerdings manchmal etwas verdickt oder verbogen, wodurch das Tuberculum septi stärker hervorgetrieben wird, aber es besteht doch der grosse Unterschied, dass das Tuberculum der Schleimhaut, die Crista lateralis dem Skelete angehört. In jenen Fällen nun, wo der Haken sehr gross ist und auf weite Strecken hin die Knochenlamellen des Vomer und der Perpendicularplatte faltenartig abzieht, kommt es vor, dass auch die knöcherne Unterlage des Tuberculum septi eine niedrige Leiste formirt. Für viele Fälle liegt im Skelettheile der Nasenscheidewand überhaupt kein Grund für die Bildung eines Wulstes vor, sondern derselbe beruht lediglich auf dem Vorhandensein eines stärker ausgebildeten Tuberculum septi.

Die eben beschriebene Wulstung war schon Schwegel[1]) bekannt, in dessen Schrift sich folgende Stelle findet: „Die Ausbiegungen der Nasenscheidewand kommen nach meinen Untersuchungen vor: $\alpha$) in der Verbindungslinie zwischen der lothrechten Platte des Siebbeines mit dem Pflugscharbeine, $\beta$) in der Verbindung dieses mit dem Septum cartilagineum, $\gamma$) in der Verbindung der Stücke des Septum cartilagineum; am häufigsten geschieht die Ausbiegung nach der linken Seite, d. i. mit der Convexität nach rechts, mit der Concavität nach links gekehrt."

---

[1]) A. Schwegel. Knochenvarietäten. Zeitschr. f. rat. Med. III. Reihe, V. Bd. Leipzig und Heidelberg 1859.

Auch Hartmann[1]) beschreibt zwischen Cartilago quadrangularis und Lamina perpendicularis leistenförmige Vorsprünge.

Neben den genannten Leisten und Wülsten kommen noch zuweilen accessorische, schmale Schleimhautleisten (Druckleisten) vor, die nur dann entstehen können, wenn das Septum mit den Muscheln in Berührung geräth. Presst sich nämlich eine Muschel, gewöhnlich ist es die mittlere, an die Scheidewand an, so entsteht eine Druckmarke in Form einer verschieden grossen, länglich rundlichen Depression an der Schleimhaut, deren untere Grenze gleich einer Leiste vorspringt. Am schärfsten ist die letztere ausgeprägt, wenn auch noch die untere Nasenmuschel sich an das Septum anpresst. Diesfalls treten zwei Druckmarken auf, und zwischen denselben hebt sich die accessorische Leiste so scharf ab wie ein Jugum cerebrale zwischen zwei Impressiones digitatae. Der geschilderte Contact entsteht, wenn entweder das Septum verbogen ist oder die Nasenmuscheln durch Knochenblähung oder pathologische Schwellung eine Vergrösserung erfahren haben. Aus diesem Grunde finden sich die Druckleisten viel häufiger in der vorderen als in der hinteren Hälfte der Scheidewand. Speciell das hintere Ende der unteren Nasenmuschel gelangt nur nach bedeutenden Schleimhauthypertrophien an die Nasenscheidewand heran.

## Zweites Capitel.

### Brüche der Nasenscheidewand.

Die Brüche der Scheidewand theilen sich nach dem Aufbau des Septum in solche des knöchernen und des knorpeligen Antheiles. Die Brüche des letzteren kommen häufiger vor, als die des ersteren, was sich aus der architektonischen Beziehung, die zwischen dem Septum und dem Nasenrücken herrscht, leicht erklärt. Die berührte architektonische Beziehung beruht, wie ich anticipirend bemerken möchte, darauf, dass die knorpelige Partie der Scheidewand auf längerer Strecke dem Nasenrücken anliegt als die knöcherne. Um die Beweise für diese Anschauung erbringen zu können, ist es zunächst angezeigt das Kiefergerüste einer Analyse zu unterwerfen.

---

[1]) Ueber die leisten- und dornförmigen Vorsprünge der Nasenscheidewand. Anat. Anz. Jena 1890.

## Anatomie der äusseren Nase.

Die äussere Nase besteht in ihrer oberen Hälfte aus knöchernen, in der unteren aus knorpeligen Bestandtheilen. Beide zusammen bilden einen erkerartigen Vorsprung vor der Apertura pyriformis. Die Aufgabe dieses Vorsprunges besteht darin, die Zufuhr der Luft in die inneren Athmungsorgane in der Weise zu reguliren, dass sie zunächst gegen den höher gelegenen Riechspalt geleitet wird.

Der **knöcherne Antheil der äusseren Nase** besteht aus sechs Knochensegmenten: aus den Nasenbeinen, den aufsteigenden Fortsätzen der Oberkieferbeine, aus dem Nasenfortsatze des Frontale und der Lamina perpendicularis ossis ethmoidei.

Die **aufsteigenden Fortsätze der Oberkieferbeine** bilden die seitlichen Antheile des Nasenrückens, und von ihrer mehr sagittalen oder frontalen Stellung hängt das stärkere oder schwächere Vorspringen der äusseren Nase ab.

Die **Nasenbeine** liegen an der vorderen abgeplatteten Seite des Nasenrückens, sie verdecken den Spalt, den die beiden aufsteigenden Kieferfortsätze zwischen sich fassen. Jedes Nasenbein bildet, von der Grösse und Detailmodellirung abgesehen, ein länglich viereckiges Knöchelchen, welches **von oben nach unten an Breite zu-, an Dicke aber wesentlich abnimmt**, eine Eigenthümlichkeit, die für die Beurtheilung der Nasenbein- sowie der Septumbrüche von Bedeutung ist (Taf. 1, Fig. 1). Die Dicke des Nasenbeines variirt an der oberen Hälfte zwischen 2·5 und 7 mm., an der unteren zwischen 0·5 und 1·5 mm.

Von den vier Rändern des Nasenbeines verbindet sich der **obere** mit der Pars nasalis des Stirnbeines, der **äussere** mit dem aufsteigenden Kieferfortsatze, der **innere** mit dem entsprechenden Rande des nachbarlichen Nasenbeines. Diese Nahtstelle verbreitert sich gewöhnlich gegen die Nasenhöhle zu einem schmalen Knochengrat (Crista nasalis), der sich allerdings nur in geringem Maasse an dem Aufbau der Nasenscheidewand betheiligt. Der **untere** Rand des Nasale ist scharfkantig und begrenzt die Apertura pyriformis.

Die Nasenbeine und die aufsteigenden Kieferfortsätze legen sich mit ihren oberen Enden an die Pars nasalis ossis frontis an, welche einen wichtigen Stützpunkt für den Nasenrücken abgibt. Sie bildet einen kurzen, dicken, gegen den Nasenrücken herabgewachsenen Fortsatz, der sich unter die Bestandtheile des Nasenrückens schiebt. Im unversehrten Zustande nimmt man nur einen linearen Contact der an diesem Orte aneinanderstossenden Skeletstücke wahr, die Zerlegung zeigt erst, dass die Bestandtheile des Nasenrückens sich über den dicken, rauhen, quergewölbten, spitz auslaufenden und an seiner Basis wulstig gegen die äussere Tafel des Frontale scharf abgesetzten Nasenfortsatz des Stirnbeines mit breiten Flächen legen, was insbesondere schön an den Nasenbeinen zu sehen ist. Dieses Uebereinandergeschobensein erklärt die Erscheinung, dass die Nasenbeine und die aufsteigenden Kieferfortsätze an ihren Gesichtsflächen länger sind als an den Nasenflächen.

An der der Nasenhöhle zugekehrten Fläche des Nasenrückens lagert median die Perpendicularplatte des Siebbeines, indem sie sich theils der Spina nasalis (höher oben), theils der Crista nasalis (tiefer unten) anschliesst. Dass die Perpendicularplatte des Siebbeines nicht in allen Fällen gleich tief herabreicht, wurde schon im vorigen Capitel hervorgehoben, und die statistischen Daten ergaben, dass sie
in 49% der Fälle bis zur Mitte des Nasenrückens,
„ 38% bis gegen das untere Drittel des Nasenrückens herabreichte,
„ 10% dagegen nur das obere Drittel des Dorsum nasi tangirte.
Dieses verschiedene Verhalten konnte auf die variante Ossificationsweise der primären Nasenscheidewand zurückgeführt werden. Ossificirt sie auf grösserer Strecke, so reicht ihr knöcherner Antheil weit am Nasenrücken herab, im gegentheiligen Falle zieht sich derselbe vom Nasenrücken zurück, und es findet sich die compensatorisch grösser gebliebene knorpelige Partie des Septum an seiner Stelle. **Für gewöhnlich ruht der unterste Theil des Dorsum nasi auf der Cartilago quadrangularis, was besonders beachtenswerth erscheint.**

**Der knorpelige Antheil der äusseren Nase.** Vom knorpeligen Gerüste der äusseren Nase ist für die Beurtheilung der Scheidewandbrüche in erster Reihe der knorpelige Antheil des Septum von Wichtigkeit, in zweiter Reihe stehen sein knöcherner Antheil und die seitlichen Knorpel. Das Knorpelgerüste gliedert sich in den Stützpfeiler, die Cartilago quadrangularis und in die von ihm lateralwärts abbiegenden Seitenplatten (Cartilago triangularis und alaris), von welchen die letztere selbstständig ist. Die hintere Hälfte der Cartilago quadrangularis steckt in dem Winkel zwischen dem Vomer und der Perpendicularplatte des Siebbeines und schliesst sich oben dem Nasenrücken an, während die ins Vestibulum nasale vorgeschobene vordere Hälfte in der Mitte zwischen den beiden Nasenflügeln lagert.

Die Seitenplatten der Cartilago quadrangularis (Cartilago triangularis) verbinden sich mit den freien Rändern der Nasenbeine, deren Fortsetzung sie bilden.

Als Skelet des eigentlichen Nasenflügels fungirt eine schmale, kaum 1 mm. dicke, am vorderen Ende hakenförmig umgebogene Knorpelplatte; der längere laterale Schenkel derselben steckt im eigentlichen Nasenflügel, erreicht aber den Hautrand des Nasenloches nicht, und ist im medialen Antheile beinahe ebenso hoch, als der Flügel selbst, im lateralen dagegen viel niedriger und oft in mehrere Stücke getheilt. Auf dieser Eigenthümlichkeit beruht die grössere Biegsamkeit der lateralen Nasenflügelhälfte.

Der kürzere, mediale Schenkel des Flügelknorpels schmiegt sich dem unteren Rande der Cartilago quadrangularis an und schiebt sich in das Septum cutaneum ein, dem er eine gewisse Rigidität verleiht. Die Umbiegung beider Schenkel des Knorpelhakens in einander bildet die resistente Grundlage der Nasenspitze.

Im Vestibulum nasale springt zwischen dem Nasenflügel und der Cartilago triangularis eine sagittal gerichtete Leiste vor, an deren Stelle die Lichtung in bedeutendem Maasse eingeengt wird (siehe Bd. I, Taf. 4, Fig. 20 *a*). Diese Leiste kommt auf die Weise zu Stande, dass 1. der untere Rand der eine gewölbte Platte darstellenden Cartilago triangularis der Medianebene näher liegt als ihr oberer Rand, und 2. der Nasenflügel sich über den unteren Rand der Cartilago triangularis emporschiebt.

Die Resistenz und Spannung der knorpeligen Seitenplatten wird durch die Anlage der Musculatur vervollständigt, wie dies Facialislähmungen klar beweisen.

Aus diesen für unsere Zwecke genügend ausführlichen Daten lassen sich einige praktische Winke ableiten, die ich der Beschreibung der einzelnen Fälle vorausschicken möchte. Zunächst ist es klar, dass, wenn irgend ein Insult die äussere Nase trifft, der Shock heftiger auf das knorpelige Septum als auf die weicheren biegsamen Seitentheile einwirken wird. Ferner wird es im Falle eines Bruches der Nasenbeine (in der unteren Hälfte), namentlich wenn er mit Depression der fracturirten Antheile combinirt ist, leicht zur Knickung oder zur Fractur der Cartilago quadrangularis kommen, welche, wie wir gesehen, den knöchernen Nasenrücken stützt. Dagegen wird eine Verletzung der oberen Nasenrückenhälfte in erster Reihe die Lamina perpendicularis treffen, weil dieselbe vorwiegend in den Bereich dieses Abschnittes der äusseren Nase fällt.

## Casuistik.

### 1. Leichte Verbiegung der knorpeligen Nasenscheidewand.

a) **Nasenbeine**: Die distalen[1]) Theile der Nasenbeine fracturirt und abgebogen. Fractur geheilt.

b) **Knöchernes Septum**: Weder fracturirt noch verbogen. Linkerseits eine auf die vordere Hälfte des Septum beschränkte Crista lateralis.

c) **Knorpeliges Septum**: Seiner ganzen Ausdehnung nach seitlich abgewichen und eine gewölbte Platte mit nach rechts gewendeter Convexität bildend.

d) **Apertura pyriformis**: Rechts enger als links. Länge 32 mm., Breite 25 mm., von diesen entfallen 8 mm. auf die verengte Apertura pyriformis der rechten Seite.

e) **Nasenhöhle**: Verengt ist rechterseits das Vestibulum nasale. Eigentliche Nasenhöhle normal.

### 2. Stärkere Verbiegung der knorpeligen Nasenscheidewand.

a) **Nasenbeine**: Distale Randpartie des linken Nasale fracturirt und gegen die Apertura pyriformis herabgedrückt. Fractur geheilt.

b) **Knöchernes Septum**: Fast normal gestellt; auf der linken Seite eine Crista lateralis tragend.

c) **Knorpeliges Septum**: Nach links hin stark deviirt. Der Buckel der convexen Seite mit der Seitenwand des Vestibulum nasale in Berührung.

d) **Apertura pyriformis**: Länge 36 mm., grösste Breite der linken Nasenhälfte 18 mm., grösste Breite der rechten Nasenhälfte 5 mm.

Der Eingang in die linke Nasenhöhle ist beinahe unwegsam; an der engsten Stelle misst seine Breite nur 3 mm. Nachdem die Maasse aber dem Spirituspräparate entnommen wurden, so ist es wahrscheinlich, dass im frischen Zustande die bezeichnete Stelle der linken Nasenhöhle überhaupt unwegsam war.

### 3. S-förmig verbogene knorpelige Nasenscheidewand.

a) **Nasenbeine**: Der distale Randtheil des linken Nasenbeines gebrochen und eingedrückt. Fractur geheilt.

b) **Knöchernes Septum**: Deviirt, Convexität des Buges nach links gewendet und mit einer Crista lateralis versehen.

---

[1]) unteren.

c) **Knorpeliges Septum**: S-förmig verbogen; Convexität des Buges in Berührung mit der äusseren Nasenwand der linken Seite.

d) **Apertura pyriformis**: Linkerseits an einer Stelle einen feinen Spalt bildend, rechterseits compensatorisch erweitert. Länge 34 mm., Breite der rechten Hälfte 14 mm., grösste Breite der linken Hälfte 9 mm. Die Verengerung der linken Nasenhöhle befindet sich knapp hinter der Apertura pyriformis.

### 4. Hochgradige S-förmige Verbiegung der knorpeligen Scheidewand. (Taf. 1, Fig. 5.)

a) **Nasenbeine**: Am distalen Rande in querer Richtung fracturirt und theilweise eingedrückt. Fractur ausgeheilt.

b) **Knöchernes Septum**: Im vorderen Antheile leicht deviirt, im hinteren median eingestellt. An der linken Seite befindet sich eine Crista mit einem Hakenfortsatze, welch letzterer der unteren Muschel anliegt. Schleimhaut daselbst atrophisch. Auf der Gegenseite des Hakens zeigt sich eine tiefe Rinne.

c) **Knorpeliges Septum**: Sehr dick (4 mm.) und stark verbogen, die grössere Convexität des Buges nach links gewendet und mit der äusseren Nasenwand im Bereiche der Apertura pyriformis in Contact, Septumschleimhaut auf Seite des Buges dünn, auf Seite der Convexität dagegen auffallend verdickt.

d) **Apertura pyriformis**: Linkerseits grösstentheils verschlossen, Länge 28 mm., Breite der rechten Hälfte 11 mm., nur über dem Nasenboden ist der Spalt in der Breite von 6 mm. geöffnet. Der Verschluss beschränkt sich auf das Vestibulum nasale.

### 5. Luxation des Scheidewandknorpels. (Taf. 1, Fig. 6.)

a) **Nasenbeine**: Ausgeheilte Fractur am distalen Rande mit Depression.

b) **Knöchernes Septum**: Normal, median gestellt.

c) **Knorpeliges Septum**: Verbogen, Convexität nach rechts gewendet, der untere Rand articulirt nicht mit dem Vomer, sondern ist nach links hin luxirt und liegt hier neben dem Vomer am Nasenboden.

Ausgeheilte Brüche der knorpeligen Nasenscheidewand.

### 6. Bruch des knorpeligen Septum, combinirt mit leichter Deviation.

a) **Nasenbeine**: Am distalen Rande ausgeheilte Fractur mit leichter Depression der unteren Bruchstücke.

b) **Knöchernes Septum:** S-förmig gebogen.

c) **Knorpeliges Septum:** Deviirt; es bildet eine convex-concave Platte, die ihre Wölbung nach rechts wendet. Die Platte ist 4 mm. unterhalb des distalen Nasenbeinrandes in schräger Richtung fracturirt; die Bruchstücke sind durch fibröses Gewebe unter einander fest vereinigt; aber das obere Bruchstück ist etwas beweglicher als das untere, welches überdies am Vomerrande nach rechts subluxirt erscheint.

d) **Apertura pyriformis:** Länge 37 mm., Breite 28 mm., hievon entfallen 6 mm. auf die rechte, 15 mm. auf die linke Hälfte, die rechte Apertura pyriformis und die sich unmittelbar anschliessende Partie der Nasenhöhle verengt.

### 7. Aehnlicher Fall.

Aeussere Nase auffallend missgestaltet, links stark eingedrückt.

a) **Nasenbeine:** Das linke Nasenbein zeigt 1 cm. über der Apertura pyriformis einen geheilten Querbruch, das rechte Nasenbein ist der Länge nach gebrochen. Nahe der Mittelnaht findet sich eine sagittal gestellte, von einem ausgeheilten Bruche herrührende Leiste. Beide Bruchstücke sind eingedrückt, das rechte leicht, das linke in so hohem Grade, dass der Nasenrücken gleich einer schiefen Ebene gegen die linke Gesichtshälfte abfällt. Diese Impression des linken Nasenbeines führte selbstverständlich ihrerseits wieder zu einer Depression der Cartilago triangularis.

b) **Knöchernes Septum:** Leicht deviirt.

c) **Knorpeliges Septum:** Die fracturirte Stelle befindet sich 6 mm. unterhalb des Nasenrückens. Beide Bruchstücke sind schräg nach rechts gerichtet. Eine Verschiebung der Bruchstücke an einander hat in unbedeutendem Maasse stattgefunden. Aus diesem Grunde ist auch die Verkürzung des knorpeligen Septum (der Höhe nach) gering. Die fracturirten Knorpelstücke sind durch dicht gefügtes Bindegewebe unter einander vereinigt, und die Bruchstelle springt als Leiste gegen die Nasenhöhle vor. Die Schleimhautbekleidung der Scheidewand an der convexen Stelle verdünnt, an der concaven verdickt und mit einem äusserst mächtigen Tuberculum septi versehen.

d) **Apertura pyriformis:** Die rechte Hälfte der Apertura minimal verengt.

### 8. Bruch des Scheidewandknorpels in seiner Mitte mit starker Verbiegung der Cartilago triangularis.

a) **Nasenbeine:** Die untere Partie des rechten Nasale quer fracturirt und wieder angewachsen, das untere Bruchstück mitsammt der Cartilago triangularis derselben Seite so stark eingedrückt, dass beide die Scheidewand bis zur vollständigen Vernichtung des Nasenspaltes berühren.

b) **Knöchernes Septum**: Nicht deviirt.

c) **Knorpeliges Septum**: Zeigt eine ausgeheilte Fractur und eine starke Deviation nach rechts. Die Fractur befindet sich ungefähr in der Mitte zwischen Spina nasalis und dem Nasenrücken und durchsetzt das knorpelige Septum in sagittaler Richtung seiner ganzen Länge nach. Die Verschiebung der Bruchstücke ist eine geringe und markirt sich an der Oberfläche der Scheidewand in Form einer Leiste. Bei der Zergliederung ergab sich, dass die fracturirten Enden durch bindegewebigen Callus unter einander verbunden sind.

d) **Apertura pyriformis**: Die rechte Hälfte derselben wesentlich verengt, die linke compensatorisch erweitert.

## 9. Bruch der Cartilago quadrangularis an ihrem unteren Ende.
(Taf. 1, Fig. 7.)

a) **Nasenbeine**: Am distalen Rande eine ausgeheilte Fractur mit Depression.

b) **Knöchernes Septum**: Leicht deviirt.

c) **Knorpeliges Septum**: 5 mm. über dem Vomer befindet sich die durch Callus ausgeheilte Fracturstelle, das untere Bruchstück nach links hin verschoben, die knorpelige Scheidewand deviirt und mit der äusseren Wand der linksseitigen Nasenhöhle in Contact. Hier hat sich sogar zwischen beiden eine Synechie entwickelt.

d) **Nasenhöhle**: An der Stelle der Synechie verengt.

## 10. Bruch der knorpeligen Scheidewand mit bedeutender Verschiebung der Bruchstücke. (Taf. 1, Fig. 8.)

a) **Nasenbeine**: Der knöcherne Nasenrücken am Uebergange in die knorpelige Nase stark eingedrückt, die Nasenbeine selbst durch eine im Bogen von der Mittelnaht nach oben und aussen verlaufende geheilte Bruchlinie in je zwei fast gleich grosse Stücke getheilt. Ueberdies sind die fracturirt gewesenen Nasenbeinantheile als Ganzes gegen die linke Gesichtshälfte verschoben.

b) **Knöchernes Septum**: Fast median eingestellt und, was ich ausdrücklich hervorheben möchte, keine Crista lateralis tragend. Das Fehlen der Deviation bei der starken Verschiebung der Bruchstücke des knorpeligen Septum ist jedenfalls auffallend. Einige stachelige Knochenvorsprünge an Stelle des Tuberculum septi sind nicht als eine von der Bruchstelle fortgeleitete Entzündung aufzufassen, da solche Knochenfortsätze auch am normalen Septum aufzutreten pflegen.

c) Knorpeliges Septum: 8 mm. unterhalb des Nasenrückens im antero-posterioren Durchmesser seiner ganzen Länge nach gebrochen, die Bruchstücke aneinander verschoben und durch bindegewebigen Callus verbunden. Die Bruchstelle tritt als Leiste vor, und die Scheidewand ist stark verkürzt. An der Abbildung sieht man deutlich, wie in Folge der Verschiebung das untere Bruchstück bis an das Nasendach emporreicht. Dass das obere Bruchstück links und nicht rechts von dem unteren lagert, erklärt sich aus der Verschiebung des fracturirt gewesenen Nasenrückens nach links hin. Diese Dislocation veranlasste auch die in der angegebenen Richtung erfolgte Verlagerung des oberen Bruchstückes. Der Schleimhautüberzug der Scheidewand ist linkerseits in Folge der Verschiebung relaxirt und hat dadurch im Dickendurchmesser wesentlich zugenommen.

Da, wo rechts das Septum (sein unteres Bruchstück) und das eingedrückte Nasendach aneinanderliegen, ist es, offenbar durch einen entzündlichen Process, der sich im Gefolge des Septumbruches eingestellt hatte, an einer umschriebenen Stelle, zu einer kurzen strangartigen Synechie der gegenüberliegenden Schleimhautflächen gekommen.

d) Apertura pyriformis: Die rechte Apertura enger als die linke, weil das untere Bruchstück der Scheidewand nach rechts ausgewichen ist.

**11. Doppelbruch der knorpeligen Scheidewand. Bedeutende Verschiebung des fracturirten Nasendaches. (Taf. 1, Fig. 9.)**

a) Nasenbeine: Ihre untere Hälfte war der Quere nach von der oberen, mit der sie nun durch Callus in fester Verbindung sich befindet, abgesetzt. Neben dem queren Bruche zeigt das linke Nasenbein noch eine ausgeheilte Längsfractur; das untere Bruchstück gegen die rechte Gesichtshälfte verschoben und in der linken Hälfte stark eingedrückt. In Folge dessen ist ein Theil der knorpeligen Seitenwand an die Scheidewand angelegt.

b) Knorpeliges Septum: Doppelt fracturirt und stark verbogen; die eine Bruchstelle findet sich 4 mm. unterhalb des Nasenrückens, und weitere 4 mm. tiefer folgt der zweite Bruch.

Zwischen beiden befindet sich eine Stelle mit einer ausgeheilten Infraction des Knorpels; das obere Bruchstück ist schräg nach rechts gewendet, das untere biegt unter einem **rechten Winkel** von dem oberen ab und wendet sich schräg nach links, wodurch die fracturirte Partie die Form eines Zickzacks erhält. Unterhalb des Bruches ist die Scheidewand in eine convex-concave Platte mit nach links gewendeter Convexität verbogen. Dies trägt natürlich auch zu jener Annäherung der äusseren und inneren Wand der Nase bei, von welcher vorher die Rede war. Der Convexität entsprechend findet sich auf der Gegenseite eine Einknickung in Form einer tiefen Rinne. Die Verkürzung des knorpeligen Septum in Folge der Infraction und Biegung beträgt 5 mm.

c) **Knöchernes Septum**: Normal geformt und median eingestellt, aber mit einer Crista lateralis versehen.

d) **Apertura pyriformis**: Die linke Apertura pyriformis, wie schon bemerkt, zu einem engen Spalte umgewandelt, indem das eingedrückte Nasengerüste auf dieser Seite mit dem eingeknickten Septum im Contacte steht. An der Berührungsstelle findet sich zwischen den gegenüberliegenden Schleimhautflächen eine kurze, breite, häutige Synechie. Auch auf der rechten Seite ist da, wo der Buckel des Zickzackbruches vorspringt, eine vom Buge der Scheidewand quer zur äusseren Nasenwand hinüberziehende, strangförmige Synechie vorhanden.

## 12. Bruch des knorpeligen Septum mit Verlegung der Apertura pyriformis. (Taf. 1, Fig. 10 u. Taf. 2, Fig. 7.)

a) **Nasenbeine**: Der knöcherne Nasenrücken zeigt über seiner Mitte einen beide Nasenbeine passirenden, geheilten Querbruch. An dem unteren Bruchstücke fehlt ein kleines Stück, welches herausgenommen oder durch Eiterung consumirt wurde.

b) **Knorpeliges Septum**: Eingedrückt, leicht verkürzt und etwa in der Mitte zwischen Nasenrücken und Spina nasalis mit einem Längsbruche versehen, das obere Bruchstück nach rechts hin verschoben, das untere hält eine mehr normale Stellung ein und stemmt sich mit seiner Bruchfläche an die linke Seite des oberen Bruchstückes, dessen unterer Rand aus der Vomerrinne heraus nach links hin luxirt ist. Interessant ist es, dass der Knorpel des unteren Bruchstückes sich nach oben zu in zwei Zacken spaltet, von welchen die eine den umgelagerten Knorpel einer auf den **vorderen** Theil des

Septum beschränkten Crista lateralis, die andere das untere Bruchstück selbst repräsentirt. Die Bruchstücke sind durch dichtes Narbengewebe aneinandergeheilt und an der Oberfläche mit Schleimhaut überkleidet. Alles zusammen bildet im Bereiche der Apertura pyriformis eine etwa haselnussgrosse, ovale Geschwulst, die sich ziemlich weit in die Nasenhöhle hinein erstreckt. Die Länge derselben beträgt 15, die Breite 14 mm.

c) **Knöchernes Septum**: Fast median eingestellt, weder verbogen, noch eine Crista lateralis tragend.

d) **Apertura pyriformis**: Kurz, schmal, Länge 28 mm., Breite 22 mm.

In ihrer Ebene springt die vorher beschriebene Geschwulst vor, die sich auf Grundlage des Knorpelbruches gebildet hat. Sie füllt die ganze obere Partie der Apertura pyriformis und von der linken Nasenseite auch die untere Hälfte vollständig aus und berührt hier die Seitenflächen der Nasenhöhle, weshalb die Luft nur durch die untere, stark verengte Hälfte der rechten Apertura pyriformis in die Nasenhöhle gelangen konnte.

### 13. Querbruch der knorpeligen Scheidewand. (Taf. 2, Fig. 1 u. 2.)

In den bisherigen Fällen war das knorpelige Septum durch einen von vorne nach hinten ziehenden **Längsbruch** in ein oberes und unteres Bruchstück getrennt. In dem nun vorliegenden Falle handelt es sich um eine **vertical gestellte Bruchlinie**, durch welche das knorpelige Septum in ein vorderes und ein hinteres Stück getheilt wurde.

a) **Nasenbeine**: Die Nasenbeine in ihren unteren Antheilen mitsammt dem knorpeligen Gerüste der äusseren Nase eingedrückt; Spuren des ausgeheilten Bruches deutlich vorhanden.

b) **Knorpeliges Septum**: 11 mm. hinter der Nasenspitze durch einen vertical gestellten Riss in ein kleineres, vorderes und ein grösseres hinteres Bruchstück getheilt, beide zu einander im rechten Winkel gestellt und durch bindegewebige Massen vereinigt. Der Schleimhautüberzug an der Convexität des Buges verdünnt, an der Concavität desselben stark verdickt.

c) **Knöchernes Septum**: Fast gerade, nur an einer umschriebenen Stelle, der gegenüber eine der mittleren Muscheln wesentlich vergrössert ist, leicht deviirt.

d) **Apertura pyriformis**: Normal.

## 14. Combination von Quer- und Längsbruch des knorpeligen Septum. (Taf. 2, Fig. 3 bis 6.)

a) **Nasenbeine**: Ausgeheilte Fractur am distalen Theile des knöchernen Nasenrückens.

b) **Knorpeliges Septum**: herabgedrückt, verkürzt, asymmetrisch und nach links deviirt. Brüche finden sich:

α) in seinem unteren Theile u. zw. eine Doppelfractur; eine Rissstelle knapp über dem Vomer gelegen, dem auf Taf. 1, in Fig. 7 abgebildeten Falle gleichend.

β) über dieser, an Stelle des stärksten Buges, eine Querfractur gleichfalls aus mehreren Stücken bestehend, die in einem Winkel zueinander gestellt sind.

c) **Septum osseum**: Leicht nach rechts deviirt und mit der Anlage einer Crista lateralis versehen.

d) **Apertura pyriformis**: Länge 36 mm., Breite 23 mm. Ihre linke Hälfte in der oberen Partie durch die verdickte Bruchstelle (Querfractur) verstopft. An der Berührungsstelle zwischen dem Bruche und der äusseren Nasenwand findet sich eine Verwachsung der beiden Schleimhautflächen.

Zur Beschreibung des mikroskopischen Verhaltens der fracturirten, knorpeligen Scheidewand wähle ich den eben beschriebenen Fall, der ziemlich alle Formen der Knorpelheilung in sich vereinigen dürfte. Die fracturirte Stelle des Septum wurde in eine grosse Anzahl von mikroskopischen Schnitten zerlegt, und ich werde nach ihnen die Ausheilung dieser Art von Knorpelfractur beschreiben. Da das mikroskopische Bild an verschiedenen Stellen des Bruches nicht das gleiche ist, so werde ich mehrere Schnitte schildern:

a) **Knorpel**: Die fracturirten Knorpelstücke (Taf. 2, Fig. 4) berühren sich stellenweise mit konischen Enden, zwischen welchen ein unregelmässiger, im Centrum schmaler und nach der Peripherie hin stark verbreiterter Spalt sich findet. Dieser wird von einem sehr feinfaserigen Gewebe ausgefüllt, welches central nur in geringer Menge sich angesammelt hat und ein lockeres Gefüge zeigt, während es peripher in grosser Menge auftritt und direct in das Perichondrium übergeht (Taf. 2, Fig. 5 u. 6). Eine Eigenthümlichkeit dieses Gewebes, welches die Knorpelstücke zusammenhält, besteht darin, dass es sich im Gegensatze zum Perichondrium nur schwach tingirt. Es ist sehr wahrscheinlich, dass dieses feinfaserige Netzwerk aus der Knorpelgrundsubstanz abstammt und das vom Chondrin befreite Faserwerk derselben darstellt, denn einmal lässt sich nur auf diese Weise die konische Form der freien Bruchflächen ungezwungen erklären, und dann werden stellenweise noch Inseln von Knorpelgrundsubstanz, ferner einzelne Knorpelzellen, selbst mitten in dem Fasergewebe angetroffen. Diese isolirten Knorpelstücke zeigen wieder kein normales Verhalten, denn auch an ihnen beginnt die Grundsubstanz faserig zu werden, und die Zellen sind nicht mehr so scharf contourirt als in normalem Zustande. An anderen Schnitten sieht man, wie die Spitzen der konischen Knorpelenden dadurch förmlich sequestrirt werden, dass sich in einiger Entfernung von ihnen im Knorpel Fasergewebe bildet.

An anderen Stellen wieder beobachtet man, dass die dem Perichondrium zugekehrten Enden der Bruchstücke in lange Knorpelzacken auslaufen, an welchen sich alle Uebergänge der Knorpelgrundsubstanz in Fasergewebe sowie die Verkleinerung der Knorpelzellen bis zur Grösse gewöhnlicher Bindegewebszellen verfolgen lassen (Taf. 2, Fig. 5). Die Knorpelzellen zeigen sich überhaupt in allen möglichen Formen. In der Nähe der Bruchstelle, stellenweise an dieser selbst, besitzen einzelne der Zellen normale Formen, andere wieder sind klein, geschrumpft, und es ist kaum mehr eine Protoplasmaschichte um den Kern vorhanden. An der Grenze gegen die Knorpelhaut sind die tiefer gelegenen Zellenlagen des Scheidewandknorpels spindelförmig, während die oberflächlichen Zellenlagen von den Zellen des Perichondrium sich überhaupt nicht mehr unterscheiden lassen. Im Allgemeinen darf die Behauptung aufgestellt werden, dass an den Stellen, wo der Knorpel feinfaserig wird, auch die Metamorphose der Knorpelzellen beginnt.

b) Perichondrium: An der convexen Seite der Bruchstellen setzt sich die fibröse, oberflächliche Partie der in Rede stehenden Membran von einem Bruchstück auf das andere fort, während die tiefliegende, zellenreiche Partie des Perichondrium unterbrochen ist, und mit deutlicher Grenze in das feinfaserige Gewebe der Rissstelle übergeht.

An der Concavität füllt die wesentlich verdickte Knorpelhaut den Knickungswinkel zwischen den Bruchstücken aus und erscheint in ein dichtfaseriges, gefässhältiges Bindegewebe umgewandelt.

c) Schleimhaut: An der Concavität der Bruchstellen stark verdickt, an der Convexität hochgradig verdünnt. Hier sind offenbar in Folge des Druckes, den die Gewebsspannung ausgeübt hat, die Drüsen atrophisch, während an der concaven Seite, wo die Schleimhaut nicht gespannt ist, der Charakter der Schleimhaut deutlich ausgesprochen ist. Die Drüsen grenzen als grosse Packete bis an die subepitheliale Schichte, und die Venen haben sich zu cavernösen Räumen ausgeweitet.

Die Knorpelbrüche der Nasenscheidewand heilen demnach durch Zunahme der Knorpelhaut, ferner durch Intervention des an die Stelle des Knorpels tretenden Fasergerüstes. Stellenweise befindet sich im Centrum des Bruches ein einfacher Contact der Bruchstücke.

## Brüche der knöchernen Scheidewand.

Brüche der knöchernen Scheidewand sind seltener als die der knorpeligen und treten zumeist combinirt mit Fractur des Septum cartilaginosum auf. Der Umstand, dass sie seltener vorkommen, erklärt sich aus den topischen Verhältnissen zwischen Nasenrücken und Nasenscheidewand. Ich recapitulire aus der Anatomie, dass das knöcherne Septum an die obere Hälfte des Nasenrückens sich anschliesst und daher von Brüchen der unteren Nasenbeinportion nicht leicht tangirt wird. Nur dann, wenn die Fractur hoch oben ihren Sitz hat, kommt es bei der Depression der Bruchstücke zu einer Verbiegung oder Fractur der Lamina perpendicularis. Gerade an der bezeichneten Stelle ist aber das Nasenbein von bedeutender Stärke, so dass die Lamina perpendicularis nicht leicht eine Beschädigung erfährt. Daher tritt der Fall ein, dass selbst bei ausgedehnten Brüchen des knorpeligen Septum, sofern nur die distale Partie der Nasenbeine getroffen wurde, die Lamina perpendicularis ein normales Verhalten zeigt oder blos wenig verbogen ist, während der Vomer nichts Abnormes aufzuweisen braucht. Um die Formveränderungen zu charakterisiren, die bei gewöhnlichen Nasenbeinbrüchen an der Lamina perpendicularis auftreten, führe ich folgende Beispiele an:

a) **Querbruch über der Mitte der Nasenbeine**, an deren Innenseite die Lamina perpendicularis bis an den freien Rand herabreicht. Bruchstück seitlich verschoben, **Lamina perpendicularis in Folge der Depression verbogen.**

b) **Randpartie der Nasenbeine fracturirt und eingedrückt,** Lamina perpendicularis deviirt und am vorderen Rande stark verdickt.

c) **Ausgeheilter Querbruch des knöchernen Nasenrückens** an der Grenze zwischen dem oberen und mittleren Drittel.

Lamina perpendicularis verbogen und die Verbindung zwischen ihr und dem Nasenrücken gelöst (Taf. 2, Fig. 5).

d) **Querbruch des Nasenrückens mit Depression.** Lamina perpendicularis verbogen, vom Nasenrücken gelöst und von vorne nach hinten einige Millimeter unter der Lamina cribrosa durchtrennt.

Viel complicirter verhält sich folgender Fall:

Fractur des Nasenrückens und der Pars nasalis ossis frontis mit hochgradiger Depression. Eröffnung der Stirnhöhle gegen beide Orbitae, Bruch des Siebbeinlabyrinthes rechts und des rechten Oberkieferbeines. Alles geheilt. Septum verbogen, widernatürlich beweglich, weil vom Nasenrücken abgelöst und der Länge nach, also sagittal durchrissen; die Fractur hat überdies noch zur Dislocation der Crista galli gegen die vordere Schädelgrube Anlass gegeben.

## Resumé.

Die Durchsicht der beschriebenen Fälle von Verbiegungen und Brüchen der knorpeligen Nase ergibt nachstehende Resultate:

a) Die Fractur der knorpeligen Scheidewand ist stets mit Bruch oder Infraction der distalen Nasenbeinabschnitte combinirt. Die bezeichneten Antheile der Nasenbeine sind dabei fast durchgehends eingedrückt und in einzelnen Fällen auch seitlich verschoben.

b) Die Brüche der Nasenbeine heilen durch knöchernen Callus.

c) Bei hochgradiger, seitlicher Dislocation der Nasenbeine wird auch die knorpelige Nase in Mitleidenschaft gezogen, indem ihre Seitenwand, namentlich die Cartilago triangularis, an ihrer Anheftungsstelle einsinkt und sich der Nasenscheidewand nähert. Es kommt dabei in einzelnen Fällen sogar zu einer Berührung zwischen den genannten Theilen, zumal dann, wenn eine Deviation des Septum vorhanden ist.

d) An der Berührungsstelle der gegenseitigen Schleimhautflächen pflegen strangförmige oder breitflächige Synechien aufzutreten, die offenbar auf die im Gefolge des stattgehabten Insultes eingetretene Entzündung zurückzuführen sind.

e) Es mag vorkommen, dass Nasenbeinbrüche ohne Veränderung der knorpeligen Nasenscheidewand ablaufen, zur Regel gehört dies jedoch nicht; man beobachtet vielmehr, dass schon geringfügige

Läsionen der Nasenbeine Verbiegungen, Luxationen oder Fracturen des knorpeligen Septum erzeugen.

f) Die Verbiegung trifft gewöhnlich die Cartilago quadrangularis als Ganzes, die Luxation ausschliesslich den Vomerrand dieser Knorpelplatte, während die Brüche an jeder beliebigen Stelle des knorpeligen Septum auftreten können.

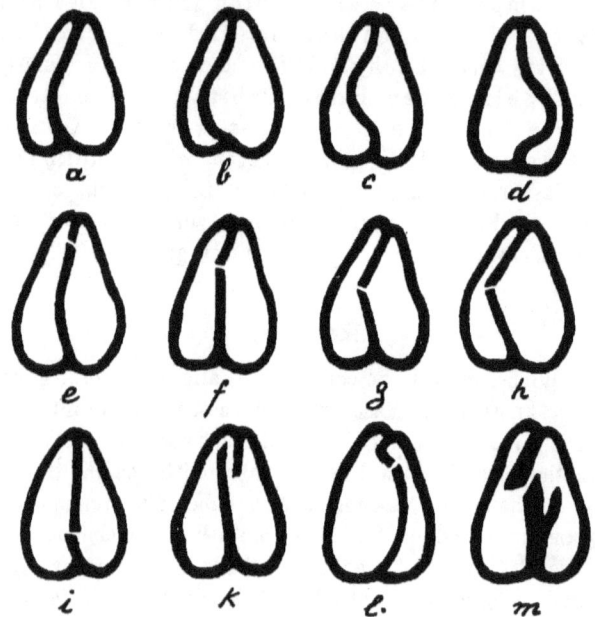

Fig. 4. Verschiedene Formen von Verbiegung und Fractur der knorpeligen Nasenscheidewand.
*a* bis *d* Verbiegungen. *e* bis *m* Fracturen.

g) Die Verbiegung der knorpeligen Nasenscheidewand ist hinsichtlich des Grades ihrer Ausbildung sehr verschieden. Bei geringer Verbiegung ist die Knorpelplatte nur ein wenig stärker gebogen als im normalen Falle, während bei hochgradiger Deviation die Convexität des Buges nicht selten die gegenüberliegende, äussere Nasenwand erreicht.

h) Die Luxation des Scheidewandknorpels kommt nur ausnahmsweise für sich vor; sie schliesst sich lieber den Fällen von traumatischer Deviation und Fractur des Septum an. Es gleitet hiebei der hintere Rand des Knorpels vom Vomer ab und lagert sich als wulstiger Vorsprung neben die Spina nasalis oder schiebt sich, wie in einem Falle mit schmaler Apertura pyriformis, den Nasengang theilweise verlegend, bis an die äussere Nasenwand. Für den frei gewordenen Knorpelrand bildet sich am Nasenboden eine neue Pfanne, oder es ist die Vomerrinne verschoben, verbreitert und umgelegt.

i) Das Bild, welches die Brüche der knorpeligen Scheidewand darbieten, wechselt je nach dem betreffenden Falle. Die Fracturen können, wie bemerkt, an jeder beliebigen Stelle des Septum sich einstellen. Zumeist bricht die Scheidewand nur an einer Stelle, es kommen aber auch Doppelbrüche zur Beobachtung.

k) Der Hauptsache nach scheiden sich die Septumfracturen in Längs- und in Querbrüche. Bei den ersteren zieht der Riss schräg oder sagittal von vorne nach hinten, und wir finden ein oberes und ein unteres Bruchstück, in letzterem Falle zieht der Riss von oben nach unten und theilt das knorpelige Septum in ein vorderes und ein hinteres Bruchstück. Die Längsfracturen sind gewöhnliche Befunde, während die Querbrüche zu den selteneren Erscheinungen zählen. Ich selbst habe unter den vielen Brüchen der knorpeligen Scheidewand nur zwei Fälle von Querfracturen zu verzeichnen, darunter einen in Combination mit einer Längsfractur. Beim Längsbruche kann sich der Knorpelriss bis an das knöcherne Septum nach hinten erstrecken, beim Querbruch vom Nasenrücken bis an den Vomer.

l) Häufig sind die Bruchstücke an einander verschoben, und der Verschiebung adäquat erleidet diesfalls das Septum eine Verkürzung, welche durch die bei der Ausheilung sich einstellende Narbenbildung noch verstärkt wird. Neben der Verschiebung der Bruchstücke erfährt das verkürzte Septum gewöhnlich auch noch eine Verbiegung, deren Wölbung stets auf der Seite des Nasenrückeneindruckes sich befindet. An dieser Stelle schalte ich die Bemerkung ein, dass bei Brüchen mit Verbiegung der Cartilago quadrangularis der über dem Septum membranaceum gelegene Rand seitlich abweicht. Auf Taf. 2, Fig. 7 habe ich einen solchen Fall abgebildet. Diese Anomalie dürfte stets auf eine Fractur des Septum hinweisen.

m) Die Rissstelle der Cartilago quadrangularis markirt sich nur wenig oder gar nicht, wenn sich die Bruchflächen genau aneinander gepasst haben; in den Fällen dagegen, wo die Bruchstücke sich verschieben, springt am Septum eine horizontal oder schräge nach hinten ziehende, durch eine deutliche Rinne begrenzte Leiste vor, die wegen der Unterscheidung von den physiologischen Leisten des Septum

Beachtung verdient. Doch werde ich erst später auf die differential-diagnostischen Momente eingehen.

n) Die Heilung des Bruches geschieht durch bindegewebigen Callus.

o) Die Schleimhaut reisst bei Brüchen der Scheidewand nicht ein, es handelt sich demnach in der Mehrzahl der Fälle um einfache Fracturen. Complicirte Brüche des Septum sind selten, dagegen beobachtet man häufig, dass an der fracturirten Stelle die freien Flächen des die Scheidewand bekleidenden Schleimhautüberzuges entgegen der Norm eine verschiedene Dicke zeigen. Auf der convexen Seite des Septumbuges, wo in Folge des Zuges die Spannung der Gewebe eine erhöhte geworden, ist die Schleimhaut abnorm dünn, zuweilen sogar atrophisch, auf der concaven Seite hingegen, wo in Folge der Verkürzung der Scheidewand eine Entspannung des Gewebes sich eingestellt hat, übertrieben verdickt. Hier schiebt sich die Mucosa förmlich zusammen, sie wird ansehnlich dicker und übertrifft in dieser Beziehung in einzelnen Fällen selbst um das Acht- bis Zehnfache die Schleimhautplatte der Gegenseite. Diese Erscheinung darf als glänzendes Beispiel von Anpassung der Gewebe an veränderte Verhältnisse ihrer Umgebung angeführt werden und zeigt, wie Spannung, beziehungsweise Entspannung auf die Form und das Gefüge der Gewebe Einfluss nimmt.

p) In Folge der zuweilen bei der Verschiebung der Bruchstücke sich einstellenden Einknickung der Scheidewand bilden sich am knorpeligen Septum Leisten, die sich in jeder Hinsicht von der Crista lateralis unterscheiden. Sie zeigen nicht die scharf contourirte Form der physiologischen Leisten, sondern sind kurz, plump und liegen überdies in der o b e r e n Hälfte der Scheidewand, was in differential-diagnostischer Hinsicht besonders bemerkenswerth erscheint. Fracturen der Cartilago quadrangularis nahe dem Nasenboden sind seltener als andere Brüche dieses Knorpels, und da die Crista lateralis t y p i s c h in der Verbindungslinie des Vomer mit der Cartilago quadrangularis sich entwickelt, so wird schon die Höhenlage der traumatischen Leiste es ermöglichen, die richtige Diagnose zu stellen. Auch stachelige Auswüchse kommen in der Umgebung der Bruchstelle vor, doch wird ihre Kleinheit sie leicht von Hakenfortsätzen unterscheiden lassen.

q) Die gewölbte Seite des deviirten Septum springt bekanntlich zuweilen in der Form einer geschwulstartigen Erhabenheit vor. Es ist nun bemerkenswerth, dass ähnliche Vorsprünge auch bei Brüchen mit starker Verschiebung der fracturirten Stücke vorkommen. Für die Differentialdiagnose ist hiebei die Besichtigung der concaven Septumseite entscheidend, zumal die der convexen Gegenseite in vielen Fällen wegen der Stenose der betreffenden Nasenhöhle nicht gut möglich sein wird. **Tiefe Einknickung der Scheidewand, die mit leistenartig vorspringenden Kanten sich begrenzt, ferner Verdickung der entspannten Schleimhaut sprechen für Fractur.** Schwieriger gestaltet sich die Diagnose, wenn die Fractur sich am Tuberculum septi ereignet, insbesondere da dasselbe hinsichtlich seiner Grösse mannigfach variirt. Sonst ist eine Verwechselung beider nicht gut denkbar, denn das Tuberculum septi hat typisch seinen Sitz hoch oben am Septum zwischen den vorderen Enden der mittleren Muscheln und die Wulstung ist eine symmetrische.

r) Verschieben sich bei einer Längsfractur die Bruchstücke aneinander, dann erscheint die Apertura verkürzt.

Gewöhnlich ist blos eine, seltener sind beide Oeffnungen von Seite der deviirten oder an der Bruchstelle aufgetriebenen Scheidewand verschlossen. Dieser Verschluss reicht nicht in die Tiefe, sondern beschränkt sich auf den Anfangstheil der Nasenhöhle.

s) Brüche der knöchernen Scheidewand sah ich bisher nur an der Lamina perpendicularis. Dieselben treten primär blos in jenen Fällen auf, in welchen die obere Hälfte des knöchernen Nasendaches eine Fractur erleidet. Hiebei ist die Verletzung der Lamina perpendicularis gewöhnlich nicht bedeutend; sie löst sich zumeist blos von den Nasenbeinen ab, reisst an einer Stelle ein oder verdickt sich. Zu bedeutenden Verletzungen der bezeichneten Knochenlamelle kommt es erst bei ausgedehnten Splitterbrüchen der äusseren Nase. Bei Brüchen der distalen Partie der Nasenbeine tritt eine Verletzung der Lamina perpendicularis nur dann auf, wenn die letztere am Nasenrücken tief herabreicht; die Verletzung ist dabei gewöhnlich höchst unbedeutend. Secundär wird die Lamina perpendicularis allerdings in Mitleidenschaft gezogen, insofern nämlich, als ihre vordere Partie bei Brüchen der knorpeligen Scheidewand verbogen werden kann.

t) **Brüche des Pflugscharbeines** habe ich in keinem Falle, weder bei der Fractur der knorpeligen noch bei der der knöchernen Scheidewand beobachtet.

## Mechanismus der Septumfractur.

Die geschilderten Beobachtungen bestätigen die Richtigkeit des Mechanismus, der eingangs aus der Betrachtung der anatomischen Verhältnisse abgeleitet wurde. Wir finden in den meisten Fällen von Brüchen der Nasenbeine (an ihrer distalen Hälfte) mit Depression der unteren Bruchstücke auch eine Fractur der Lamina perpendicularis ossis ethmoidei. Der Bruch der knorpeligen Scheidewand erfolgt hiebei auf die Weise, dass die durch den Insult (Schlag, Stoss, Fall auf das Gesicht) eingedrückten Bruchstücke die Erschütterung auf die darunter liegende knorpelige Scheidewand übertragen, welche dann entsprechend der Stelle des Insultes abgebogen, luxirt oder gebrochen wird. Auch das Experiment an der Leiche bestätigt die Richtigkeit des aufgestellten Mechanismus. Es zeigt sich, dass ein heftiger Schlag auf den knöchernen Nasenrücken Brüche, beziehungsweise Deviation und Luxation erzeugt, wie sie vorher geschildert wurden.

Brüche der Lamina perpendicularis entstehen seltener durch Fortpflanzung von Knorpelbrüchen als nach Verletzung der oberen Hälfte des knöchernen Nasenrückens. Diese Partie bricht aber in Folge ihrer dicken Beschaffenheit nicht leicht, daher sind die Brüche der Lamina perpendicularis auch nicht gewöhnlich.

Die geschilderten Folgezustände der Septumfracturen legen es nahe, jeden frischen Fall genau zu untersuchen, da die Restitutio ad integrum nur im frischen Zustande möglich ist. In veralteten Fällen mit bedeutenden Verdickungen des Septum, die ihrerseits wieder zur Verstopfung der Nasenhöhlen Anlass geben, ist die Amputation oder Excision der Geschwulst angezeigt.

## Literatur.

Septumbrüche sind ganz gewöhnliche Befunde. Zur Zeit, als ich diesem Gegenstande meine Aufmerksamkeit zuwandte, verging kaum eine Woche, in der ich nicht einen oder den anderen Fall von Scheidewandbruch zu beobachten Gelegenheit gehabt hätte. Der Ausspruch J. Hyrtl's[1]), wonach Brüche des Nasenknorpels wohl noch nie beobachtet worden seien, ist nur dadurch zu erklären, dass die anatomische Untersuchung der Nasenhöhle bislang vernachlässigt wurde; die einschlägige Literatur ist aus diesem Grunde sehr arm,

---

[1]) Topographische Anatomie. Wien 1860.

und ich will es nicht unterlassen, die vorhandenen Daten zusammenzustellen.

M. Koeppe[1]), der im Jahre 1867 und 1869 über Brüche des knorpeligen Septum schrieb, hält sich für den Ersten, der über solche Fracturen berichtet hat. Er beobachtete, dass an Irren den Othämatomen ähnliche Geschwülste auch an den Nasenknorpeln vorkommen. Er sah beispielsweise an einer an Manie leidenden Frau mit recentem Othämatom eine Fractur der knorpeligen Nase unterhalb der Nasenbeine und einen die Nasenöffnungen ausfüllenden, livid gefärbten Tumor der Scheidewand. Auf Einschnitt entleerte diese Septumgeschwulst coagulirtes Blut, und man sah nun deutlich den fracturirten Nasenscheidewandknorpel. In zwei der Fälle war das Septum der Länge nach von den Nasenbeinen gegen die Spina nasalis gebrochen, in einem dritten Falle der Länge und auch der Quere nach, während die knöcherne Scheidewand keine Verletzung zeigte. Die Vereinigung der fracturirten Stücke besorgte ein gefässreiches Bindegewebe. Ausserdem beobachtete Koeppe in einem Falle ein Hämatom des Flügelknorpels. Dieser Autor kommt zu dem Ergebnisse, dass nach dem Othämatom das Rhinhämatom am häufigsten ist und auf traumatische Veranlassung entsteht.

Gleichzeitig mit Koeppe hat V. Bochdalek[2]) einen recenten Fall von Bruch der knorpeligen Nase beschrieben. Es handelt sich um einen vollständigen Doppelbruch des knorpeligen Theiles der Scheidewand mit Verschiebung der Fragmente bei einem nur sehr unbedeutenden Bruche des vorderen Endes des rechten Nasenbeines und bei normalem Verhalten der knöchernen Scheidewand. Bochdalek macht hiezu die Bemerkung, dass nur wenige zuverlässige Beobachtungen über Fracturen des knorpeligen Nasengerüstes vorliegen, dieselben sogar bezweifelt oder gänzlich in Abrede gestellt wurden (Pétrequin, Malgaigne, Hyrtl), während man über die Brüche der knöchernen Scheidewand ganz im Klaren ist.

Bochdaleks Fall ist nun folgender:

„Ein 58 Jahre alter Mann stürzte in trunkenem Zustande in einer bedeutend abschüssigen Strasse mit dem Gesichte voran auf das sehr unebene Steinpflaster. Aus der Nase floss reichlich Blut, der Verletzte verschied noch in derselben Nacht. Die Section ergab nach-

---

[1]) De Haematomate cartil. nasi etc. Halis, 1869 u. Lährs Allg. Zeitschr. f. Psych. 1867, pag. 537, Ref.

[2]) Path.-anat.-chir. Beiträge. Prag, Vierteljahresschr. 1867.

stehenden Befund: Nasenrücken am Uebergange in den knorpeligen Theil ein wenig abgeplattet, Decke blutig sugillirt, vorderes, dünnes Ende des rechten Nasenbeines abgebrochen. Nasenschleimhaut im Bereiche der Fracturen blutig durchtränkt, doppelt so dick als im normalen Fall, an der Bruchstelle etwas abgelöst, aber nirgends eingerissen. Knorpeliges Septum $3\frac{1}{2}'''$ vor der Lamina perpendicularis in einer Strecke von mehr als $12'''$ vollständig gebrochen. Die Bruchlinie verläuft fast senkrecht von oben nach unten gegen den Nasenboden und spaltet sich in zwei Schenkel, welche anfangs divergiren, dann beinahe parallel verlaufen, um sich hierauf wieder zu vereinigen. Es war demnach das knorpelige Septum complet gebrochen und zwar in drei Stücke, ein vorderes grösseres, ein hinteres kleineres und in ein mittleres kleinstes. Septum osseum intact."

Ferner enthält Hamilton's[1]) chirurgisches Werk einige Beobachtungen von Nasenbrüchen am Lebenden. Er schreibt: „Fracturen des Nasenseptum müssen bis zu einem gewissen Grade bei allen von Eindrückung begleiteten Nasenknochenbrüchen stattfinden, man findet sie jedoch gelegentlich als Folge eines Schlages auf die Nase, welcher unzureichend war, die Knochen zu brechen, wobei nur der knorpelige Theil der Nase einwärts auf das Septum zu eingebogen worden ist. Der knorpelige Theil des Septum ist derjenige, welcher am häufigsten durch Gewalt verschoben wird, und meistens ist es an der Articulationsstelle mit dem knöchernen Septum. Ferner bricht in Bezug auf Häufigkeit des Vorkommens die Lamina perpendicularis besonders da, wo sie sich dem Vomer nähert." Von diesen Angaben ist nur der erste Satz richtig und die Bemerkung, dass das knorpelige Septum am häufigsten insultirt wird. Alles Andere ist falsch, insbesondere die Behauptung, dass der Bruch zumeist an der Articulationsstelle mit dem knöchernen Septum sich ereigne, denn gerade hier sind Brüche selten. Offenbar verfällt Hamilton selbst in den Fehler, vor dem er seine Leser warnt, indem er Seitenleisten mit Brüchen verwechselt. Ebenso unrichtig ist die Angabe, dass von der ersteren Stelle abgesehen der Lieblingssitz der Septumfractur an der Articulationsstelle zwischen Lamina perpendicularis und Vomer sich befindet. Man merkt an diesen Angaben, dass der Autor keine Sectionen gemacht und schlecht beobachtet hat. Endlich dürften auch die von

---

[1]) Knochenbrüche und Verrenkungen. Ins Deutsche übertragen von Dr. A. Rose. Göttingen 1877.

A. Jurasz[1]) beschriebenen Hämatome der Nasenscheidewand in die Reihe der Scheidewandbrüche gehören. In allen Fällen entwickelte sich im Anschlusse an ein Trauma ein mit breiter Basis am Septum aufsitzender fluctuirender Tumor, der in der Regel symmetrisch war, und dessen Hälften in Folge einer Nekrose des Scheidewandknorpels mit einander communicirten. Den Inhalt der Tumoren bildete mit Blut vermengter Eiter. Jurasz sagt ferner von den Geschwülsten, dass sie sofort nach der Verletzung als Ausdruck einer starken, subperichondralen Blutung und einer traumatischen, mehr oder weniger ausgebreiteten, beiderseits symmetrisch localisirten Ablösung des Perichondrium vom Knorpel der Scheidewand sich entwickelten. Den Inhalt der Tumoren bildet anfangs reines Blut, dessen Stelle allmälig der Eiter einnimmt. Merkwürdig ist nach Jurasz die Thatsache, dass die Nekrose des Knorpels sehr früh auftritt, und dass man sie in frischen Fällen selbst in einigen Stunden nach dem Trauma und dem Erscheinen der Hämatome nachweisen kann. Diese Fälle reihen sich den von Koeppe gemachten Beobachtungen an, und es ist der Analogie halber wohl die Frage gestattet, ob die von Jurasz als Folge von Nekrose bezeichneten Continuitätstrennungen nicht vielmehr Septumfracturen waren?

Einen Fall von Luxation der Cartilago quadrangularis aus ihrem Falz heraus erwähnt Michel.[2])

# Drittes Capitel.

## Aetiologie der Septumdeviation.[3])

Nach den in der Literatur enthaltenen Ansichten kann die Deviation einerseits durch traumatische oder rhachitische Einflüsse hervorgerufen werden, andererseits compensatorischen oder physiologischen Ursprunges sein. Der Curiosität halber führe ich die Angabe von G. J. Schultz[4]) an, der die Verkrümmungen der Nasenscheidewand

---

[1]) l. c.
[2]) Die Krankheiten der Nasenhöhle etc. Berlin 1876.
[3]) Eine Literaturzusammenstellung enthält L. Réthi's Schrift: Die Verbiegungen der Nasenscheidewand. Wien. klin. Wochenschr. 1890.
[4]) Bemerkungen über den Bau des normalen Menschenschädels. Petersburg 1852.

für ein Artefact hält, entstanden durch das Eintrocknen des macerirten Schädels. Dem gegenüber genügt der Hinweis auf die Thatsache, dass die gleichen Deformitäten auch an Lebenden beobachtet werden.

Unbestritten ist bis heute nur die traumatische und compensatorische Form der Septumdeviation, letztere entstanden aus der Verdrängung der Scheidewand durch nachbarliche Theile, die auf irgend eine Weise eine Vergrösserung erfahren hatten. Strittig dagegen ist die als physiologische bezeichnete Form, die nicht einmal allgemein acceptirt wird.

### a) Traumatische Form.

Die traumatische Form der Septumdeviation hat ihren Sitz im Knorpel- oder Knochenantheile der Scheidewand und entwickelt sich, wie wir gesehen haben, stets auf Grundlage und im Anschlusse an Brüche des knöchernen Nasenrückens. Aber nur ein geringer Bruchtheil der Deviationen des knöchernen Septum gehört in diese Kategorie, und wir werden vielmehr sehen, dass die Mehrheit der devijrten Septa an intacten Nasengerüsten auftritt. Wir haben überdies erfahren, dass selbst bei Brüchen der knorpeligen Scheidewand mit bedeutender Verschiebung der Bruchstücke die Deviation an der Lamina perpendicularis zuweilen schwach entwickelt ist oder ganz fehlen kann. Mit Beziehung auf die Deviation der knöchernen Nasenscheidewand stimme ich Schech[1]) bei, wenn er sagt, dass das Trauma als ätiologisches Moment der Septumbrüche stark überschätzt wurde.

Jene Fälle, in welchen man die knorpelige Scheidewand ausnehmend stark verbogen, vielleicht sogar mit der äusseren Nasenwand in Berührung findet, und der Bug gleich einer Geschwulst vorspringt, sind gewöhnlich traumatischen Ursprunges. Endlich ist es für einzelne Fälle wahrscheinlich, dass die auffallend schräge Lagerung der Crista incisiva zur Verbiegung des Scheidewandknorpels den Anlass bot, und ich will es als möglich hinstellen, dass hiebei eine Invective, etwa ein Stoss oder Schlag auf die knorpelige Nase im jugendlichen Alter, eine Rolle gespielt habe. Dass Trauma zur Deviation des knorpeligen Septum führt, haben wir an mehreren Beispielen gesehen; dass diese Deviation consecutiv die Verbiegung der knöchernen Scheidewand veranlassen kann, ist auch klar; ebensowenig bedarf aber die Behauptung, dass Trauma nicht selten eine bereits vorhanden gewesene Deviation trifft, einer näheren Begründung.

---

[1]) Die Krankheiten der Mundhöhle etc. 1888.

Wenn hinsichtlich der **Deviation** traumatischen Einflüssen eine gewisse Rolle zugesprochen werden muss, so kann dies hinsichtlich der **Leistenbildung** nicht eingeräumt werden, obwohl es vielfach behauptet wurde, neuerdings wieder von Jurasz[1]) und L. Réthi[2]), aber nicht mit viel Glück, wie wir gleich sehen werden. In Bezug auf die Septumleiste lehrt die Durchsicht meiner Präparate, dass bei Fracturen der knorpeligen Scheidewand das knöcherne Septum ein sehr verschiedenes Aussehen darbieten kann und weder deviirt noch mit Leisten besetzt sein muss. Von einem typischen Verhalten kann nicht die Rede sein, und ich erlaube mir einige Beispiele anzuführen:

α) Bruch der knorpeligen Scheidewand mit hochgradiger Verschiebung der Bruchstücke und bedeutender Verbiegung. Das **knöcherne Septum ist kaum deviirt, keine Crista lateralis**.

β) Nasengerüste unverletzt, knorpeliges Septum nicht im Geringsten deviirt, die knöcherne Scheidewand auffallend stark verbogen und mit einer Leiste versehen, die einen grossen Hakenfortsatz trägt.

γ) Deviation der knorpeligen Scheidewand nach der rechten Seite ohne Fractur. Leiste links.

δ) Fractur der Scheidewand mit Deviation nach links. Leiste links.

Ich bemerke überdies, dass alle jene Formen der Leiste, wie sie am intacten Nasengerüste vorkommen, auch bei Septumbrüchen sich wiederholen, ferner, dass zwischen dem Grade des Bruches und der Grösse der Leistenfortsätze nicht die geringste Beziehung sich bemerkbar macht. Bei hochgradigen Brüchen sind die Leisten häufig weniger vorspringend als bei unbedeutenden Fracturen. Von Infraction und Callus ist bei denselben nicht die Rede, und es wäre auch nicht zu verstehen, wie gerade an Stelle der grössten Spannung das Knochen- und Knorpelgewebe luxuriren könnte. Ereignet sich ein Scheidewandbruch an Stelle einer vorhandenen Crista lateralis, dann wird dieselbe verlagert und umgeformt, wie dies klar aus dem auf pag. 29 beschriebenen Falle hervorgeht. Auch die auf der Gegenseite der Crista gewöhnlich vorhandene Rinne (siehe pag. 14) erfährt bei der durch die Fractur entstandenen Einknickung der Scheidewand eine Umgestaltung; sie wird um Vieles tiefer, und die Grenzränder springen kantig vor. Wir haben ferner gesehen, dass die kurzen Leistenansätze, die in unmittelbarem Anschlusse an die Spina nasalis oft auf beiden Seiten symmetrisch vorkommen, auf die variante Form des unteren Knorpel-

---
[1]) l. c.
[2]) l. c.

randes zu beziehen sind. Dieser Rand ist bald schmal, bald sehr breit, und in letzterem Falle häufig nach beiden Seiten hin, zu Platten verbreitert, die dann als Leisten gegen die Nasenhöhle vorspringen.

Angesichts solcher Befunde wird es wohl zum mindesten sehr wahrscheinlich, dass die Verbiegung des knöchernen Septum auch unabhängig von traumatischen Einflüssen entstehen kann; es liegt ein unlöslicher Widerspruch in der Thatsache, dass in zwei ganz gleich gearteten Fällen von Trauma in dem einen die knöcherne Scheidewand gerade und glatt, in dem anderen verbogen erscheint. Es ist nicht zu erklären, warum die Deviation bei einem Scheidewandbruche vermisst wird, sich wohl aber an einem im Knorpel wie im Knochen intacten Nasengerüste findet. Das Gleiche hat in noch höherem Grade für die leistenartigen Fortsätze der Scheidewand Geltung, die ich nach all dem Vorgebrachten für durchaus physiologische Bildungen halte. Réthi scheint die physiologischen Leisten mit Brüchen des Septum verwechselt zu haben, er spricht von Callusbildung, die zur Entwickelung von Ekchondrosen und Exostosen Anlass gibt. Nun sind aber Brüche des knöchernen Septum selten und nicht im vorderen, unteren Theile befindlich, wohin sie Réthi verlegt. Dazu kommt noch, dass die Callusbildung bei Septumbrüchen unbedeutend ist.

### b) Compensatorische Form.

In einer Schrift von Baumgarten[1]) wird die Behauptung aufgestellt, dass die Septumdeviation durch die Entwickelung der Schwellkörper der Nasenschleimhaut veranlasst werde. Der Schwellkörper soll sich an die Scheidewand fest anlegen, und diese dem Drucke des Schwellkörpers nachgebend am meisten im knorpeligen Theile, weniger in dem hinteren, knöchernen Theile ausweichen. Die Grundlosigkeit dieser Behauptung hat schon Réthi widerlegt und richtig angeführt, dass 1. die Schwellkörper nicht bis an die Mittellinie und noch weniger bis an das nach der anderen Seite deviirte Septum heranreichen, 2. dass die deviirte Stelle selten und bei hochgradigen Deviationen fast niemals der grössten Wölbung entspreche, was ja sein müsste, wenn unter normalen Verhältnissen eine Beziehung zwischen Muschel und Septumdeviation bestände. Dazu möchte ich noch bemerken, dass die Schwellkörper sich symmetrisch entwickeln, und ihre Entwickelung

---

[1]) Ueber die Ursachen der Verbiegung der Nasenscheidewand. Deutsche med. Wochenschr. 1886.

die Stellung der Scheidewand nur dann beeinflussen könnte, wenn zum Mindesten zeitweise das Wachsthum auf einer Seite stärker wäre als auf der anderen.

Wenn nun auch diese Kategorie von compensatorischer Deviation nicht existirt, so gibt es doch eine andere Art dieser Deviationsform, die klar und deutlich zeigt, dass das Verhalten der Binnenorgane der Nasenhöhle, insbesondere die einseitige Vergrösserung der Siebbeinmuscheln, auf die Stellung des Septum Einfluss nimmt. Diese Form kann physiologischen oder pathologischen Ursprunges sein. So sah ich wiederholt die aufgeblähte, mittlere Nasenmuschel derart vergrössert, dass sie das Septum auf die Gegenseite drängte (Taf. 2, Fig. 8), und Fälle, wo durch krankhafte Vergrösserung des Siebbeines dasselbe Resultat erzielt wurde, finden sich in einem späteren Capitel beschrieben (siehe auch Taf. 19, Fig. 1 und Taf. 24, Fig. 3).

### c) Rhachitische Form.

Réthi unterscheidet am Septum wirkliche Knickungen (winkelige Krümmungen traumatischen Ursprunges) und blasige Auftreibungen. Erstere haben ihren Sitz im vorderen und unteren Bereiche des Septum, oft knapp hinter der Spina nasalis antica, die letzteren ungefähr in der Mitte des Septum; diese nun sollen rhachitischen Ursprunges sein. Ich habe bisher keine Gelegenheit gehabt, eine unzweifelhaft rhachitische Verkrümmung der Scheidewand zu sehen.

### d) Physiologische Deviation.

Diese bildet das eigentliche Objectum litis der Rhinologen. Neben bereits Gesagtem führe ich noch Folgendes an. Verbiegung der Nasenscheidewand kommt einerseits am völlig intacten Gesichtsschädel vor, und andererseits kann das knorpelige Septum deviirt oder fracturirt sein, während die knöcherne Scheidewand sich normal verhält. So besitze ich ein Präparat mit mehreren Brüchen der Nasenbeine und starker Depression des Nasenrückens, der Vomer steht dabei ganz gerade, von einer Crista lateralis ist nichts zu sehen, und die Lamina perpendicularis ist kaum nennenswerth verbogen. Solche Fälle sprechen wohl beredt für die Existenz einer physiologischen Form, denn es muss logischer Weise gefolgert werden, dass zum Mindesten die Fälle mit Deviation der Scheidewand bei intactem Nasengerüste und bei normaler, knorpeliger Scheidewand ohne Hinzuthun eines Trauma entstanden sind. Diejenigen, die eine physiologische Form annehmen, haben hiebei „ungleiche Wachsthumsvorgänge" eine Rolle spielen lassen. Es ist wahr, dass man diesbezüglich Ursache und Wirkung verwechselt hat, und Voltolini[1]) hat mit der Behauptung, dass „in dieser Erklärung das Dunkle durch noch Dunkleres ersetzt werde" nicht Unrecht, aber man ist der Sache durch diese Annahme doch viel näher getreten. Chassaignac[2]) war einer der Ersten, der die Behauptung aufstellte, dass bei zu raschem Wachsthume in verticaler Richtung die zwischen starren Punkten ausgespannte Nasenscheidewand nach einer oder der anderen Seite abbiegen müsse. Auch Schech[3]) huldigt ähnlichen Anschauungen, er schreibt: „Wächst der Scheidewandknorpel, welcher zwischen Lamina perpendicularis, Vomer und Crista nasalis eingeschoben ist, im Verhältniss zu den übrigen, die Nase bildenden Knochen schneller und abnorm stark, dann muss derselbe, da er weder nach oben noch nach unten ausweichen kann, seitlich ausweichen. Wächst die seitlich ausgebogene Stelle noch weiter, dann kommt es zur Bildung von Spinen oder spinösen Leisten." Das ist eigentlich auch blos eine Umschreibung der Sache, denn es handelt sich ja doch um die Ursache, die den Knorpel veranlasst auszuwachsen. Schaus[3]) meint, dass abnorme Wachsthumsverhältnisse des Gesichtsskeletes während der zweiten Dentition bei der Deviation der Nasenscheidewand eine Rolle spielen. Er will gefunden haben, dass auf Seite der verengten Nasenhöhle die Apertura pyriformis weiter ausgeschnitten ist, die Augenhöhlen sowie das in solchen Fällen schmale Gaumengewölbe ungleich hoch stehen. Die Angabe von Schaus ist für einzelne Fälle richtig, so allgemein gefasst ist sie jedoch nur geeignet Irrthümer zu verbreiten.

Dass die zweite Dentition das Auftreten von Deformitäten am Septum begünstigt, wird verständlich, wenn man bedenkt, dass um diese Zeit das Kieferwachsthum eine Steigerung erfährt. Aus diesem Grunde treten die Septumdeformitäten zumeist erst nach dem 7. Lebensjahre auf. Meine frühere Angabe, dass die Septumdeviation und die Septumleiste vor dem 7. Jahre nicht angetroffen werde, muss ich modificiren. Es haben H. Welcker[4]) u. A. schon bei 4—5jährigen Kindern solche Fälle beobachtet, und ich selbst fand jüngst unter 35 Schädeln von 4—6jährigen Kindern eine devürte Scheidewand mit einer gut

---

[1]) Die Krankheiten der Nase etc. 1888.
[2]) Rethi l. c.
[3]) Ueber Schiefstand der Nasenscheidewand. Arch. f. klin. Chir. 1887.
[4]) l. c.

ausgebildeten Leiste. Ich glaube aber, dass für die Mehrheit der Fälle meine erste Angabe richtig sein wird.

In einzelnen Fällen ist die Crista incisiva gegen eine der Nasenhöhlen geneigt, so dass stärkeres Wachsthum des Zwischenkiefers der einen Seite das Septum auf die Gegenseite drängt, und es zeigt sich hiebei nur jener Theil verbogen, der sich unmittelbar der Crista incisiva anschliesst, während der grössere Antheil des Septum senkrecht und median steht.

Ich habe bereits erwähnt, dass jene Gruppe der physiologischen Deviationen, die im Gefolge von Leisten der Nasenscheidewand auftritt, durch die Entwickelung dieser bedingt ist. Wir haben gesehen, dass das Septum auf der Seite der Leiste häufig convex vorspringt, und dass auf der Gegenseite der Leiste gewöhnlich eine Rinne vorhanden ist. Je grösser der Haken, desto stärker ist die Biegung des Septum und desto tiefer die genannte Rinne; es scheint, als zöge die Leiste das Septum auf ihre Seite hinüber. Dies zeigt sich sogar schon in jenen Fällen, wo nur die Anlage zu einer Leiste vorhanden ist, denn auch hier lässt sich gewöhnlich eine leichte Deviation constatiren.

Wie kommt es nun, dass der Procentsatz bei den prognathen Völkern erheblich kleiner ist (die Deviation um 25·4%, beziehungsweise 13·8%, die Hakenbildung um 20·5%), als bei den Europäern? Nachstehende Hypothese, die ich mit aller Reserve andeute, könnte in Erwägung gezogen werden. Bei den Naturvölkern sind der Kieferapparat und die Zähne kräftiger entwickelt als bei uns, es ist ja hierauf theilweise der prognathe Zustand derselben zu beziehen. Im Gegensatze hiezu repräsentirt sich beim Europäer das Kiefergerüste sammt dem zahntragenden Antheile verkleinert und verkürzt. Wenn man sich nun vorstellen dürfte, dass die compensatorische Verkürzung am Septum nicht gleichen Schritt hielte mit der Kieferverkürzung, so hätten wir eine Wachsthumsincongruenz gegeben und die Deviation der Scheidewand wäre erklärt. Die bezeichnete Wachsthumsincongruenz wird möglicherweise durch jene Art von Vererbung gesteigert, welche bewährte Zahnärzte heranziehen, um das häufig vorkommende Missverhältniss zwischen Kiefer und Zahngrösse zu erklären. Manche Stellungsanomalien sollen nämlich auf die Weise sich entwickeln, dass ein Kind den kleinen Kiefer der Mutter und die grossen Zähne des Vaters erbt. Ein analoges Verhalten dürfte vielleicht auch für das Nasengerüste und seine

Binnenorgane zutreffen. Endlich könnte bei der Häufigkeit des Vorkommens der geschilderten Deformitäten daran gedacht werden, dass die Anlage zu denselben von den Eltern auf die Kinder vererbt werde.

## Viertes Capitel.

### Rhinitis.

In diesem Capitel werde ich zunächst den Befund in zwei exquisiten Fällen von Rhinitis feststellen und über eine bisher nicht beobachtete Form der Rhinitis berichten. Es handelt sich bei dieser Form um einen Process, in dessen Verlauf es zu ausgebreiteten Blutungen und durch den späterhin sich einstellenden Zerfall der rothen Blutkörperchen in eine feinkörnige, amorphe Masse zu einer höchst auffallenden Verfärbung der Nasenschleimhaut kommt.

Die zwei Fälle von einfacher Rhinitis sind:

### Fall 1. **Acute Rhinitis.**

Nasenhöhle: Eine grosse Menge Schleim enthaltend.

Nasenschleimhaut: Dunkelroth gefärbt, injicirt und ausnehmend stark geschwollen. Am bedeutendsten ist die Schwellung an der Schleimhaut des unteren Nasenganges, wo der Ueberzug der äusseren Wand zu einer den Nasengang beinahe ausfüllenden, hügelartigen Geschwulst aufgetrieben ist. Dies Verhalten wurde in beiden Nasenhöhlen angetroffen. Zur mikroskopischen Untersuchung habe ich zwei Stellen der Nasenschleimhaut ausgewählt und zwar: a) die hügelartige Anschwellung im unteren Nasengange und b) den Schleimhautüberzug der unteren Nasenmuschel (entsprechend der Mitte seiner convexen Fläche).

a) Die hügelartige Schleimhautgeschwulst. (Taf. 3, Fig. 1.)

Schon mit freiem Auge sieht man am Carminpräparate eine intensive, rothe Färbung der subepithelialen Schichte ($s$) zum Unterschiede von den tieferen Schichten der Schleimhaut, die blass sind. Die Oberfläche der Mucosa ist an einzelnen Stellen leicht höckerig, an anderen mit kurzen, papillären Auswüchsen versehen. Das Oberflächenepithel zeigt sich von Rundzellen reichlich durchsetzt, desgleichen die wesentlich verbreiterte, subepitheliale Schleimhautschichte. Das Stroma dieser Schichte ist dabei entweder ziemlich gut sichtbar oder es wird an Stellen, wo die zellige Infiltration sehr massenhaft auftritt, gedeckt, wodurch die Mucosa den Charakter des Granulationsgewebes angenommen hat. Hie und da treten dichtere Haufen von Rundzellen auf, welche den Eindruck von Follikeln hinterlassen. Auch sieht man vielfach die Querschnitte der Gefässe von zelligen Höfen dichterer Anordnung umgeben. An einzelnen Stellen findet man interstitiell zerfallene rothe Blutkörperchen in allen Formen der Metamorphose. Drüsen: Die Drüsen sind gleichfalls von Rundzellen infiltrirt, ihre Acini vielfach ausgeweitet und zu gelappten Cysten confluirend. Das Bindegewebe zwischen den Drüsen enthält körniges Pigment (Hämatoidin). Gefässe: Die venösen Gefässräume sind bis an die periostale Schichte beträchtlich erweitert. Aehnliches findet sich an den Capillaren der subepithelialen Schichte, die an Breite derart zugenommen haben, dass förmliche Gänge in die zelligen Massen gegraben erscheinen.

b) Schleimhaut der unteren Nasenmuschel. (Taf. 3, Fig. 2.)
Auch an dieser Partie der Nasenschleimhaut gewahrt man schon mit freiem Auge, dass die oberflächliche Schleimhautzone (*s*) intensiver gefärbt ist als die tiefer gelegene. Die Schleimhaut ist dabei stark verdickt, aber nicht so sehr durch Gewebszunahme wie vielmehr durch eine enorme Ausdehnung des Schwellkörpers, dessen Lacunen von der subepithelialen Schichte bis herab an das Periost erweitert und prall mit Blut gefüllt sind. Im Uebrigen beobachtet man dieselben Veränderungen, die am ersten Objecte gefunden wurden, die subepitheliale Schichte ist verbreitert, ihr Stroma mit Rundzellen reichlich infiltrirt, ihre Capillaren stark dilatirt. Drüsen zellig infiltrirt, das Bindegewebe zwischen den Drüsen und um die Gefässe herum in den tieferen sonst zellenarmen Schichten gleichfalls mit Rundzelleninseln versehen. Ueber das Verhalten der Kieferhöhlenschleimhaut in diesem Falle siehe pag. 70. Den gleichen histologischen Charakter behält die Nasenschleimhaut bei, wenn im späteren Stadium die Erscheinungen nicht mehr so heftig sind.

### Fall 2. Rhinitis (subacut).

In der Nasenhöhle viel glasiger Schleim.

Nasenschleimhaut geschwellt, glatt und blass. Mikroskopischer Befund. a) Untere Nasenmuschel: Die subepitheliale Schichte ist nicht in dem Maasse verbreitert wie im früheren Falle und auch weniger reichlich mit Rundzellen versehen. Nur stellenweise finden sich sehr dichte Inseln von solchen Zellen, insbesondere in den Drüsen. Das Oberflächenepithel zeigt auch zellige Infiltration.

b) **Schleimhaut an der lateralen Nasenwand**: Das mikroskopische Bild gleicht völlig dem, welches für die Schleimhaut der unteren Nasenmuschel gegeben wurde, nur findet man an der lateralen Nasenwand einzelne der Drüsenausführungsgänge und im Anschlusse an diese die Acini der Drüsen zu kraterförmigen Hohlräumen erweitert. Ueber das Verhalten der Kieferhöhlenschleimhaut in diesem Falle siehe pag. 70 u. 71.

## Resumé.

In beiden Fällen findet sich starke Schwellung der Schleimhaut, Rundzelleninfiltration insbesondere in der subepithelialen Schichte, im Drüsenstroma, um die feinen Gefässe herum und im Epithel; ferner Dilatation der Gefässe, cystöse Degeneration der Drüsen und Blutaustritt.

Im Gefolge der Rhinitis wulstet sich die Schleimhaut, sie treibt an ihrer Oberfläche eine Menge von warzen- und papillenförmigen Fortsätzen.

Die häufig in grösserer Menge in sonst normal aussehenden, dünnen Nasenschleimhäuten angesammelten Rundzellen dürften auf eine ehemals vorhanden gewesene Rhinitis zu beziehen sein.

Bei den Entzündungen der Nasenschleimhaut kommt es, wie wir gesehen haben, zu interstitiellen Blutungen. Diese Hämorrhagien sind jedoch für gewöhnlich unbedeutend und spielen aus diesem Grunde keine Rolle.

---

Bei einer **anderen Form von Rhinitis**, die ich in den letzten Jahren wiederholt beobachtet habe, — möglicherweise handelt es sich dabei um eine heftige Rhinitis bei ungenügendem Widerstande der Gewebe — treten **intensive Blutungen in das Schleimhautstroma** hinein auf, und die **Mucosa acquirirt später, wenn der Process abgelaufen ist, und das ausgetretene Blut die typischen Metamorphosen durchgemacht hat, eine gelbliche, schmutzig-gelbbraune oder rostbraune, höchst auffallende Färbung, die ich als Xanthose der Nasenschleimhaut** bezeichnen werde. Diese Verfärbung tritt an der Nasenscheidewand allein auf oder auch an der äusseren

Nasenwand, an den Muscheln und am Nasenboden, ist mehr gleichmässig ausgebreitet, oder es wechseln normale mit gelbbraun gefärbten Stellen ab. Die Flecken sind flach, und nur ausnahmsweise wird an ihnen ein beetartiges Vorspringen beobachtet.

Ich gehe nun an die Beschreibung einzelner einschlägiger Fälle.

### Fall 1. Xanthose mässigen Grades am Septum.

Man findet am vorderen Theile der knorpeligen Scheidewand knapp hinter der Uebergangsstelle des häutigen Antheiles des Septum in die Schleimhaut, dort, wo typisch das Ulcus perforans auftritt (ich will sie fernerhin als Pars anterior septi bezeichnen) und gewöhnlich blos auf einer Seite an einer kreuzergrossen, kreisrunden oder ovalen Stelle, die Schleimhaut wesentlich aufgelockert, gelblich verfärbt, dünn, zuweilen stärker injicirt, mit Grübchen und Lücken versehen und durch diese Eigenschaften ziemlich scharf gegen die umgebende, normal gefügte Mucosa abgesetzt. Die Schleimhaut der Umgebung zeigt auch schon gelbe Flecken, aber diese sind nicht so stark entwickelt als an der bezeichneten Stelle. Falls Secret in der Nasenhöhle enthalten ist, bleibt es an dem aufgelockerten Theile des Septum fester haften.

### Fall 2. Xanthose des ganzen Nasenscheidewandüberzuges.

Die Gebilde der äusseren Nasenwand und diese selbst zeigen eine normale Färbung und Beschaffenheit, das Septum aber ist seiner ganzen Ausdehnung nach gelb gefärbt und zwar theils diffus, theils inselweise mit dazwischen liegenden, normal aussehenden Stellen. An der Pars anterior septi ist die Schleimhaut an einer kreuzergrossen Stelle weisslich gefärbt, dünn, durchsichtig, glatt, atrophisch und sehnig aussehend.

### Fall 3. Allgemeine Xanthose der Nasenschleimhaut. (Taf. 3, Fig. 3.)

Nasenschleimhaut geschwellt, von gelblicher Farbe. Bei der mikroskopischen Untersuchung zeigt sich die Mucosa wie bei der gewöhnlichen Rhinitis von Rundzellen infiltrirt und an der Oberfläche von papillärer Beschaffenheit. Die subepitheliale Schichte und die tieferen Partien der Schleimhaut, namentlich in den Interstitien zwischen den Drüsen, enthalten körniges Pigment, welches stellenweise netzförmig angeordnet ist, weil es die Gewebsspalten einnimmt.

Fall 4. **Allgemeine Xanthose der Nasenschleimhaut.**

Nasenschleimhaut dünn, an den Muscheln enge anliegend, die Nasenmuscheln selbst sind ein wenig atrophisch; die Verkleinerung der mittleren Muschel zeigt sich deutlich darin, dass der Processus uncinatus frei zu Tage liegt. Die Nasenschleimhaut ist mit Ausnahme von einzelnen Inseln an der oberen Muschel und am Nasenboden gelbbraun verfärbt. Aehnlich verhält sich, wie ich besonders hervorhebe, der Ueberzug des Septum, während die Sinusschleimhäute wie die Mucosa des Nasenrachenraumes ein normales Aussehen zur Schau tragen.

Am Processus uncinatus haftet ein dicker, hahnenkammartiger Polyp, der gleichfalls gelb gefärbt ist.

Am knorpeligen Septum ist die vorher als typisch bezeichnete Stelle verfärbt, aufgelockert, weich und sammtartig, die Drüsenmündungen stark erweitert, und dadurch von grobporösem Aussehen.

Fall 5. **Atrophie der Nasenschleimhaut und der Muscheln combinirt mit Xanthose.**

Nasenschleimhaut ihrer ganzen Ausdehnung nach gelbbraun verfärbt. Die Muscheln sind zu niedrigen, stark verkürzten Leisten reducirt. Nasenhöhlen sehr geräumig.

Mikroskopisches Bild:

Untere Nasenmuschel (Taf. 3, Fig. 4). An Stelle der Schleimhaut findet sich eine ziemlich dicke Schichte eines oberflächlich noch stellenweise papillären, äusserst zellenarmen, fibrösen Gewebes, in welchem die Drüsen und das Schwellgewebe vollständig geschwunden sind; nur einzelne Spalten erinnern noch an den ehemaligen, cavernösen Bau.

Von der knöchernen Muschel ist noch eine kurze, äusserst dünne, ganz weiche, schneidbare Substanz zurückgeblieben, die an den Rändern eine grosse Anzahl von Resorptionslücken (Howship'sche Grübchen) zeigt. Das Markgewebe rings um die Knochengefässe herum faserig, die oberflächlichen Schleimhautschichten viel körniges Pigment enthaltend.

Mittlere Muschel: An der mittleren Muschel ist die Atrophie nicht so hochgradig ausgeprägt als an der unteren, denn es sind noch von dem Schwellgewebe Lumina in grosser Anzahl zu sehen, dagegen ist der Drüsenkörper der Muschel bis auf wenige Reste geschwunden. Die subepithelialen Schleimhautpartien sind von einer dicken Schichte körnigen Pigmentes durchsetzt.

Der Muschelknochen selbst ist atrophisch erweicht, streifig, ohne Knochenzellen und von zahlreichen Howship'schen Lacunen wie angenagt.

Seitenwand und Nasenboden: Gefässe gut erhalten, Drüsen ein verschiedenes Aussehen zeigend. Stellenweise confluiren die Acini zu grösseren, buchtigen Hohlräumen, in welchen das auskleidende Epithel fehlt. An anderen Punkten sind die Contouren der Drüsenpackete schon sehr undeutlich oder fehlen ganz. Als Zeichen des stattgehabten entzündlichen Processes zeigen sich papilläre Auswüchse an der Oberfläche der Schleimhaut und Rundzelleninfiltration. Das körnige Pigment ist in dicken Lagen diffus ausgebreitet.

Nasenscheidewand: Am Septum findet sich das körnige Pigment in grossen Massen deponirt. Es durchsetzt nicht blos die subepitheliale Schichte ihrer ganzen Dicke nach, sondern findet sich auch im interacinösen Bindegewebe ausgebreitet und reicht stellenweise sogar bis an das Periost. Die Schleimhaut ist dabei fibrös entartet, Drüsen fehlen grösstentheils, nur hier und da stösst man auf ihre Reste in einem sehr vorkommenen Zustande. An der Pars anterior septi ist die Schleimhaut wesentlich verschmälert, ohne Spur von Drüsen. Ein besseres Aussehen zeigen die Drüsen am Rande der atrophischen Stelle, wo die Schleimhaut etwas dicker wird. Die Knorpelzellen sind intensiv gefärbt, stellenweise ganz klein und von faseriger Grundsubstanz umgeben. An der Peripherie der atrophischen Stelle gibt es Partien, wo der faserige Knorpel ganz zellenfrei ist. Das Perichondrium erweist sich wesentlich verbreitert, weil auch die oberflächlichen Partien der Grundsubstanz in faseriger Umwandlung begriffen sind. Diese Schichten enthalten noch Rudimente von nicht mehr färbbaren Zellen.

Kieferhöhle: Oberflächenepithel fehlt. Schleimhautstroma etwas verdickt, aus welligem äusserst zellenarmen Bindegewebe aufgebaut. Die Drüsen sind zu Grunde gegangen oder nur mehr in Resten vorhanden, die Alveolen defect und mit körnigem Inhalt versehen.

In einem zweiten, ganz ähnlichen Falle war die Nasenhöhle mit glasigem Schleim gefüllt, das Septum an der Pars anterior ausnehmend verdünnt, die Schleimhaut der Highmorshöhle verdickt.

Dass der Xanthose eine Entzündungsform eigener Art vorausgegangen sein muss, ist klar, denn in gewöhnlichen Fällen kommt es nicht zu einer so massenhaften Einlagerung von körnigem Pigment. Es muss eine gewisse Disposition zu capillaren Blutungen vorausgesetzt werden. Möglicherweise liegt eine besondere Vulnerabilität des Gefässsystemes vor.

In zweiter Reihe ist die Beziehung zwischen dieser Entzündungsform und der Muschelatrophie zu beachten. Wir haben gesehen, dass diese Krankheitsformen sich combiniren, und ich bemerke, dass diese Combination gar nicht selten auftritt. Ausdrücklich hebe ich aber, um jedem Missverständniss vorzubeugen, hervor, dass die meisten Fälle von Muschelatrophie ohne Xanthose ablaufen. Hinsichtlich der Beziehung zwischen Xanthose und Muschelatrophie könnte man annehmen, dass durch die Blutung und Verödung der Capillaren die Ernährungsverhältnisse der Schleimhaut sich ungünstig gestalten, und auf dieser Grundlage die Muschelatrophie zur Entfaltung gelangt.

**Fall 6. Circumscripte Atrophie des knorpeligen Septum.**

Es ist bereits in einigen der Fälle von Xanthose hervorgehoben worden, dass das Septum an seiner Pars anterior die Verfärbung zuweilen ganz besonders stark entwickelt zeigt, und dass im weiteren Verlaufe des Processes sich eine partielle Atrophie an der Scheidewand entwickelt. Man findet auf einer Seite, seltener beiderseits die bezeichnete Stelle des Septum sammtartig aufgelockert, durch ausgeweitete Drüsenmündungen groblückig, injicirt und gelb gefärbt, oft mit grünlichweisser Masse beschlagen. In einem späteren Stadium verliert sich das sammtartige Aussehen der Schleimhaut, sie wird dünner, mehr glatt und gewinnt eine netzförmige Oberfläche; die Areolen des Netzes entsprechen den Oeffnungen der ausgeweiteten Drüsen. Noch später verschwindet die netzförmige Modellirung der Oberfläche, die Schleimhaut wird glatt, büsst immer mehr und mehr den Charakter einer Mucosa ein, die gelben Flocken schwinden, und endlich erscheint der centrale Theil der atrophischen Partie weiss, dünn, durchsichtig und abnorm weich, da hier auch der Knorpel atrophirt ist. All dies vollzieht sich ohne Geschwürsbildung.

Interessant ist das mikroskopische Verhalten des Knorpels an der atrophischen Stelle (Taf. 3, Fig. 5 u. 6). In den ersten Stadien des Processes verhält sich der Knorpel passiv, er betheiligt sich an den Veränderungen erst zu einer Zeit, in welcher die Schleimhaut schon sehr dünn geworden ist. Der Knorpel wird sehr dünn, fehlt im centralen Antheile vollständig, ohne dass von einer Chondritis auch nur eine Spur zu bemerken wäre. In einem solchen Falle sah ich Folgendes: Der Knorpelrahmen des Loches schärft sich gegen seinen Innenrand zu und löst sich daselbst in ein äusserst feinfaseriges Bindegewebsgerüste auf, das noch hie und da Rudimente von Knorpelzellen enthält. Oberflächlich geht dieses feine Faserwerk in das Perichondrium über, gegen welches es sich aber deutlich begrenzt. Das Perichondrium besitzt nämlich einen parallelfaserigen Verlauf und färbt sich auch viel intensiver. Das geschilderte Faserwerk erstreckt sich weit gegen den normalen Knorpel hin. An den Knorpelzellen dieser Zone fehlen vielfach die Kerne. Zwischen diesen Rudimenten sind noch stellenweise kleine Stücke hyaliner Grundsubstanz in das Faserwerk eingeschaltet, die sich lebhaft roth gefärbt haben und ihrerseits wieder normal geformte Knorpelzellen umschliessen können. Hierauf folgt eine Partie, in welcher das Knorpelgewebe schon mehr den typischen Bau zeigt. Die Grundsubstanz, die den Farbstoff aufgenommen hat, ist central hyalin, und die gut geformten Knorpelzellen liegen isolirt oder in Haufen beisammen. Peripher aber findet sich die Umwandlung der hyalinen Grundsubstanz in Fasergewebe wieder, indem eine dichte Schichte des Knorpels im Anschlusse an das Perichondrium faserig geworden ist. Die aus der Knorpelgrundsubstanz abstammenden Fasern lassen sich durch ihre Richtung leicht von denen der Knorpelhaut unterscheiden. Die perichondralen Faserbündel verlaufen nämlich parallel der Knorpeloberfläche, während die des Knorpels senkrecht zur Oberfläche gerichtet zwischen beiden Perichondriumbekleidungen quer ausgespannt sind. An vielen Stellen des Knorpels spitzen sich breite Streifen von Grundsubstanz an ihrem oberflächlichen Ende zu oder laufen gar in mehrere Spitzen aus, die in das genannte Faserwerk übergehen. Gerade diese Stellen sind es, an welchen man die faserige Umwandlung der Knorpelgrundsubstanz am besten wahrnimmt. Die faserige Metamorphose wird an der nun folgenden, peripheren Knorpelpartie immer geringer, bis endlich ganz normales Knorpelgewebe folgt, das sich nur durch das stärkere Tinctionsvermögen der Grundsubstanz auszeichnet.

Verhalten des Knorpels in der Lücke. An Stelle des rundlichen Defectes scheint Knorpelgewebe vollständig zu fehlen; die mikroskopische Untersuchung ergibt jedoch, dass ein Rest desselben in Form einer dünnen Bindegewebsmembran, die direct aus den faserigen Theilen des Knorpels hervorgeht und die Lücke gleichwie ein Spiegel seinen Rahmen ausfüllt, noch zurückgeblieben ist. Diese Membran zeigt vorwiegend einen in sagittaler Richtung ausgebildeten Faserverlauf und ist mit den beiden perichondralen Ueberzügen zu einer Platte verschmolzen, die stellenweise kaum den Querdurchmesser von 1 mm. erreicht, während der Rahmen selbst noch eine Dicke von 2—3 mm. besitzt.

Schleimhaut: An Stelle des Defectes ist die Schleimhaut auf einer Seite des Septum sammt dem Epithel gut erhalten, während auf der Gegenseite das Epithel fehlt, und das Schleimhautstroma eine auffallende Zartheit zeigt. Drüsen fehlen vollständig; peripheriewärts vom Defecte sind solche zu sehen, aber sie haben ihre typische Form eingebüsst und gleichen eher unregelmässigen Epithelhaufen, in welchen nur mehr vereinzelt defecte Contouren von Ausführungsgängen vergraben liegen. Auf der Seite mit der normal aussehenden Schleimhaut ist die Oberfläche glatt, die Epithelien sind gut erhalten und regelmässig gereiht.

Die Gefässcapillaren sind stark erweitert, die subepitheliale Schichte der Schleimhaut verdünnt, drüsenlos, arm an Rundzellen und unmittelbar in die den Knorpel substituirende Bindegewebsplatte übergehend. An der dünneren Seite des Septum finden sich nur mehr an der Peripherie der atrophischen Stelle noch Reste des Oberflächenepithels. Die subepitheliale Schichte ist dünn, atrophisch und hämorrhagisch infiltrirt, das übrige Schleimhautstroma drüsenlos oder hier und da noch einige cystöse Follikel zeigend. Stellenweise fehlt die subepitheliale Schichte ihrer ganzen Dicke nach, und die vorher beschriebene Bindegewebsplatte liegt frei zu Tage.

Interessant gestaltet sich die Untersuchung des Knorpels an jenen Partien der atrophischen Stelle, wo der atrophirende Process noch keine solchen Fortschritte gemacht hat wie in den Objecten, die zur Beschreibung gedient haben. Ich wähle eine Stelle, wo die Randpartie des Knorpels noch ziemlich dick ist. Gegen das Centrum der atrophischen Stelle folgt eine breite, sehr dünne Zone, in welcher die Grundsubstanz sich stark färbt und gegen die Seitenflächen hin auffasert. Diese dünne Knorpelplatte spitzt sich noch weiter centralwärts zu und löst sich gleichfalls in Fasergewebe auf, welches einzelne gefärbte Inseln aus Grundsubstanz enthält. Sodann folgt eine Zone, die schon fast ganz faserig ist, und dieser schliesst sich endlich im Centrum eine Partie an, wo auf einer kurzen Strecke nichts mehr von Knorpelfasern, sondern lediglich fibrilläres Bindegewebe zu sehen ist. So 'weit sich das Fasergewebe des Knorpels ausdehnt, begrenzt sich das Perichondrium scharf. Sehr bemerkenswerth scheint mir auch die Thatsache, dass die Knorpelgefässe im Faserwerk erhalten bleiben; man sieht sie conform der Faserrichtung quer verlaufen.

Die Atrophie im vorderen Theile der Scheidewand passirt demnach folgende Stadien:
    a) Auffaserung und leichtere Tinctionsfähigkeit der Grundsubstanz.
    b) Das Chondrin schwindet, und der Knorpel wird ganz faserig.
    c) Das Faserwerk verdichtet sich zu einer Bindegewebsplatte.

Man könnte das beschriebene Bild für das Resultat einer abgelaufenen Chondritis halten; liest man aber die Schilderung, die Hajek[1]) von diesem Processe entwirft, so muss man diesen Gedanken fallen lassen. Hajek schreibt über den Charakter der Perichondritis und Chondritis beim Ulcus perforans septi Folgendes: Das Perichondrium verwandelt sich bei der Entzündung der Schleimhaut in ein sehr dichtes, zelliges Infiltrat, und diese Perichondritis hat zur Folge, dass der Knorpel nicht ernährt wird und abstirbt. Die Zellen verlieren ihre Tinctionsfähigkeit, es entstehen an der Oberfläche Vertiefungen, die mit Bacterien gefüllt sind, wodurch der Knorpel, den die Bacterien consumiren, dünner wird. An der Grenze zwischen dem nekrotischen und dem lebenden Knorpel stellt sich eine reactive Entzündung ein. Die Knorpelzellen vermehren sich, die Zwischensubstanz verringert sich, und schliesslich entsteht an der Grenze des nekrotischen Knorpels ein dichtes, zelliges Infiltrat; dieses steht mit dem des Perichondrium in innigem Zusammenhange. Letzteres leitet die reactive Entzündung im Knorpel ein, da schon vor der Bildung der entzündlichen Demarcation im Knorpel das zellig infiltrirte Perichondrium in Form von Fortsätzen in den Knorpel hinein wächst, an welche sich erst die Proliferation in den Knorpelhöhlen anschliesst. Nicht immer hat die Perichondritis die Nekrose des Knorpels im Gefolge; sie kann direct auf den Knorpel übergreifen und letzterer in ein entzündliches Infiltrat aufgehen. Es entsteht eine Vermehrung des zelligen Inhaltes der Knorpelhöhlen, welch letztere auf Kosten der homogenen Zwischensubstanz sich ausdehnen; endlich berühren sich die mit Zellen gefüllten Knorpelhöhlen, ihre Grenze schwindet, und das zellige Infiltrat bildet ein Continuum. Die Nekrose gestaltet sich so, dass nun eine Pseudomembran auftritt, die molecular zerfällt.

---

    [1]) Das perforirende Geschwür der Nasenscheidewand. Virch. Arch. Bd. 120. Berlin 1890.

Von all dem ist in unseren Fällen nichts zu sehen. Ich glaube vielmehr, dass die Knorpelatrophie in Folge von mangelhafter Ernährung sich einstellt. Die Schleimhaut wird in Folge der Blutung und durch die Ausschaltung von vielen Capillaren, die sich mit entzündlichen Processen combiniren oder Folgezustände desselben darstellen, schlecht ernährt, worunter die Ernährung des Knorpels leidet.

Dass am vorderen Theile des Septum die Xanthose leichter und hochgradiger als an anderen Septumstellen sich entwickelt und sich häufig auf diesen Punkt beschränkt, dürfte darin seinen Grund haben, dass die im Vestibulum gelegene Septumstelle äusseren Schädlichkeiten (traumatischen Einflüssen) mehr ausgesetzt ist als die inneren, mehr geschützten Partien der Scheidewand. Die üble Gewohnheit mancher Personen in der Nase zu bohren, dürfte neben einer gewissen Debilität der Schleimhaut eine grosse Rolle spielen. In Folge der Reizung und Läsion der Septumschleimhaut entwickeln sich an der bezeichneten Stelle schleichende Entzündungsprocesse, welche durch Verunreinigungen, die mit der Luft in die Nase gelangen, gesteigert werden.

A. Foulerton [1]) schreibt über die Perforation des Septum bei den Cement-Arbeitern, dass sie den sich im Vestibulum nasale ansammelnden Staub mit den Fingern zu entfernen versuchen und dabei die Schleimhaut verletzen.

Wir haben die Beziehung zwischen Entzündung, Xanthose und Septumatrophie kennen gelernt; betrachten wir nun den Connex, der zwischen diesen Processen und dem habituellen Nasenbluten besteht.

# Fünftes Capitel.

## Habituelles Nasenbluten.

Nasenbluten tritt im Gefolge von verschiedenen Erkrankungen und beim Trauma der Nasenhöhle auf. Die Aetiologie dieser Formen von Nasenbluten ist klar und bedarf keiner weiteren Erörterung. Weniger erforscht war bis in die jüngste Zeit das spontane (habituelle) Nasenbluten, um dessen Erklärung sich namentlich R. Voltolini, [2])

---

[1]) A perforation of the septum nasi, occuring in cement workers. Lancet 1889.

[2]) Die Krankheiten der Nase. Breslau 1888.

Kieselbach,[1] Hartmann,[2] Chiari,[3] M. Schäffer,[4] Hajek[5] Verdienste erworben haben. Voltolini fand, dass an jener Stelle der Nasenscheidewand, wo das runde Geschwür vorkommt, sich beim habituellen Nasenbluten auf einer Seite eine blutende Stelle bemerkbar macht, die wie ein kleiner Varix aussieht. In Kieselbachs Fällen war ohne Ausnahme das knorpelige Septum die Quelle der Blutung, und auch Chiaris Statistik weist auf dieselbe Stelle hin. Chiari beobachtete unter 81 Fällen von Nasenblutung 70 aus der knorpeligen Scheidewand stammende; in 17 Fällen war die Pars anterior septi mit ektatischen Venen oder bläulichen, Varices ähnlichen, Knötchen besetzt; vier Mal waren diese Knötchen stecknadelkopfgross; in den übrigen Fällen dagegen fanden sich blos Excoriationen an der bezeichneten Stelle.

Hinsichtlich der Bevorzugung des vorderen Septumantheiles für Blutungen sprechen sich die Autoren ziemlich übereinstimmend aus. Die besondere Dünnheit des hierortigen Schleimhautüberzuges, sein straffes Anhaften am Knorpel wird für die Blutung verantwortlich gemacht; die straffe Anheftung soll nämlich verhindern, dass sich die Gefässe zurückziehen, wenn sie einmal auch nur oberflächlich arrodirt sind, und die Venennetze sollen überdies auch ungünstigere Abflüsse haben als die Venen der Muscheln. Voltolini wie Hajek führen noch den enormen Blutreichthum des Septum cartilaginosum an, dessen Schleimhaut besonders zu Blutungen befähigen soll. Ich kann dem ebenso wenig beistimmen, wie der Angabe Hartmanns, nach welcher Blutungen deshalb leichter am Septum als an anderen Stellen der Nase eintreten sollen, weil am Septum die Gefässe der blutenden Stelle direct aus den Knochen kommen, wodurch ihre Lumina klaffend erhalten werden. Die Septumschleimhaut ist nicht blutreicher als der Ueberzug der Muscheln, nicht dünner als die Schleimhaut der äusseren Nasenwand und auch nicht straffer angeheftet. Desgleichen gestaltet sich der Abfluss des Blutes am Septum nicht ungünstiger als an den Muscheln, und von einer Gefässvertheilung, wie sie Hartmann schildert, ist nichts zu bemerken. Die Ursache der septalen

---

[1] Ueber spontane Nasenblutung. Berlin. klin. Wochenschr. 1884.
[2] Erfahrungen a. d. Gebiete der Hals- und Nasenkrankheiten. Leipzig und Wien 1887.
[3] Rhinol. Mittheil. Monatsschr. f. Ohrenheilk. 1886.
[4] l. c.
[5] Ueber Nasenblutung etc. Zeitschr. f. Ohrenheilk. Bd. 10.

Blutungen scheint vielmehr darauf zu beruhen, dass, wie schon bemerkt, die vordere exponirte Partie der Nasenscheidewand Verletzungen, etwa bei der üblen Gewohnheit, mit dem Finger in der Nase zu bohren, mehr ausgesetzt ist als die tiefer gelegenen Schleimhautpartien, die, um bei dem citirten Beispiele zu bleiben, von dem bohrenden Finger nicht mehr erreicht werden. Die Verletzung der Septumschleimhaut führt zu Hämorrhagien nach aussen und in das Schleimhautgewebe hinein, und auf Grundlage der Blutungen entwickelt sich später die Xanthose und die Atrophie der Pars anterior septi. Nach diesen Ergebnissen wird es wohl zur ersten Pflicht des Arztes gehören, bei dem spontanen Nasenbluten den knorpeligen Theil des Septum genau zu untersuchen.

## Sechstes Capitel.

### Das runde Geschwür der Nasenscheidewand.

Wir haben im vorigen Capitel die Beziehung kennen gelernt, die zwischen dem spontanen Nasenbluten und der Xanthose des Septum besteht. Betrachten wir nun das Verhalten der Xanthose zum Ulcus perforans septi. Das Geschwür selbst besitzt eine rundliche Form und sitzt typisch im vorderen Antheile der knorpeligen Nasenscheidewand. Nur ausnahmsweise erreicht es eine solche Grösse, dass es sich entweder bis an das Septum cutaneum nach vorne oder an die Lamina perpendicularis nach hinten erstreckt; niemals greift es aber, wie Voltolini richtig angibt, auf die knöcherne Partie des Septum über. Gewöhnlich bleibt um das Geschwür herum ein so breiter Knorpelrahmen erhalten, dass die knorpelige Nase eine genügende Stütze behält.

Hinsichtlich der Aetiologie begegnet sich meine Auffassung zunächst in dem Punkte mit den Angaben Hajeks und Voltolinis, dass weder Lues noch Tuberculose und Lupus dem als Ulcus perforans septi bezeichneten Processe zu Grunde liegen, wohl aber dürfte eine gewisse krankhafte Disposition vorausgesetzt werden. Der Unterschied zwischen dem in Rede stehenden Ulcus und Syphilis oder Tuberculosis septi ist folgender: 1. Bei Syphilis und Tuberculose sind auch Zeichen an der äusseren Wand vorhanden. 2. Die Syphilis greift mit Vorliebe auf die Knochen über, während das Ulcus sich ausnahmslos auf den Knorpel beschränkt und zwar auf eine bestimmte Stelle. Die Grösse des

Geschwüres kommt für gewöhnlich der einer Linse oder eines Kreuzerstückes gleich. Der Process beginnt stets mit einem Substanzverluste an einer der beiden Schleimhautüberzüge der Nasenscheidewand. Der Rand des Geschwüres ist zugeschärft und vom Knorpel ablickbar. Hierauf folgt ein gleichfalls scharfkantiger Substanzverlust im Knorpel, während auf der Gegenseite die Schleimhaut noch nicht durchbrochen, wohl aber schon sehr dünn ist. Endlich greift das Geschwür auch auf diese über; es bildet sich ein Loch und das Ulcus perforans ist vollständig geworden.

Das perforirende Geschwür der Scheidewand soll bei ganz gesunden Personen und unabhängig vom constitutionellen Leiden entstehen. Nach Voltolini, der als erster auf die noch ziemlich dunkle Aetiologie des Geschwüres einging, hat man es dabei mit einem **hämorrhagischen Geschwüre** zu thun, welches sich an der Stelle des Septum entwickelt, wo durch Platzen der Gefässe Nasenbluten entsteht. Hajek, der das Ulcus perforans septi sehr genau untersucht hat, stimmt der Ansicht Voltolinis bei. Dieser Autor unterscheidet sechs Stadien des perforirenden Geschwüres:

1. Grauweisse Verfärbung der oberflächlichen Schleimhautschichte, oder nach Abstossung derselben oberflächliche Ulceration.
2. Deutliches Geschwür an der Schleimhaut, von einem scharfen Rande begrenzt, mit Resten einer nekrotischen Schichte bedeckt.
3. Blosslegung des Knorpels.
4. Durchbruch des Knorpels.
5. Vollkommene Perforation der Scheidewand.
6. Vollkommene Perforation mit übernarbtem Geschwürsrand.

Im Anfange wird die Schleimhaut an einer rundlichen Stelle des Septum cartilaginosum in ein schmutzig-graues, spinnwebenähnliches Gewebe umgewandelt. Diese Pseudomembran besteht aus nekrotisch gewordenen Epithelien und den abgestorbenen, oberflächlichen Schleimhautschichten. Hajek gibt an, in dieser nicht selten ein gelbgrünes Pigment gefunden zu haben, das auch diffus ausgebreitet sein kann. Dieser Umstand weist darauf hin, dass vor der Nekrosirung der Schleimhaut eine Hämorrhagie stattgefunden haben müsse. Nach Hajek liegt dem Process eine Coagulationsnekrose zu Grunde. Es beginnt in den oberflächlichen Schleimhautschichten die Bildung einer verschieden dicken Pseudomembran. Die Nekrose schreitet von der Oberfläche allmälig gegen die Tiefe, und sie geht nicht über das epitheliale Lager hinaus, oder es ist ein grosser

Theil der Schleimhaut der Nekrose anheimgefallen. Zu einer bedeutenden Dicke der Membran kommt es aber deshalb nicht, weil mit dem Fortschreiten der Nekrose in die Tiefe die oberflächlichen Lagen derselben sich abstossen. Wichtig ist ferner die Bemerkung Hajeks, dass der Bildung der Pseudomembran eine Verletzung der Schleimhaut vorausgeht, wodurch erst die die Nekrose hervorrufenden Bacterien in die Schleimhaut einzudringen vermögen. Für zwei seiner Fälle konnte Hajek den Beweis liefern, dass die erste Veränderung in einer Blutung der Schleimhaut bestand. Das perforirende Geschwür ist somit nach anatomischen und klinischen Beobachtungen eine wahrscheinlich mit Blutung in der Schleimhaut beginnende, sehr chronisch verlaufende, progressive Nekrose im vorderen Antheile der Scheidewandschleimhaut und der Cartilago quadrangularis, welche, ohne in der umgebenden Schleimhaut erhebliche Veränderungen hervorzurufen, zur Perforation der Scheidewand führt (nur selten früher heilt), und nach der Perforation spontan zur Heilung gelangt (Hajek).

Die Xanthose des Septum scheint mir nun ein wesentliches prädisponirendes Moment für die Entwickelung des Ulcus perforans septi zu sein, indem durch die Auflockerung des Schleimhautstroma und durch die Erweiterung der Drüsenmündungen das Schleimhautinnere förmlich geöffnet und der Infection zugänglich gemacht wird. Es ist mehr als wahrscheinlich, dass dem Ulcus stets ein xanthotischer Process am Septum cartilaginosum vorangeht. Darauf weisen die Blutungen, die in einzelnen der Fälle als Vorläufer der Geschwüre beobachtet wurden. Kommt es zur Infection, so entsteht das Geschwür, dessen schleichender Verlauf durch die in Folge der Hämorrhagien und der verödeten Capillaren herabgesetzten Ernährungsverhältnisse erklärt werden kann. Unterbleibt eine Infection der geschwächten Stelle, so kann die partielle Atrophie am Septum auftreten.

Wir hätten demnach für die Atrophie des Septum wie für das Ulcus folgende Stadien zu beachten:

a) Verletzung, lang andauernde mechanische Irritation (etwa Kratzeffecte) des Schleimhautüberzuges der knorpeligen Scheidewand.

b) Hämorrhagien in das Schleimhautgewebe. Xanthose.

c) Verödung von Capillaren und dadurch mangelhafte Ernährung.

d) Partielle Atrophie, beziehungsweise Ulcus perforans, je nachdem eine Infection stattfindet oder nicht.

## Siebentes Capitel.

## Die entzündlichen Processe der Kieferhöhlenschleimhaut.

Die entzündlichen Erkrankungen des Sinus maxillaris haben ihren Sitz vorwiegend in der häutigen Auskleidung der Kieferhöhle. und nehmen, dem eigenthümlichen Baue dieser Schleimhaut entsprechend, in einigen Beziehungen einen anderen Verlauf als die entzündlichen Affectionen der Nasenschleimhaut. Gegenüber der Mucosa narium, deren Fortsetzung die Kieferhöhlenschleimhaut darstellt, wäre hauptsächlich hervorzuheben, dass ihr Bau offenbar wegen der geringen Einlagerung von Drüsen viel lockerer ist. Man unterscheidet an der Mucosa des Sinus maxillaris ein oberflächliches, geschichtetes Flimmerepithel, welches sich eine Strecke weit in die Ausführungsgänge fortsetzt. An dem Schleimhautstroma sind zwei, beziehungsweise drei Schichten zu unterscheiden, und zwar a) eine subepitheliale, b) eine periostale und eventuell c) eine Drüsenschichte. Die subepitheliale Schichte ist durch ihren feinfaserigen Bau, die capillaren Schlingen und die Einlagerung von Rundzellen ausgezeichnet, welch letztere in wechselnder Menge vorkommen. An jenen Stellen, wo Drüsenläppchen fehlen, geht die subepitheliale Schichte unvermittelt in das tiefer gelegene, grössere Gefässe bergende Bindegewebslager über, welches sich direct in die periostale Schichte fortsetzt, an welcher ein dichteres Gefüge und ein grösserer Reichthum an Spindelzellen auffällt. An den Stellen, wo Drüsenhaufen sich finden, kann man eine mittlere Schichte (Drüsenschichte) unterscheiden, in welcher zwischen den Drüsen grössere Gefässe und Nerven ihren Verlauf nehmen. Die periostale Partie der Schleimhaut ist im Bereiche jener Drüsen, die einen bedeutenden Tiefendurchmesser besitzen, schmal.

A. Weichselbaum[1]) bezeichnet unsere Drüsenschichte als Submucosa, die aber nicht den lockeren Bau der gleichnamigen Schichte anderer Schleimhäute zeigt, und will die eigentliche Schleimhaut blos auf unsere subepitheliale Partie eingeschränkt wissen. Es liegt kein Grund für eine solche Eintheilung vor, da die Schichten ohne scharfe Grenzen ineinander übergehen, und die Eintheilung für die drüsenlosen Stellen der Mucosa keine Geltung haben kann.

---

[1]) Die phlegmonöse Entzündung der Nebenhöhlen der Nase. Med. Jahrb., Wien 1881.

Interessant ist der Bau der Kieferhöhlenschleimhaut beim Neugeborenen. Sie ist, wie ich bereits an einer anderen Stelle beschrieben habe, um Vieles dicker als im Erwachsenen, Epithelfläche liegt an Epithelfläche, so dass ein Hohlraum nur im virtuellen Sinne existirt. An den Stellen, wo Drüsengänge münden, zeigt der Spalt eine Verzweigung; die Schleimhaut ist an der Oberfläche mit Flimmerepithel bedeckt, und von hier bis an das Periost aus areolirtem, feinfaserigem, von Spindelzellen durchsetztem Bindegewebe aufgebaut, dessen oberflächliche Partie Capillarschlingen enthält, während die grösseren Gefässe in den tieferen Schichten sich befinden.

Auffallend ist die scharfe Begrenzung der periostalen Schichte und ihr Reichthum an Spindelzellen. Diese Schichte macht einen reiferen Eindruck als die eigentliche Schleimhaut, was wohl mit der Beziehung der Membran zum Kieferwachsthum (Resorption an der Innenseite der Kieferhöhle) in Zusammenhang gebracht werden dürfte.

Vergleicht man die Structur der Kieferhöhlenschleimhaut mit dem Bau anderer Schleimhäute, so ergibt sich, dass sie der Conjunctiva und der Schleimhaut der Trommelhöhle (einschliesslich der knöchernen Tuba) näher steht als anderen Schleimhäuten. Diese Analogie dürfte auch hinsichtlich der entzündlichen Affectionen zum Ausdruck gelangen, und da die Entzündung der Trommelhöhlenschleimhaut anatomisch wie klinisch erschöpfend erforscht ist, so schicke ich zur Orientirung die Beschreibung derselben, wie sie A. Politzer[1]) in ganz ausgezeichneter Weise gegeben, voraus.

Politzer schreibt:

„Die Krankheiten des Mittelohres haben ihren Ursprung und Sitz in der membranösen Auskleidung desselben . . . . . . die pathologisch-anatomischen Veränderungen im Mittelohre werden durch Entzündungsvorgänge in der Mittelohrauskleidung hervorgerufen. Da dieselbe als eine Fortsetzung der Rachenschleimhaut anzusehen ist, so werden auch die Entzündungsprocesse . . . . im Allgemeinen den Charakter der Entzündung der Schleimhäute anderer Organe zeigen, mit dem Unterschiede, dass es im Mittelohre viel häufiger zur Verdichtung des Gewebes kommt als in anderen Organen. Wir finden demgemäss bei den Entzündungen in der Mittelohrauskleidung die auch an anderen entzündeten Schleimhäuten vorkommende Hyperämie und seröse Durchfeuchtung. Die Auflockerung und excessive Aufwulstung durch

---

[1]) Lehrb. d. Ohrenheilk. Bd. I. Stuttgart 1878.

Infiltration und Exsudat, ferner den Erguss freien Exsudates auf die Oberfläche der erkrankten Schleimhaut in Form seröser, schleimiger oder eiteriger Secrete und endlich als secundäre Krankheitsproducte organisirte Bindegewebsneubildungen.... Ihr Verlauf ist entweder acut, subacut oder chronisch und können dieselben mit vollständiger Heilung...... verlaufen. Man hat es versucht, die verschiedenen Formen, unter welchen die Entzündungsprocesse im Mittelohre erscheinen, einzutheilen, indem man bald das ätiologische Moment, bald den klinischen Symptomencomplex oder den pathologisch-anatomischen Befund als Grundlage des Eintheilungsprincipes annahm. Allein keine der auf die angeführten Momente basirten Classificationen ist auch nur halbwegs durchführbar, weil öfters selbst bei gleichartigen, anatomischen Veränderungen das klinische Bild wechselt, und andererseits sehr häufig Uebergänge von einer Entzündungsform zur anderen beobachtet werden......

Die eine dieser Formen, welche ich als secretorische, rückbildungsfähige Mittelohrentzündung bezeichne, ist charakterisirt durch Ausscheidung seröser oder schleimiger Secrete in den Mittelohrraum, während bei der zweiten sogenannten sklerosirenden Form der Mittelohrentzündung meist durch circumscripte Bindegewebsneubildungen abnorme Verwachsungen zwischen den Gehörknöchelchen und den Wandungen der Trommelhöhle.... sich entwickeln......

Die Bindegewebselemente der Mittelohrauskleidung werden durch den Entzündungsprocess in verschiedener Weise alterirt. Bei acuten Entzündungen dringt das Exsudat in das Bindegewebe, dessen Fibrillen in Form eines Netzwerkes auseinandergedrängt werden (Wendt). Das interstitielle Exsudat erscheint hiebei entweder als klare Flüssigkeit mit spärlichen, zelligen Elementen und rothen Blutkörperchen, welche namentlich in der Nähe der Gefässe stärker angehäuft sind (seröse Durchfeuchtung und Auflockerung), oder man findet das ganze Bindegewebsstratum von massenhaften, lymphoiden Zellen, rothen Blutkörperchen und einem feinkörnigen, stellenweise mit Fettkügelchen vermengten Exsudate durchsetzt......

Der Entzündungsprocess in der Mittelohrauskleidung führt häufig zur Neubildung von Bindegewebselementen, zur Hypertrophie des vorhandenen Bindegewebes und zur Verdichtung desselben. Durch die hiedurch bedingte Massenzunahme...... wird die früher zarte und leicht verschiebbare Schleimhaut stark aufgewulstet oder durch Schrumpfung des neugebildeten Bindegewebes derb und starr und mit der knöchernen Unterlage fester zusammenhängend. Die Wucherung von Bindegewebselementen in der erkrankten Mittelohrauskleidung kann bei allen Formen der Mittelohrentzündung zur Entwickelung kommen, am intensivsten jedoch tritt sie bei der eiterigen perforativen Mittelohrentzündung auf. Die erkrankte Auskleidung erscheint hiebei entweder im ganzen Mittelohre oder nur an umschriebenen Stellen um das Vielfache ihres normalen Durchmessers verdickt und aufgewulstet, wodurch der Trommelhöhlenraum entweder theilweise, in einzelnen seltenen Fällen jedoch vollständig von der hypertrophischen Auskleidung ausgefüllt wird . . . . . . Die entzündliche Bindegewebswucherung an der Mittelohrauskleidung führt ausserdem nicht selten zur Entwickelung gestielter Neubildungen, welche in Form von Granulationen und Polypen im Mittelohre sich ausbreiten und häufig durch das zerstörte Trommelfell hindurch in den äusseren Gehörgang hervorwuchern. Die mikroskopische Untersuchung der aufgewulsteten, hypertrophischen Mittelohrauskleidung zeigt nebst den geschilderten Veränderungen an den Blut- und Lymphgefässen eine excessive Wucherung von Rundzellen, wie man sie häufig im Gewebe mancher Polypen oder im Granulationsgewebe findet. Dieselben sind entweder im faserigen Bindegewebsstratum inselförmig gruppirt (Wendt), oder es wird fast das ganze intervasculäre Gewebe aus dicht aneinander gedrängten Rundzellen gebildet. In einzelnen Fällen fand ich die Rundzellenwucherung vorzugsweise in der oberflächlichen Schichte der Schleimhaut, während in den tieferen Lagen das faserige Gewebe vorwaltend war; dabei zeigte sich die Oberfläche der Schleimhaut glatt, stellenweise ohne Epithel oder von einer mehrfach geschichteten Epithellage bedeckt, oder sie erhielt durch zahlreiche zottige oder pilzförmige Erhabenheiten, deren Gewebe aus denselben Rundzellenelementen bestand, ein feinkörniges, papilläres Aussehen. (Wendts polypöse Hypertrophie.) Die excessive Wucherung von Rundzellen findet man vorzugsweise bei Hypertrophie und Aufwulstung der erkrankten Schleimhaut im Verlaufe chronischer Mittelohreiterungen, so lange der Eiterungsprocess andauert. In Fällen jedoch, wo nach Aufhören der Eiterung Hypertrophie und Verdickung der Schleimhaut zurückbleibt, sind die Rundzellen spärlicher vertreten, und das Bindegewebsstratum erscheint theils durch Massenzunahme des normalen Bindegewebes, theils durch Umwandlung jener Rundzellen in faseriges Gewebe hypertrophirt und verdichtet, stellenweise von erweiterten oder geschrumpften Blutgefässen, erweiterten Lymphgängen und Cystenräumen durchsetzt und zuweilen an umschriebenen Stellen von schwarzbraunem, körnigem, sternförmigem oder scholligem Pigment gefärbt.

Die entzündlichen Vorgänge in der Mittelohrauskleidung führen häufig zur Ausscheidung freier Exsudate in dem Mittelohrraume ......

Die Exsudate erscheinen: 1. als eine dünnflüssige, seröse, weingelbe Flüssigkeit, welche nur spärlich Eiterkörperchen und abgestossene Epithelzellen enthält;

2. als eine dickflüssige, colloide, syrupartige oder als zähe, fadenziehende Schleimmasse ....., welche Eiter- und Schleimkörperchen ... in etwas grösserer Anzahl als das seröse Exsudat enthält:

3. als eine eiterige Flüssigkeit, welche morphologisch vorwaltend aus Eiterkörperchen besteht;

4. als schleimig-eiteriges Exsudat;

5. als fibrinös-hämorrhagisches, sehr selten als croupöses Exsudat ... Die zwei erstgenannten Formen der Exsudate, die serösen, colloidartigen und die schleimigen Ergüsse kommen vorzugsweise bei den ohne entzündliche Reactionserscheinungen verlaufenden, secretorischen Mittelohrentzündungen, die eiterigen und schleimig-eiterigen Exsudate zumeist bei der acuten, reactiven Mittelohrentzündung vor ..."
An einer anderen Stelle äussert sich Politzer in folgender Weise über die Classification der Mittelohrentzündung: „Man hat es in neuerer Zeit versucht, die mannigfachsten Entzündungen der Mittelohrschleimhaut als einen und denselben Process hinzustellen. Einer solchen Anschauung jedoch ... widersprechen ebenso die Ergebnisse der anatomischen Untersuchungen wie die klinische Erfahrung. Denn wenn auch eine Entzündungsform in die andere übergehen und die verschiedenen Entwickelungsstufen durchmachen kann, so ist es durch die klinische Erfahrung unumstösslich festgestellt, dass gewisse Entzündungsformen des Mittelohres von ihrem Beginne an und während des ganzen Verlaufes eine Eigenthümlichkeit bewahren, welche ihnen einen klinisch-typischen Charakter verleiht ... Eine grosse als Mittelohrkatarrhe im engeren Sinne bezeichnete Gruppe characterisirt sich durch Ausscheidung eines serösen oder eines zähen, colloiden, schleimigen Secretes. Diese Form ist rückbildungsfähig, oder es kommt zur Bindegewebswucherung in der Schleimhaut. Bei einer anderen Gruppe entwickelt sich die Entzündungsform unter acuten, mehr oder weniger heftigen Reactionserscheinungen mit jähem Ergusse eines eiterigen oder schleimig-eiterigen Exsudates."

## Casuistik.

### a) Secretorische Form.

Dieselbe tritt im Gefolge der gewöhnlichen Rhinitis auf, und das Exsudat scheidet sich in die Höhle und interstitiell in das Schleimhautstroma aus, welches in Folge dessen anschwillt. Das freie Exsudat ist serös, schleimig oder schleimig-eiterig, das interstitielle serös. Die Infiltration der Schleimhaut ist häufig eine so hochgradige, dass die Mucosa zu tumorenartigen Vorsprüngen (Taf. 4, Fig. 2) sich verdickt, die in einzelnen Fällen die Höhle vollständig ausfüllen. Die tumorartigen Anschwellungen sind schlaff, gelblich gefärbt, hydropisch aussehend, und entleeren beim Anstich oder auf Druck aus dem infiltrirten Maschenwerk eine weissliche oder gelbliche Flüssigkeit. In Alkohol gelegt ändert die geschwollene Schleimhaut sofort ihren Charakter, sie wird graulich-weiss, derber, brüchiger, welche Veränderung offenbar auf Grundlage der Coagulation des im Exsudate enthaltenen Eiweisses entsteht.

Eine weitere Folge dieses Entzündungsprocesses ist das Auftreten von hirsekorn- bis haselnussgrossen Cysten (Taf. 5, Fig. 1), die als flache oder kugelige Prominenzen an der Schleimhautoberfläche vorragen und einen weisslichen oder gelblichen, serösen Inhalt besitzen. Sie sind zuweilen, und zwar schon im Anfangsstadium der Entzündung, in grosser Anzahl vorhanden. Ueberdies finden sich häufig punktförmige bis linsengrosse Ecchymosen über ein kleineres oder grösseres Gebiet dieses Schleimhauttractus ausgebreitet.

Für die mikroskopische Beschreibung habe ich folgende Fälle ausgewählt:

### Fall 1. **Kind, 3 Jahre alt.** (Taf. 4, Fig. 1.)

Rhinitis mit nachfolgender Entzündung der Kieferhöhlenschleimhaut. Dieselbe ist leicht geschwellt (auf das 4—5fache verdickt), und bietet ein hydropisches Aussehen dar. Das Maschenwerk des Schleimhautstroma ist auseinandergezogen. Man sieht ein von dünnen Bindegewebsbalken begrenztes Netzwerk mit sehr grossen Lücken, welche den enorm ausgeweiteten Bindegewebsspalten des Schleimhautstroma entsprechen. In die Spalten findet sich das Exsudat ergossen, welches am Präparat eine trübe, feinkörnige Masse darstellt. Die das Netz formirenden, insbesondere die die stärkeren Blutgefässe einschliessenden Balken, sind ziemlich reichlich mit Rundzellen versehen. Die subepitheliale Schichte ist stellenweise verbreitert und gleichfalls zellig infiltrirt. An jenen Partien hingegen, wo die seröse Infiltration bis nahe an das Oberflächenepithel emporreicht, zeigt sie eine äusserst geringe Dicke oder ist überhaupt in derselben Weise verändert wie die tieferen an Rundzellen ärmeren Schleimhautschichten. Die Drüsen sind gegen die Tiefe verdrängt, scharf begrenzt und von Rundzellen durchsetzt. Gefässe erweitert und in allen Schichten der Schleimhaut bluthältig. Stellenweise sind die Bindegewebsbalken zerrissen, und es confluiren die ausgeweiteten Spalten zu grossen Hohlräumen. Schleimhautoberfläche leicht höckerig, Epithel in Secretion begriffen, der verschleimte Theil sehr lang, und die ganze Schichte von eingewanderten Rundzellen wie punktirt aussehend.

### Fall 2. Erwachsener.

Es gehört dieser Fall zu jenem auf pag. 49 beschriebenen von acuter Rhinitis, in welchem die Nasenschleimhaut durch ganz besondere Schwellung sich auszeichnete. Ich bemerke an dieser Stelle, dass die entzündete Nasenschleimhaut niemals so hochgradig wie die Schleimhaut der Kieferhöhle anschwillt, was offenbar mit ihrem festeren Gefüge im Zusammenhange steht.

Die Kieferhöhle des angeführten Falles enthält wenig Schleim, ihre Schleimhaut mässig geschwellt, gelblich gefärbt, serös infiltrirt und stellenweise ecchymosirt. Ostium maxillare, durch Schleimhautschwellung zu einer etwa stecknadelkopfgrossen Oeffnung verengt. Oberflächenepithel sehr hoch und reichlich mit Rundzellen versehen, die auch in dem an der freien Kieferwand befindlichen Schleim in grosser Menge angetroffen werden.

Jene Stellen, wo die Schleimhaut noch nicht merklich verdickt ist und ein mehr normales Aussehen zur Schau trägt, zeigen eine glatte Schleimhautoberfläche, eine verdickte subepitheliale Schichte, die gleich den gefässführenden Bindegewebsbalken in den tieferen Schichten der Schleimhaut intensiv zellig infiltrirt sind. Neben diesen Stellen kommen andere vor, an welchen die Mucosa 3—5mal so dick wie in normalem Zustande ist. Hier hat die Schleimhautoberfläche ihre Glätte verloren und zeigt sich mit kürzeren und längeren finger-, zotten- und warzenförmigen Fortsätzen besetzt, welche Verlängerungen der subepithelialen Schichte vorstellen und gleichfalls dichte Lager von Rundzellen enthalten (Taf. 4, Fig. 3). Die subepitheliale Schichte ist dabei stark verbreitert, ihre Capillaren erweitert, und in den Lücken des Stroma befindet sich eine gelbgrünliche, körnige Masse angehäuft, die von ausgetretenen Blutkörperchen herstammt. In den tieferen, stark serös durchfeuchteten Partien der Schleimhaut, welche Rundzellen nur in mässiger Menge enthalten, haben sich diese hier und da zu länglich geformten Haufen zusammengeballt, die eine entfernte Aehnlichkeit mit Follikeln zeigen.

**Fall 3. Subacuter Katarrh der Nasenschleimhaut,** der auf die Highmorshöhle übergegriffen hat.

Nasenhöhle: Nasenschleimhaut blass, geschwellt, reichlich mit zähem, glasigem Schleim beschlagen. (Näheres über dieselbe ist auf pag. 50 u. 51 einzusehen.)

Kieferhöhle, rechterseits: Enthält dicklichen, eiterigen Schleim. Die Schleimhaut geschwollen, von sulzigem Aussehen und ecchymosirt. Linke Kieferhöhle leer, die Schleimhaut nur an einzelnen Stellen zu kleinen rundlichen Geschwülsten aufgetrieben.

Schleimhaut der rechten Kieferhöhle mässig verdickt. Die subepitheliale Schichte viele ausgetretene rothe Blutkörperchen enthaltend, die an einzelnen Punkten bis an das Periost in die Tiefe reichen; Schleimhautoberfläche mit papillären Auswüchsen versehen, die ihrerseits wieder mit kleineren Fortsätzen der gleichen Form besetzt sind. Das Stroma der Auswüchse bildet eine Fortsetzung des subepithelialen Gewebes, welches gleich den übrigen Antheilen des Schleimhautstroma serös infiltrirt und stellenweise mit Rundzellen durchsetzt ist. An einzelnen Punkten beginnen die Bindegewebsspalten sich zu grösseren Lücken zu erweitern, die einen feinkörnigen Inhalt besitzen.

Drüsen: Ihre Acini ausgeweitet.

Oberflächenepithel zellig infiltrirt, an seiner freien Fläche haften dicke, zellenhältige Schleimklumpen. Die Schleimhaut der linken Kieferhöhle zeigt keine Ecchymosirung. An den weniger geschwellten Stellen ist die Oberfläche höckerig mit Rundzellen versehen, und das Maschenwerk in Folge der serösen Infiltration mässig ausgeweitet. Nur an den dickeren Partien der Schleimhaut sind schon einzelne grosse Räume vorhanden. Die eigentlich erst an den geschwulstartig verdickten Stellen zu besserer Ausbildung gelangende Rundzellenanhäufung ist hier allerdings in grösserer Menge, aber nur knapp über der periostalen Schichte vorhanden.

Fall 4. **Hochgradige Entzündung der Kieferhöhlenauskleidung.**

Die Kieferhöhlenschleimhaut ist mit mehreren bis haselnussgrossen hydropischen Tumoren besetzt, die folgende Structur zeigen:

Oberflächenepithel, stellenweise normal, stellenweise derart von Rundzellen infiltrirt, dass der epitheliale Charakter ganz verwischt erscheint.

Die grossen geschwulstartigen Vorsprünge der Schleimhaut bestehen lediglich aus den enorm dilatirten Bindegewebsspalten, welche eine fein punktirte Masse enthalten. In diese Veränderung ist auch an vielen Stellen die subepitheliale Schichte mit einbezogen, und das Infiltrat reicht daselbst bis an das Oberflächenepithel empor. Wo die subepitheliale Schleimhautschichte nicht infiltrirt ist, dort sehen wir sie ähnlich den Bindegewebssträngen zwischen den Lücken mit Rundzellen versehen, und es begrenzt sich die subepitheliale Partie gegen den tieferen, infiltrirten Antheil der Schleimhaut durch eine bindegewebige Lamelle (Taf. 4, Fig. 2).

Ich will nicht unterlassen zu bemerken, dass hier und da in Folge der bedeutenden Gewebsspannung das Bindegewebsgerüste zerrissen ist, wodurch eine Menge von Lücken zu grossen Cavitäten zusammenfliesst, die stellenweise von der Oberfläche bis an die periostale Schichte reichen.

Fall 5. **Abgelaufene Entzündung der Kieferhöhlenschleimhaut.**

Die Schleimhaut hat grösstentheils ihre Dicke wieder erreicht, die Oberfläche ist jedoch papillär (Taf. 4, Fig. 3), das Stroma aus welligem Bindegewebe zusammengesetzt. Grössere Lücken im Stroma, die einen fein punktirten Inhalt bergen, sind stellenweise noch zurückgeblieben.

An den dickeren Partien der Schleimhaut sieht man schon bei Lupenvergrösserung, dass die Schleimhaut mit flachen Erhebungen versehen ist, deren Stroma ausgeweitet erscheint, oder es findet sich der subepithelialen Schichte parallel laufend ein langer Spalt, der durch Bindegewebsbrücken in kleinere Abtheilungen getheilt wird. Bei starker Vergrösserung zeigt sich, dass der Inhalt des Spaltes aus einer fein punktirten Masse besteht, in welche Fetzen des Bindegewebsstroma hineinragen. Es ist nicht ausgeschlossen, dass später der Inhalt des Spaltes sich resorbirt und das Stroma zusammensinkt.

Fall 6. **Abgelaufene Entzündung der Kieferhöhle.**

Nasenhöhle viel glasigen Schleim enthaltend. Die Kieferhöhlenschleimhaut ist ihrer ganzen Dicke nach in dichtes, welliges

Bindegewebe umgewandelt, und die periostale Schichte zeigt eine fibröse Beschaffenheit. Das Stroma ist zusammengesunken, und nur stellenweise sind einzelne seiner Maschen noch etwas ausgeweitet.

### Fall 7. Abgelaufene Entzündung der Kieferhöhlen.

Kieferhöhlen: Es handelt sich um die Kieferhöhlen eines Falles mit einem grossen, an die äussere Wand angewachsenen Cystenpolypen (pag. 87).

Die Schleimhaut ist auf das 8—10 fache verdickt, ihre Oberfläche papillär, das Stroma grösstentheils derb, bindegewebig, fest mit der verdickten unebenen Knochenwand verwachsen. Ausgeweitete Bindegewebsmaschen finden sich nur in der subepithelialen Schichte. Rundzellen treten als dünner Saum der subepithelialen Schichte und im Oberflächenepithel auf. Die Drüsen sind bis auf geringe Reste zu Grunde gegangen.

### Fall 8. Umwandlung der Sinusschleimhaut in grosse Cysten.

In der Nasenhöhle viel glasiger Schleim, Nasenschleimhaut wie beim chronischen Katarrh geschwollen. Die hinteren Enden der unteren Muscheln zu grossen Papillomen ausgewachsen. Polyp am Processus uncinatus. Sinus maxillaris von einer etwa wallnussgrossen Geschwulst ausgefüllt, welche der inneren Sinuswand aufsitzt, sehr dünnwandig ist und beim Anstechen eine grössere Menge einer weingelben Flüssigkeit entleert. Innenwand der grossen Cyste glatt. Schleimhaut des Sinus maxillaris hier und da verdickt, gelblich gefärbt, sulzartig aussehend und an einzelnen Stellen mit Retentionscysten besetzt.

Wir haben es also in den geschilderten Fällen mit einer Entzündung der Kieferhöhlenschleimhaut zu thun, bei welcher es neben Hyperämie, Ecchymosirung, Rundzelleninfiltration, seröser Durchfeuchtung und Auflockerung zu einer excessiven Wulstung und Infiltration der Mucosa durch Exsudat und weiters zum Erguss eines serösen, schleimigen, seltener eiterigen Exsudates auf die Oberfläche der erkrankten Schleimhaut kommt. Als secundäre Producte dieser Entzündungsform findet man Bindegewebsneubildung, papilläre Wucherung an der Oberfläche, das Auftreten von Cysten und endlich Pigment in Form einer feinkörnigen Masse, welches häufig schon mit freiem Auge als schwarzbraune Flecken sichtbar wird. Auch scheint es mir wahrscheinlich zu sein, dass der ganze Vorgang in einzelnen Fällen zur totalen Verödung der Schleimhaut führt.

Diese Entzündungsform ist, wie ich nochmals hervorheben möchte, ausserordentlich häufig, so dass es Jedem, der diesen Process anatomisch zu studiren beabsichtigt, nicht schwer fallen wird, binnen kurzer Zeit das nothwendige Material zu sammeln. Auch davon, dass diese Affection im Gefolge der Rhinitis sich entwickelt, von ihr angeregt wird, kann sich jeder Untersucher alsbald überzeugen.

Die eben geschilderte Entzündungsform der Kieferhöhlenschleimhaut habe ich, soweit es sich um die makroskopische Beschaffenheit der Schleimhaut handelt, im Jahre 1879 beschrieben.[1]) Diese Angabe scheint Weichselbaum, der im Jahre 1881 eine ausführliche Schilderung des mikroskopischen Verhaltens des in Rede stehenden Processes gegeben, übersehen zu haben. Er bezeichnet die Entzündungsform als phlegmonöse Entzündung und entwirft von derselben eine Schilderung, die im Grossen und Ganzen mit meinen Befunden in Einklang gebracht werden kann, und ich möchte daher glauben, dass wir beide den gleichen Process beobachtet haben. Die Richtigkeit dieser Angabe vorausgesetzt, besteht zwischen unseren Anschauungen aber insoferne eine Differenz, als Weichselbaum der Exsudation eine intensive Rundzelleninfiltration vorausgehen lässt.

### b) Die eiterige Form.

Die eiterige Form der Entzündung tritt nicht so häufig auf als die vorher beschriebene und entwickelt sich, wie das Capitel über das Empyem der Kieferhöhle des Genaueren behandelt, nach Rhinitis, ferner bei Erkrankungen des Kiefers und der Zähne, endlich in Folge von Traumen. Ich habe viele, hierher gehörige Fälle gesammelt, und die nachfolgende Casuistik enthält die Schilderung einer Reihe von Präparaten, die auch mikroskopisch untersucht wurden.

**Fall 1. Rhinitis mit leichter Entzündung der Highmorshöhle und ausgebreiteten Blutungen.**

Nasenschleimhaut stark geröthet und injicirt. Schleimhaut der Kieferhöhle rechterseits von normaler Dicke, aber reichlich mit dunkelbraunem Pigment versehen. Linkerseits ist die Kieferhöhlenschleimhaut auf das Vierfache verdickt, von Rundzellen ziemlich stark durchsetzt und serös durchfeuchtet. Die Oberfläche zeigt eine papilläre Beschaffenheit, und die Gefässe sind bis in ihre Capillaren

---

[1]) Medicin. Jahrbücher.

hinein dilatirt. Auffallend sind frische Blutungen, die nicht nur einen grossen Theil der Schleimhaut einnehmen, sondern auch bis an die periostale Schichte in die Tiefe reichen. Zähne und Kiefer normal.

Fall 2. Nasenhöhle im Zustande des chronischen Katarrhs. In der Highmorshöhle eine grössere Menge dicklichen Eiters.

Schleimhaut des rechten Sinus maxillaris stark geschwollen, gewulstet, gelockert, an der Oberfläche papillär, mit vielen Oeffnungen (siehe Taf. 4, Fig. 6, siehe auch Taf. 12, Fig. 5) und kleinen Cysten versehen.

Unter dem Mikroskope zeigt sich die oberflächliche Partie der Schleimhaut zellig infiltrirt, das Gefässsystem stark erweitert, die Drüsen im Zugrundegehen begriffen, stellenweise mit ihren Ausführungsgängen zu gebuchteten Cysten dilatirt. An Stellen, wo die Kieferhöhlenschleimhaut eine grössere Dicke besitzt, ist die Oberfläche papillär, die subepitheliale Schichte wesentlich verbreitert und dicht mit Rundzellen infiltrirt, die tieferen Schleimhautschichten sind zellenarm. Gefässe stark dilatirt, besonders in der subepithelialen Schichte.

Drüsen theils zellig infiltrirt, theils zu Zellentrümmern zerfallen.

Nasenschleimhaut geschwollen, reichlich mit Rundzellen versehen, ebenso die Drüsen, die im Zerfall begriffen sind.

Pharynxtonsille enorm vergrössert.

Linker Kiefer. Alveolarfortsatz atrophisch, keine Zeichen von Entzündung zeigend.

Highmorshöhle leer, Schleimhaut wesentlich verdickt, starr, in den tieferen Schichten opak, weiss, innig mit der Knochenwand verwachsen; letztere selbst verdickt, höckerig.

Im mikroskopischen Bilde sieht man die Oberfläche der Schleimhaut stark papillär, die subepitheliale Schichte mit Rundzellen stark infiltrirt. In den tieferen Partien der Mucosa das Stroma gelockert, die Maschen erweitert und einen fein granulirten Inhalt bergend. Starke Rundzelleninfiltration um die Gefässe und die Drüsen herum. Drüsen stellenweise cystös ausgeweitet.

Zähne: Die meisten fehlen; vorhanden sind rechterseits der Eckzahn und die Wurzel des lateralen Incisivus, linkerseits der zweite Backenzahn, der erste Molar und die Wurzel des Eckzahnes.

Fall 3. Nasenhöhle viel Schleim enthaltend, Nasenschleimhaut injicirt, die mittlere Nasenmuschel polypöse Wucherungen tragend.

Schleimhaut der Highmorshöhle beiderseits auf das 5—6fache verdickt, gelblich gefärbt, an der Oberfläche mit eiterigen Flocken beschlagen.

Oberflächenepithel sehr hoch, in Secretion begriffen und rundzellenhältig. Die Schleimhaut ist auch zellig infiltrirt: a) die subepitheliale Schichte so dicht, dass das Stroma gedeckt erscheint, b) die Drüsen, die sich sonst normal verhalten, endlich c) die tieferen Schleimhautpartien herdweise um die Gefässe, während das durch Oedem gelockerte Gewebe nur in mässigem Grade mit Rundzellen versehen ist. Kiefer zahnlos. Hiatus semilunaris normal.

**Fall 4. Eiteriger Katarrh der Nasenhöhle mit Empyem der Nebenhöhlen.**

Nasenschleimhaut geröthet und mit Eiter beschlagen, in beiden Kieferhöhlen viel Eiter angesammelt, Schleimhaut minimal geschwellt und ecchymosirt zum Beweise dafür, dass es sich um einen recenten Process handelt, Oberflächenepithel in grosse Rundzellenhaufen aufgegangen, die an der freien Fläche der Mucosa haften.

Schleimhautstroma seiner ganzen Dicke nach mit Rundzellen infiltrirt und stellenweise von der Oberfläche bis an die periostale Schichte von Blut unterminirt.

Drüsen durch Rundzelleninfiltration und Zerfall fast unkenntlich geworden.

Kiefer: Complete senile Atrophie.

**Fall 5. Empyem der rechten Kieferhöhle.** (Abgebildet Taf. 22, Fig. 1.)

Linkes Ostium maxillare und Infundibulum verwachsen, Nasenhöhle viel Schleim enthaltend, Nasenschleimhaut blass, Schleimhaut der rechten Kieferhöhle mässig verdickt. Das Epithel abgefallen, möglicherweise in Folge von Fäulniss. Schleimhautoberfläche an den dickeren Stellen mit zotten- und pilzförmigen Fortsätzen besetzt, an den dünneren Stellen dagegen glatt. Schleimhautstroma seiner ganzen Dicke nach so dicht mit Rundzellen infiltrirt, dass das Mattenwerk kaum zu sehen ist. Aehnlich verhält sich die periostale Schichte, nur ist die Infiltration nicht so hochgradig. Ueberdies finden sich an vielen Stellen von Blutfarbstoff herrührende, feingranulirte Massen.

An den dickeren Partien kommt derselbe Bau vor, und die Rundzelleninfiltration erstreckt sich in die papillären Fortsätze hinein. Die Drüsen sind theils zu Grunde gegangen, theils cystös degenerirt; die tieferen Schichten der Mucosa enthalten gelbliches Pigment.

Alveolarfortsatz vollständig atrophisch. Sämmtliche Zähne fehlen.

### Fall 6. Dentales Empyem.

Oberflächenepithel bis auf die Ersatzzellen abgefallen. Schleimhautoberfläche papillär. Die subepitheliale Schichte enorm verbreitert und gleich den papillären Auswüchsen mit Rundzellen infiltrirt. Die Capillaren enorm dilatirt. In den tieferen Schleimhautschichten ist die Rundzelleninfiltration geringer. An Stellen, wo die Rundzellen ausgefallen sind, sieht man deutlich, in welcher Weise sie die Lücken des Maschenwerkes erweitern.

Drüsen: Die Drüsen sind stellenweise zu grossen Cysten degenerirt.

### Fall 7. Dentales Empyem.

Die Schleimhaut verhält sich der des vorigen Falles ganz ähnlich, und auch die papilläre Beschaffenheit der Schleimhaut zeigt eine gute Ausbildung. Ein Unterschied ist nur insoferne vorhanden, als die Schleimhaut ihrer ganzen Ausbreitung nach sich so verhält wie die Nasenschleimhaut im xanthotischen Zustande. Dieser Fall ist auch lehrreich, weil er zeigt, wie schädlich die Rundzelleninfiltration auf die Drüsen einwirkt, wie sie unter dem Einflusse der Infiltration zerfallen. Diese Rundzelleninfiltration scheint typisch dem Zerfalle der Drüsen vorauszugehen. Ferner sehen wir, wie die Drüsendegeneration zur Verlängerung der papillären Auswüchse beiträgt. Die dilatirten Drüsenacini confluiren mit ihren erweiterten Ausführungsgängen zu tiefen Einschnitten, so dass die Drüsenlichtungen gegen die Schleimhautoberfläche nicht mehr abgeschlossen sind, sondern tiefe Buchten derselben vorstellen, zwischen welchen die verlängerten Schleimhautfortsätze vorspringen.

### Resumé.

Greifen wir aus den Beschreibungen die wesentlichsten Momente heraus, so zeigt sich, dass die Entzündung der Kieferhöhlenschleimhaut in zwei Formen, als seröse und eiterige Entzündung, auftritt. Bei der ersteren tritt die Rundzelleninfiltration in den Hintergrund, während die enorme Quellung in Folge von Infiltration der Gewebsspalten mit serösem Exsudat im Vordergrunde steht.

Bei der eiterigen Form imponirt die enorme Wucherung von Rundzellen, während die seröse Infiltration nur in geringem Grade entwickelt ist. Die Rundzelleninfiltration findet sich in den Oberflächenepithelien, dann im Schleimhautstroma, vorwiegend aber in der subepithelialen Partie und in den papillären Erhabenheiten. Die Rundzelleninfiltration kann eine solche Dichte erreichen, dass sie das Stroma vollständig verdeckt und stellenweise zu follikelartigen Bildungen sich entfaltet. Aehnlich mit Rundzellen dicht infiltrirt sind die Drüsen, die unter der Einwirkung dieser Elemente ihre Structur einbüssen.

Die tiefer gelegenen Schichten der Schleimhaut sind zellenärmer und stärker serös infiltrirt, die Gefässe bis in die Capillaren hinein ausgedehnt. Cysten kommen wie bei der serösen Entzündungsform vor, und zwar sind sie aus confluirten und erweiterten Drüsenacini oder aus solchen und den dilatirten Ausführungsgängen hervorgegangen. Ihre Auskleidung setzt sich aus Cylinderepithel zusammen.

Der Umstand, dass bei der einen Form die Rundzelleninfiltration einen so hohen Grad erreicht, ist wohl auch darauf zurückzuführen, dass bei derselben gleich von vorne herein die Schädigung der Gefässwände viel stärker ist als bei der serösen Entzündung.

Das in die Kieferhöhle ergossene Exsudat zeigt einen schleimigeiterigen oder rein eiterigen Charakter.

Endlich hebe ich hervor, dass Uebergänge beider Formen in einander zur Beobachtung kommen, in welchem Falle wohl ein Uebergang der secretorischen Form in die eiterige vorliegen dürfte.

Die Nasenhöhlenschleimhaut ist bei beiden Formen durch zellige Infiltration ausgezeichnet.

Hinsichtlich des Ausganges und der Rückbildung der entzündlichen Processe in der Highmorshöhle habe ich bisher Folgendes beobachtet. Bei der serösen Entzündung kann vollständige Restitutio ad integrum eintreten, wie man dies in allen jenen Fällen beobachtet, wo die Schleimhaut von normaler Dicke ist, und nur mehr Cysten, die sich nicht zurückbilden, auf die ehemals bestandene entzündliche Affection hinweisen. Ist das Infiltrat resorbirt, so trägt die Schleimhaut ein normales Aussehen zur Schau, oder sie ist bindegewebig entartet. Nach Ausheilung des Processes bleiben wie bemerkt Cysten, papilläre Excrescenzen sowie eine grössere, die Norm übersteigende Menge von Rundzellen zurück.

Sichere Zeichen eines abgelaufenen Entzündungsprocesses sind: a) die aus grösseren hydropischen Tumoren hervorgegangenen Erweichungscysten; b) membranöse Stränge, die rückgebildete hydropische Tumoren repräsentiren, welche sich an die Gegenwand angelöthet haben; c) Pigment und endlich d) Polypen und Hypertrophien, deren Beschreibung im nächsten Capitel enthalten ist.

Bei der **eiterigen** Form beobachtet man Aehnliches, nur ist die Schleimhaut dicker, es sind mehr Rundzellen vorhanden, welche sich stellenweise zu follikelartigen Bildungen gruppiren. Endlich kommt es vor, dass die Schleimhaut sich in ein dichtes, welliges Bindegewebe umwandelt, in welchem nur mehr eine geringe Anzahl von Zellen vorhanden ist; man könnte diesfalls von einer fibrösen Entartung der Schleimhaut sprechen.

Der Process kann bei beiden Entzündungsformen auch auf die periostale Schichte und auf den Knochen übergreifen. Es bilden sich periostale Knochenschüppchen, die frei liegen oder mit der Knochenwand verwachsen. Diese selbst ist rauh, höckerig, mit flachen Wulstungen oder stacheligen Auswüchsen besetzt. Dabei verwächst die Auskleidung mit der Knochenwand sehr innig. Im normalen Falle und bei Entzündungen leichteren Grades, wenn blos die Schleimhaut verdickt ist, lässt sie sich ganz leicht vom Knochen ablösen. Dies gelingt nicht, wenn das Periost durch eine heftigere Entzündung in Mitleidenschaft gezogen wurde und auch dann nicht, wenn die Krankheit primär vom Knochen ausgeht. Hiebei kann die Verwachsung einen solchen Grad erreichen, dass sich die Schleimhaut nur in Form von kleinen Fetzen ablösen lässt. Ist eine Schleimhaut von normaler Dicke mit der Knochenwand innig verwachsen, so darf dies als sicheres Zeichen eines abgelaufenen, tiefgreifenden Entzündungsprocesses angesprochen werden.

## Achtes Capitel.

## Nasenpolypen.

Was die Geschwülste der Nasenhöhle anlangt, so habe ich, abgesehen von den geschwulstartigen Schleimhauthypertrophien, keine grosse Auslese zu verzeichnen. Mit Ausnahme eines kleinen Osteomes am Nasenboden habe ich nur Geschwülste des oben bezeichneten

Charakters beobachtet. Wenn daher M. Schäffer[1]) schreibt: „Die Knorpel-Knochengeschwülste, respective Enchondrome, Osteome, Hyperostosen kommen häufiger vor als man nach Zuckerkandls Befunden glauben sollte. Ich habe mit dem Galvanokauter gar manche Exostose des Septum zerstört, deren Entstehung auf mechanische Gewalteinwirkung zurückgeführt werden musste", so handelt es sich in diesen Fällen nicht um wahre Geschwülste, sondern um die vielgestaltigen Leisten- und Hakenbildungen des Septum, die irrthümlicherweise in die Kategorie der Nasengeschwülste eingereiht wurden.

Die Mehrzahl der Polypen, die ich seit dem Erscheinen des I. Bandes untersucht habe, bot nichts Besonderes dar. Als neu hebe ich einige Fälle hervor, wo die Geschwulstbasis bis an das Nasendach (Nasenrücken, Lamina cribrosa) emporreichte, ferner polypöse Schleimhautauswüchse am Nasenboden, grössere Cystenpolypen und einige andere Geschwulstformen. Diese im I. Bande nicht enthaltenen Polypenformen will ich beschreiben und im Anschlusse hieran den Bau der Nasengeschwülste besprechen, da es nothwendig ist, einige in den letzten Jahren über den Bau und die Entwickelung der bezeichneten Tumoren aufgetretene Anschauungen kritisch zu beleuchten.

## I. Polypen und Schleimhauthypertrophien, die bis an das Nasendach emporreichen.

Ich verfüge in dieser Beziehung über zwei Fälle (Taf. 5, Fig. 3 u. 4), deren Beschreibung ich nun folgen lasse.

Fall 1. (Fig. 3).

Der Schleimhautüberzug an der convexen Fläche der unteren Muschel ist hypertrophisch und zeigt eine drusig-warzige Oberfläche. Am bedeutendsten ist die Hypertrophie in der Mitte der Muschel und am hinteren Muschelende, doch sind an letzterer Oertlichkeit die einzelnen Wärzchen viel kleiner und flacher als in der Mitte der convexen Muschelfläche.

Die Schleimhaut der mittleren und oberen Muschel zeigt eine normale, glatte Beschaffenheit, die des Nasenbodens dagegen ist uneben und höckerig.

Eine grössere hypertrophische Geschwulst befindet sich an der äusseren Nasenwand gerade vor der mittleren Muschel und gehört dem Theile der Schleimhaut an, der den Oberkieferstirnfortsatz be-

---

[1]) Deutsche med. Wochenschr. 1882. Nr. 23.

kleidet. Der mittlere Nasengang bleibt von der Hypertrophie verschont, und man sieht sogar, wie sich die Geschwulst gegen den genannten Gang scharf begrenzt. Die Schleimhaut ist an der bezeichneten etwa kreuzergrossen Stelle leicht erhaben und glatt, an der Grenze gegen den mittleren Nasengang hingegen gelappt.

Oben reicht die Geschwulst bis an den Agger nasi, unten bis an die wahre Nasenmuschel. Es bildet jedoch nur die obere Partie des Tumor eine hügelartige Verdickung der Seitenwandschleimhaut, während das untere Drittel desselben als freie Geschwulst (Polyp) in die Nasenhöhle hineinhängt.

Ich habe diesen Fall angeführt, weil er eine Hypertrophie repräsentirt, die sich gegen den Nasenrücken vorzuschieben beginnt. Interessant ist dieses Präparat auch wegen des Ursprunges eines Polypen von einer polypösen Hypertrophie.

Fall 2 (Fig. 4). **Die Geschwulst erreicht den Nasenrücken.**

Die mittlere Nasenmuschel ist ausnehmend hoch und operculisirt zum Theile die untere (siehe Taf. 14, Fig. 3, 4 u. 5). An der hinteren Fontanelle befinden sich zwei durch eine schmale Schleimhautbrücke von einander getrennte Foramina maxillaria accessoria. Die Schleimhaut der unteren Muschel zeigt eine fast glatte Oberfläche und entwickelt sich am hinteren Ende zu einer mit glatter Oberfläche versehenen grossen (polypösen) Geschwulst, die den Muschelknochen weit überragt.

Am hinteren Ende der mittleren Muschel ist die Schleimhaut zu einer dreilappigen, polypösen Hypertrophie verlängert und verdickt. Die vor der Geschwulst befindliche Partie des Schleimhautüberzuges ist von höckeriger Beschaffenheit.

Im vorderen Antheile des Riechspaltes hängt bis nahe an die untere Nasenmuschel ein hahnenkammartiger, gallertiger, glatter Polyp herab, der mit breiter Basis an der oberen Muschel (vorderen Antheil) haftet. Hier setzt die Geschwulst nicht ab, sondern es ist die Nasenschleimhaut von der Insertionsstelle an bis an die Nasenbeine, die Spina nasalis superior und die Lamina cribrosa empor stark hypertrophisch, gewulstet, an der Oberfläche mit senkrecht gestellten Leisten besetzt, weshalb der Polyp unmittelbar in die Hypertrophie übergeht.

Beim Abtragen der grossen Geschwulst wäre in jedem Falle die hoch oben befindliche und dem Stiele des Polypen folgende hypertrophische Wulstung zurückgeblieben.

In der Umgebung der Geschwulst ist die Riechschleimhaut etwas verdickt.

Der Schleimhautüberzug des Processus uncinatus an seiner vorderen Hälfte zu einer plumpen Leiste umgeformt.

Kieferhöhle: Gewebslücken der Schleimhaut wie bei der serösen Entzündung erweitert.

In einem dritten Falle befindet sich vor der mittleren Nasenmuschel ein breit aufsitzender Polyp, dessen Basis bis an den Nasenrücken emporreicht. Näheres über diesen Fall enthält das Capitel über Synechien.

## II. Polypen, die aus anderen Höhlen in die Nasenhöhle hineinwuchern oder an der Grenze beider aufsitzen.

Es gibt eine Sorte von Polypen, deren Stiel an der Auskleidung einer Nebenhöhle aufsitzt und durch eine natürliche Oeffnung in die Nasenhöhle hineinwächst. Praktisch sind diese Fälle bemerkenswerth, weil man dem Stiel einer solchen Geschwulst nicht leicht beikommt. Dass im Gegensatze hiezu Geschwülste vorkommen, die in der Nasenhöhle entspringen und in eine der Nebenhöhlen hineinwuchern, beweist der pag. 85 beschriebene Fall. Einen in die erstere Gruppe gehörigen Fall, der in der Highmorshöhle sich entwickelte und durch ein grosses Foramen maxillare accessorium der hinteren Nasenfontanelle in die Nasenhöhle prolabirte, habe ich bereits im I. Bande, pag. 158 beschrieben und auf Taf. 9, Fig. 40 abgebildet. Jetzt bin ich in der Lage über Geschwülste zu berichten, die aus der Höhle des Keilbeines und des Siebbeines hervorgingen.

### 1. Polyp, aus einer Siebbeinzelle hervorgewachsen.

An einem alten Individuum mit vollständiger Atrophie der Alveolarfortsätze (Taf. 5, Fig. 5).

Untere Muschel: Schleimhautüberzug verdickt, Oberfläche glatt.

Mittlere Muschel: Nichts Abnormes darbietend. Aus dem vorderen Bereiche des mittleren Nasenganges hängen zwei lange, bewegliche Gallertpolypen herab, von welchen der längere (hintere) den Nasenboden erreicht. Nach Abtragung der mittleren Muschel präsentirt sich die Ursprungsstelle der Polypen in folgender Weise: Die zwei Polypen gehen aus einem gemeinsamen breiten Stiel hervor, stellen demnach nur Lappen einer und derselben Geschwulst vor. Der Stiel zieht, die Region des Hiatus semilunaris deckend, empor und heftet sich vorne an den Processus uncinatus, weiter hinten an das **Siebbeinlabyrinth** an. Die Ansatzstelle im Labyrinth gestaltet sich höchst barock. **Die vordere Partie der Siebbeinzellen ist nämlich in diesem Falle nur mangelhaft entwickelt. Es fehlt die Bulla ethmoidalis vollständig**, und so liegt dem Processus uncinatus die Orbitalwand der Kieferhöhle und die Lamina papyracea des Siebbeines direct gegenüber, an welch letzterer einige nischenförmige Vertiefungen das Labyrinth repräsentiren. Die Kieferhöhle liegt ziemlich frei und ist der Besichtigung zugänglich, da die Bulla ethmoidalis fehlt.

Der Stiel der Polypen sitzt an der Auskleidung der Nischen und an der Papierplatte des Siebbeines fest.

Verdeckt vom grossen Polypen findet sich ein kleiner, an der hinteren Hälfte des Processus uncinatus aufsitzender Gallertpolyp. Der **letztgenannte Fortsatz selbst ist in ziemlich hohem Grade gegen den mittleren Nasengang umgekrämpt.**

Bei der Operation des grossen Polypen wäre es wegen der mangelhaften Entwickelung des Siebbeines möglich gewesen, bis an die Lamina papyracea und den Orbitalboden zu gelangen. In solchen Fällen könnte es leicht zur Verletzung der Orbitalwände kommen.

## Polyp am Recessus spheno-ethmoidalis und im Sinus sphenoidalis. Lues (?) (Taf. 6, Fig. 1.)

Die Nasenschleimhaut ist grösstentheils glatt, nur am freien Rande der mittleren Muschel findet sich eine hypertrophische Wulstung des Schleimhautüberzuges.

An der unteren Muschel ist die Mucosa etwas atrophisch. Vor derselben findet sich an der äusseren Nasenwand bis empor gegen die mittlere Muschel eine verdickte und stark gewulstete Schleimhautpartie. Vor dieser Stelle wieder, und zwar gerade entsprechend dem Stirnfortsatze, wird die Schleimhaut von einer strahligen, sehnig aussehenden Narbe (siehe die Figur) substituirt, von welcher ein Schenkel gegen das vordere Ende der unteren Muschel verläuft.

Der Ueberzug der mittleren Muschel zeigt knapp über der Mitte seines unteren Randes ein kleines bis an den Muschelknochen reichendes Geschwür, an dessen Hintergrunde nekrotische Knochenstücke sich befinden, und in deren Umgebung der Muschelknochen verdickt ist.

Die obere Muschel zeigt die zwei als typisch bezeichneten Prominenzen (siehe Synechien und Taf. 15, Fig. 4). Der Ueberzug der Muschel ist dünn und zart.

Im Recessus spheno-ethmoidalis sitzt ein über 2 cm. langer, am freien Ende kolbiger, schmalgestielter Polyp auf, der sich am unteren Rande des Foramen sphenoidale festheftet und bis an die untere Nasenmuschel herabhängt.

Auch im Sinus sphenoidalis steckt ein Polyp; derselbe ist klein und hat die Form einer Pyramide. Die Basis derselben findet sich an der lateralen Sinuswand, während die Spitze ganz ähnlich wie der Stiel des erstbeschriebenen Polypen am Foramen sphenoidale festgewachsen ist. Hier gehen die beiden Polypen sogar ineinander über, so dass man auch von einer Geschwulst sprechen könnte, die an der lateralen Sinuswand entspringt und am Foramen sphenoidale festgewachsen ist.

Ob der Polyp ursprünglich im Sinus entstanden, erst später gegen die Nasenhöhle prolabirt und dabei die Verbindung mit dem Rande des Foramen sphenoidale eingegangen ist, oder ob anfänglich zwei Polypen vorhanden gewesen waren, von welchen der eine im Recessus spheno-ethmoidalis (am Foramen sphenoidale), der andere an der lateralen Sinuswand entsprang, und beide erst nachträglich an dem Rahmen der bezeichneten Communicationsöffnung in Verbindung getreten sind, ist nicht leicht zu entscheiden. Ich würde mich lieber für das Letztere aussprechen, weil ein Theil des langgestielten Polypen deutlich an der nasalen Seite des Foramen sphenoidale entspringt.

Die Geschwulst wäre durch die hintere Rhinoskopie leicht zu sehen gewesen und hätte auch von der Choane aus operirt werden können.

Pharynxtonsille: Stark hypertrophisch.

Sinus frontalis: Schleimhaut zart.

Highmorshöhle: Die Schleimhaut leicht verdickt und innig an der Knochenwand haftend.

Die Narbe und das Geschwür dürften auf Syphilis zu beziehen sein.

**Polypen an accessorischen Oeffnungen des Sinus maxillaris.**

Solche Geschwülste sind gerade nicht sehr häufig; ich habe bisher nur zwei Fälle beobachtet, deren Beschreibung nachstehend folgt:

**Fall 1. Polyp am typischen Foramen accessorium der hinteren Fontanelle.** (Taf. 6, Fig. 2.)

Nasen- und Rachenschleimhaut hypertrophisch. Hinteres Ende der wahren Muschel mit einem Papillom versehen.

Nach Abtragung der mittleren Nasenmuschel kommen im Bereiche des Hiatus semilunaris mehrere Polypen zum Vorscheine, und es fällt die enorme Ausweitung des genannten Spaltes auf. Ein mehrlappiger Gallertpolyp hat seinen Sitz am Processus uncinatus. Derselbe reicht vorne oben bis an den Sinus frontalis und geht am hinteren Ende des Hakenfortsatzes auf den Schleimhautüberzug des mittleren Nasenganges über; der Polyp ist demnach sehr breit gestielt. Sein freier Rand wächst an mehreren Stellen zu schmal gestielten Fortsätzen aus, die der Geschwulst das lappige Aussehen verleihen. Unter der Geschwulst ist die Bekleidung des mittleren Nasenganges bis an die untere Nasenmuschel herab uneben, höckerig, hypertrophisch.

Ein zweiter Gallertpolyp hat sich in dem enorm ausgeweiteten Infundibulum festgesetzt. Er ist ziemlich lang und erstreckt sich einerseits aufwärts bis an ein Ostium ethmoidale und abwärts bis an die normale Communicationsöffnung der Kieferhöhle.

In der Gegend der hinteren Fontanelle befinden sich drei breitgestielte, kurze Polypen, die kranzartig ein Foramen maxillare accessorium umsäumen.

Sinus maxillaris: Die Schleimhaut ist gewulstet und innig mit der darunterliegenden Kieferwand verwachsen, welche sich stellenweise mit Osteophyten besetzt zeigt. Ostium maxillare weit offen. Am Boden des Sinus befindet sich eine wulstige Knochenverdickung, unter welcher die Wurzel des cariös gewordenen 1. Mahlzahnes steckt (siehe auch das Capitel Empyem).

**Fall 2. Polyp an einem Ostium maxillare accessorium der unteren Fontanelle.** (Taf. 6, Fig. 3.)

Nasenschleimhaut leicht verdickt, im mittleren und oberen Nasengange gewulstet.

Am hinteren Ende der unteren Muschel sitzt ein Papillom; auch die Schleimhaut der mittleren Muschel ist am hinteren Ende polypös hypertrophirt.

Nach Abtragung der mittleren Muschel kommen einige dünne, hahnenkammförmige Gallertpolypen des Hiatus semilunaris zum Vorscheine. Am Processus uncinatus mit sehr langer Basis aufsitzender, aber nicht langer Polyp, der hinten auf die Bekleidung des mittleren Ganges übergeht, und der sich vorne bis an den Sinus frontalis erstreckt. Ebenso breit aufsitzender Polyp an der Bulla ethmoidalis, der vielfach in Folge der Alkoholeinwirkung gerunzelt ist. Das Interessanteste an diesem Objecte aber sind Polypen an einer ganz aussergewöhnlichen Stelle. Es kommt nämlich zuweilen auch in der unteren Fontanelle ein Foramen maxillare accessorium vor, und der Rand einer solchen Oeffnung wurde in unserem Falle zum Ausgangspunkte von Polypen, die allerdings nicht sehr gross sind. Ein kleiner, gallertiger Polyp sitzt an der hinteren oberen Peripherie der Oeffnung und ragt, vom Polyp des Processus uncinatus theilweise bedeckt, in den mittleren Nasengang hinein. Dagegen entspringt ein zweiter kleiner Polyp am vorderen Rande der abnormen Oeffnung, jedoch mehr an der Kieferhöhlenseite derselben und ragt in die Kieferhöhle vor, könnte somit mit mehr Recht zu den Geschwülsten des Sinus maxillaris gerechnet werden.

Der gegen die Nasenhöhle gerichtete Polyp besteht aus einem äusserst feinfaserigen, mit vielen Rundzellen durchsetzten Stroma, welches reich an Drüsen und Gefässen und stellenweise serös infiltrirt ist. Oberflächenepithel abgefallen, Oberfläche papillär.

Der gegen die Kieferhöhle gerichtete Polyp stimmt seinem Baue nach mit dem der Nasenhöhle nicht ganz überein. Stroma locker und feinfaserig, mit vielen ausgeweiteten Capillaren versehen und ohne Drüsen. Rundzelleninfiltration ziemlich stark. Oberfläche papillär.

Pharynxtonsille vergrössert. Das Ostium pharyngeum tubae in Folge von Wulstung der umgebenden Schleimhaut geschlossen.

## Cystenpolypen.

Cystenbildung in Polypen gehört zu den gewöhnlichen Befunden; die vollständige cystöse Degeneration solcher Geschwülste ist schon seltener. Ich habe zwei hiehergehörige Fälle zu verzeichnen, deren Beschreibung ich nachfolgen lasse.

Im Falle 1 (Taf. 6, Fig. 4) finden sich zwei Cystenpolypen nebeneinander in einer rechten Nasenhöhle, von welchen der eine am Processus uncinatus, der zweite am freien Rande der oberen Siebbeinmuschel sitzt. Die Nasenschleimhaut ist an vielen Stellen verdickt, von warziger Beschaffenheit. Die hinteren Muschelenden sind gewulstet und das der unteren Muschel trägt ein kleines Papillom.

Nach Abtragung der mittleren Muschel ist nicht wie im gewöhnlichen Falle der halbmondförmige Spalt zu sehen, da derselbe von einer grossen Geschwulst verdeckt wird, die mit ihrer Basis die ganze Breite der Bulla ethmoidalis einnimmt. Der Tumor ist von gallertiger Beschaffenheit und zeigt an seiner Oberfläche eine Menge von gerundeten, buckelförmigen Vorsprüngen, die auf Anstich eine klare Flüssigkeit ergiessen.

Durch Zugwirkung von Seite eines an einem vorderen Siebbeinloche aufsitzenden Polypen zeigt sich der knöcherne Rand zu einem längeren Fortsatz ausgezogen. Hebt man den Polypen der Bulla ab, so repräsentirt sich der Hiatus semilunaris als linearer Spalt. Es ist nämlich durch die Geschwulst die Bulla ähnlich wie der Rand des erwähnten Ostium ethmoidale verlängert und weit herabgezogen. Am Processus uncinatus ist die Schleimhaut zu einer niedrigen Leiste hypertrophirt.

Ein zweiter Polyp hat seinen Sitz am freien Rande der oberen Muschel. Er ist kleiner als der frühere (siehe die Abbildung) und an seiner medialen Fläche gleichfalls mit Cysten besetzt, die als rundliche Erhabenheiten vorspringen. Von der lateralen Fläche dieses Polypen hebt sich ein secundärer, kleiner, zapfenförmiger Nebenpolyp ab, welcher sich innig an die mittlere Muschel legt, und an der Berührungsstelle ist die Muschelschleimhaut gleichfalls mit Cysten besetzt. Offenbar wurden durch Druck von Seite der aneinandergepressten Schleimhäute die Drüsenmündungen verlegt und hiedurch die Retention des Secretes veranlasst.

Cysten finden sich auch zerstreut an der Auskleidung der Siebbeinzellen, und einzelne derselben haben die Grösse einer Bohne erreicht.

Kieferhöhle: Sehr klein, ihr Boden hochstehend, 2 cm. über dem Alveolarfortsatze gelegen. Die Sinusschleimhaut stark verdickt, von fibröser Beschaffenheit und fest mit der knöchernen Wand verwachsen, welche verdickt und an der Oberfläche rauh ist. Die Veränderungen im Antrum Highmori dürften auf eine Entzündung zurückgeführt werden, die ihren Ursprung in der Nasenhöhle hatte; begünstigt und gesteigert wurde der Process durch Verschluss der Kieferhöhle von Seite des Polypen und der hiedurch gesetzten Ventilationsbehinderung.

Linke Seite: Diese Hälfte verhält sich ähnlich wie die Gegenseite. Die Nasenschleimhaut ist hypertrophirt, an der Oberfläche von warziger Beschaffenheit, am hinteren Ende der unteren Muschel in ein Papillom umgewandelt. Auch das hintere Ende der mittleren Muschel ist wesentlich vergrössert, am Operculum aber verkürzt, verdünnt und atrophisch. Von ihrer medialen Fläche hängen zwei kleine, dünne, gallertig aussehende und gestielte Polypen herab, und hinter denselben haftet an der Schleimhaut eine grosse Retentionscyste. Eine ähnliche Retentionscyste steckt im oberen Nasengange und stammt aus dem Drüsenapparate der diesen Gang auskleidenden Mucosa.

Die Fissura ethmoidalis inferior ist sehr breit, der obere Nasengang äusserst geräumig, tief und in solchem Grade lateralwärts ausgebuchtet, dass er bis an die Lamina papyracea reicht, die demnach abnormerweise direct als laterale Wand des bezeichneten Ganges fungirt. Praktisch wichtig sind solche Fälle, weil die Nasen- und Augenhöhle nur durch eine dünne Scheidewand von einander geschieden werden.

An der Bulla ethmoidalis, dem Processus uncinatus und am vorderen Rande der mittleren Muschel haftet je ein kleiner, hahnenkammartiger Gallertpolyp.

Siebbeinzellen: Die Schleimhaut derselben ist mit Cysten besetzt, die sich an einer Stelle zu einem bohnengrossen Conglomerat aneinanderdrängen.

Kieferhöhle wie rechterseits.

Fall 2. **Grosser mit der äusseren Nasenwand verwachsener Cystenpolyp.** (Taf. 7, Fig. 1.)

Rechterseits. Die cystöse Geschwulst hängt an einem kurzen, dicken Stiel und ist grösser als im Fall 1; sie besitzt eine Länge von 3 cm., eine Breite von 2 cm., beginnt vorne am Agger nasi, füllt den mittleren Nasengang fast vollständig aus und ist sowohl oberflächlich wie auch in der Tiefe mit zahlreichen hanfkorn- bis weit über linsengrossen Cysten versehen, die sich dicht aneinanderdrängen. Die Scheidewände zwischen den Cysten sind theils dünn, theils dick und aus welligem Bindegewebe zusammengesetzt, das eine deutliche, stellenweise sogar eine massenhafte Rundzelleninfiltration aufweist. Hier und da sind die Septa geschwunden, und es confluiren mehrere Cysten zu grossen Cavitäten.

An der freien Oberfläche der Geschwulst ist die Wandung der Cysten sehr dünn, stellenweise ganz durchsichtig und aus zellenarmem Bindegewebe aufgebaut. Die Epithelauskleidung der Cysten ist gut erhalten. Den Inhalt der Cysten bildet eine theils feinkörnige, theils schollige

Masse. Der Stiel des Tumor besteht vorwiegend aus einem bindegewebigen, mit Rundzellen versehenen Stroma, in welchem neben gut erhaltenen Drüsen in cystöser Degeneration begriffene Acini zu finden sind. Im Centrum des Stieles steckt eine **breite Knochenplatte, die dem verlängerten Processus uncinatus entspricht** und sich durch eine auffallende Weichheit auszeichnet.

Die laterale Partie der Cystengeschwulst ist **nicht frei**, sondern mit der **äusseren Nasenwand** und dem Rücken der **unteren Muschel total verwachsen**, eine Eigenthümlichkeit, die ich bisher nur in diesem Falle beobachtet habe. Aus diesem Grunde ist von einem Hiatus semilunaris, vom Infundibulum, den beiden Ostien für die Stirn- und die Kieferhöhle, die vollständig in den Bereich der Verwachsung fallen, nichts zu sehen.

Die Ablösung der Cystengeschwulst gelingt nur gemeinsam mit der Schleimhaut der äusseren Nasenwand. Mikroskopisch untersucht zeigt die Geschwulst an ihrer lateralen Seite eine dicke Wandung, in welcher die Drüsen gleichfalls cystös degenerirt erscheinen. Eine Geschwulst wie die eben beschriebene liesse sich mit der Schlinge nicht abtragen.

Kieferhöhle: Die Schleimhaut der Kieferhöhle ist ausnehmend verdickt, dicht, von weisslicher Farbe und innig mit der Knochenwand verwachsen. Das Ostium maxillare ist dagegen von der Kieferhöhlenseite aus untersucht ganz frei, was dafür zu sprechen scheint, dass der krankhafte Process von der Nasenhöhle den Ausgang genommen hat. Die subepitheliale Schichte der Kieferhöhlenschleimhaut zeigt Rundzelleninfiltration, die Drüsen cystöse Degeneration. Alveolarfortsatz atrophisch.

Linke Seite: Nasenschleimhaut gewulstet, das hintere Ende der unteren Nasenmuschel zu einer grossen, glatten, beweglichen Geschwulst hypertrophirt. An der Kante des Processus uncinatus haftet ein kleiner, dünner, hahnenkammartiger Polyp.

Schleimhautüberzug der Bulla ethmoidalis verdickt, höckerig, und die **hypertrophische Stelle ist mit dem gegenüberliegenden Processus uncinatus verwachsen**, so dass zwei Drittheile des Hiatus semilunaris verlegt sind, und nur eine kleine ovale Lücke in das Infundibulum hineinführt. Auf die Ventilation der Stirn- und der Kieferhöhle hatte diese Synechie keinen Einfluss, da das Ostium frontale über dem Hiatus liegt, dem Ostium maxillare durch die verkürzte

Incisura semilunaris Luft zuströmen konnte, überdies aber in der hinteren Fontanelle ein Ostium maxillare accessorium sich befindet.

Schleimhaut des Sinus maxillaris stark verdickt, fest an der Knochenwand haftend und von ähnlicher Structur wie die der Gegenseite.

### Polypen im mittleren Nasengange, die den Hiatus semilunaris vollständig verdecken. (Taf. 7, Fig. 2.)

Es finden sich linkerseits nachstehende Schleimhautgeschwülste:

a) Eine halbkugelförmige Hypertrophie an der äusseren Nasenwand entsprechend dem aufsteigenden Oberkieferfortsatze.

b) Ein schmalgestielter über 1·5 cm. langer am Agger nasi festsitzender Polyp, der bis an die untere Muschel herabhängt.

c) Ein äusserst zarter, hahnenkammartiger Polyp an der Bulla ethmoidalis, der sich hinten stark verdickt, und dem sich am Processus uncinatus eine ähnliche Geschwulst anschliesst; beide verdecken den engen Hiatus semilunaris.

d) Eine cystöse Geschwulst im oberen Nasengauge.

Schleimhaut am Rande der unteren Muschel hypertrophisch. Kieferhöhle Eiter enthaltend, ihre Schleimhaut verdickt und gelockert. Alveolarfortsätze ganz atrophisch.

Rechterseits finden sich einige kleine Polypen im Bereiche des Hiatus semilunaris.

### Polypen im mittleren Nasengang, in der Fissura ethmoidalis inferior und am Ostium sphenoidale. (Taf. 7, Fig. 3.)

Im mittleren Nasengang stecken zwei grosse Gallertpolypen; der eine entspringt am vorderen Rande und an der Innenseite der mittleren Nasenmuschel, der andere an der Bulla ethmoidalis. Ein dritter ganz kleiner Polyp (gedeckt von dem vorderen) entwickelt sich am Processus uncinatus. Dieser Fortsatz selbst wurde durch die Einschiebung des hinteren grossen Polypen gegen die Bulla gedrückt. Hiatus semilunaris eng.

In der mittleren Fissura ethmoidalis steckt ein ganz kleiner Polyp, und eine ähnliche Geschwulst findet sich im Recessus sphenoethmoidalis an der Mündung der Keilbeinhöhle.

### Kleine Polypen im und am Infundibulum.

Ein kleiner hahnenkammartiger Polyp hat seinen Sitz am Processus uncinatus. An der Bulla ethmoidalis heften sich zwei kleine

Polypen derselben Form und Art an. Endlich findet sich ein grosser Polyp, der im Infundibulum steckt und gerade am Rande des Ostium frontale entspringt.

**Polyp an einer blasig aufgetriebenen, oberen Nasenmuschel.**
(Taf. 14, Fig. 5.)

Der Schleimhautüberzug der unteren und der mittleren Muschel hypertrophisch und an den hinteren Enden zu polypösen Geschwülsten ausgewachsen. Die Geschwulst der mittleren Muschel reicht bis an das Ostium pharyngeum tubae und ist an der Oberfläche glatt, die der unteren dagegen leicht höckerig. Das Operculum der mittleren Muschel wird randständig von einem fleischig aussehenden Polypen umsäumt, und an der medialen Fläche desselben Gebildes sitzt ein Polyp, der im Riechspalt aufwärts gewachsen ist.

Das Siebbein hat drei Muscheln; von diesen ist die oberste blasig aufgetrieben, gleich einer Geschwulst gegen den Riechspalt vorspringend und über die obere (zweite) Muschel, die Fissura ethmoidalis deckend, herabgewachsen. Der grössten Peripherie dieser Knochenblase entsprechend geht aus dem Schleimhautüberzuge ein kurzer Polyp hervor, der im Riechspalte steckt.

**Polypen und polypöse Hypertrophien zwischen den hinteren Muschelenden. Tuberculum interturbinale.** (Taf. 7, Fig. 4, 5 u. 6.)

Auf Taf. 8, Fig. 35 des ersten Bandes liess ich einige kleine Schleimhautgeschwülste abbilden, welche zwischen den hinteren Enden der unteren und mittleren Nasenmuschel an der äusseren Nasenwand ihren Sitz haben. Bei Gegenwart solcher Geschwülste ist gewöhnlich die Schleimhaut der hinteren Muschelenden hypertrophirt, und gar nicht selten confluiren dann die hypertrophischen Stellen untereinander. An der bezeichneten Stelle der äusseren Nasenwand sieht man, insbesondere schön bei Neugeborenen und älteren Kindern leistenförmige Erhabenheiten, die sich auch an den hinteren Muschelenden selbst, ferner an der nasalen Fläche des Gaumensegels finden und in sagittaler Richtung verlaufen. Nur ausnahmsweise confluiren die zwischen den hinteren Muschelenden an der äusseren Nasenwand aufsitzenden Leisten zu einem grösseren Schleimhautvorsprung, den ich Tuberculum interturbinale nennen werde. Ich habe früher dieses Höckerchen ausschliesslich für das Product einer Schleimhauthypertrophie gehalten, da es mir aber gelungen ist, das Höckerchen schon bei einem fünfmonatlichen Embryo zu finden (Taf. 7, Fig. 6), so zweifle ich nicht mehr an seiner physiologischen Natur. Auf derselben Tafel Fig. 4 u. 5 habe ich ähnliche Vorsprünge in der Nasenhöhle der Erwachsenen abbilden lassen. Mikroskopisch untersucht zeigt das eine Präparat (Fig. 4) ein feinfaseriges Gewebsstroma mit vielen stellenweise bis an die Oberfläche vorgeschobenen Drüsenhaufen und eine schmale Zone von Rundzellen in der subepithelialen Schichte; im anderen Falle (Fig. 5) dagegen ist die subepitheliale Partie des Schleimhautwulstes verdickt. Ich möchte daher glauben, dass im ersten Falle ein normales, im zweiten ein durch chronischen Katarrh vergrössertes Tuberculum interturbinale vorliegt.

Confluiren die mehrfach erwähnten Schleimhautleisten nicht zu einem grösseren Höckerchen, so können sich nichtsdestoweniger auf ihrer Grundlage Geschwülste am hinteren Ende des mittleren Nasenganges bilden, welche sich durch ihre gelappte Form auszeichnen.

### Bau der Nasenpolypen.

Ueber die Structur der Nasenpolypen habe ich durch die Untersuchung von 16 der Leiche entnommenen und 29 in vivo operirten Polypen Erfahrungen gesammelt. Die einzelnen Fälle lieferten nachstehende Bilder:

Fall 1. Polyp[1] am Processus uncinatus breit, aber blos 3 mm. lang. Oberfläche papillär, Epithel hoch, in Secretion begriffen. Stroma zartes, areolirtes, gefässhältiges Bindegewebe, dessen Fasern vorwiegend der Längsachse der Geschwulst parallel verlaufen. Drüsen (theilweise cystös degenerirt) finden sich an der Basis und in der Mitte des Polypen. Die untere Hälfte desselben ist frei von Drüsen (Taf. 8, Fig. 1).

Fall 2. Kleiner Polyp am Processus uncinatus. Der Polyp zeigt an der Oberfläche eine fein papilläre Beschaffenheit. Das Stroma ist zart, reticulirt und theilweise ödematös, so aussehend wie die Kieferhöhlenschleimhaut bei der serösen Entzündung. Auch das Exsudat ist das gleiche. Ueberdies ist namentlich die Oberfläche des kleinen Polypen reichlich von Rundzellen durchsetzt. Drüsen sind in grosser Menge vorhanden, sie reichen stellenweise bis in die papillären Fortsätze hinein. Die an der Basis

---

[1] Fall 1 bis 16 wurden Leichen entnommen.

befindlichen zeigen normale Structur, die im Polypenkörper sind grösstentheils cystös entartet.

Fall 3. **Grosser Polyp an der Bulla ethmoidalis haftend.** Das Stroma dieses Polypen ist durch seinen Gefässreichthum ausgezeichnet, die Gefässe sind insgesammt stark ausgeweitet, und die Venen im oberen Drittel der Geschwulst geradezu in **cavernöses Gewebe** umgewandelt. Daneben findet sich Rundzelleninfiltration und ödematöse Schwellung des Stroma wie in Fall 2. Drüsen sind nur im oberen Drittel der Geschwulst enthalten und theilweise im Zugrundegehen begriffen.

Fall 4. **Dicker, fleischiger Polyp am Agger nasi.** Die Oberfläche des Polypen mit ganz kleinen, warzenförmigen Verdickungen besetzt. Das Stroma reich an Gefässen und seiner ganzen Dicke nach mit Drüsen versehen, die stellenweise ein cystöses Aussehen besitzen. Bemerkenswerth ist ferner eine bis in die Tiefe der Geschwulst vorkommende, hämatogene Pigmentirung.

Fall 5. **Mittelgrosser Polyp am Processus uncinatus;** die Geschwulst ist durch ihren grossen Reichthum an Drüsen ausgezeichnet, die aber nur drei Viertheile der Geschwulstlänge einnehmen; das unterste Viertel ist frei von Drüsen.

Fall 6. **Beginnender Polyp am Processus uncinatus.** Die Länge desselben beträgt nicht mehr als 2 mm. Drüsen finden sich in der ganzen Ausdehnung der kleinen Geschwulst und sind stellenweise schon cystös ausgeweitet.

Fall 7. **Polyp an der Bulla ethmoidalis.** Oberfläche der Geschwulst papillär, Stroma namentlich in den oberflächlichen Schichten mit Rundzellen infiltrirt und an einzelnen Stellen in der für Fall 2 und 3 geschilderten Art ödematös. Drüsen nicht in grosser Menge vorhanden, sie reichen aber doch an einzelnen Punkten bis gegen den freien Rand der Geschwulst.

Ein zweiter, schmalgestielter Polyp geht von der medialen Seite der mittleren Muschel ab und ist sehr locker gefasert, die Bindegewebszüge parallel der Längsachse der Geschwulst verlaufend, gefässreich und zellenarm. Die Drüsen reichen nur bis zur Mitte der Geschwulst herab und sind in spärlicher Anzahl vorhanden. Partienweise ist der Polyp rein faserig.

Fall 8. **Polyp am Processus uncinatus.** Der Polyp ist kurz und dick und reichlich mit Drüsen versehen, die theilweise in cystöser Umwandlung begriffen sind.

Fall 9. **Polyp am Processus uncinatus.** Derselbe ist stark papillär, förmlich mit kleinen Nebenpolypen besetzt, gefässreich und insbesondere in den oberflächlichen Schichten rundzellenhältig. Drüsen kommen nur in der oberen Hälfte der Geschwulst in grösserer Menge vor; die untere Hälfte ist blos hier und da drüsenhältig, sonst vorwiegend aus areolirtem Bindegewebe zusammengesetzt.

Fall 10. **Kleiner Polyp am Processus uncinatus, an der Bulla ethmoidalis und am Ostium frontale.** Die beiden ersteren sind drüsenhältig, während der letztere frei von Drüsen ist, was wahrscheinlich damit zusammenhängt, dass an dieser Stelle die Schleimhaut drüsenarm oder ganz drüsenfrei war. Der **kleine** Polyp am Processus uncinatus hat an diesem Fortsatze eine **Verlängerung** erzeugt, die im **Polypenstiele** steckt.

Fall 11. **Mittelgrosser Polyp am Processus uncinatus.** Oberfläche der Geschwulst papillär; Stroma von vielen ausgedehnten Gefässen durchzogen, mit Rundzellen reichlich infiltrirt und hämatogenes Pigment enthaltend. Drüsen sind in grosser Menge vorhanden, stellenweise aber ist das untere Drittel des Polypen drüsenfrei.

Fall 12. **Polyp an der Bulla ethmoidalis.** Polyp ziemlich gross, dick, fleischig; Gefässe enorm ausgeweitet, an der Wurzel der Geschwulst förmlich cavernös. Das Stroma ödematös wie im Falle 2, 3 und 7 und mit vielen, cystös erweiterten Drüsen versehen.

Fall 13. **Polyp am Processus uncinatus, 2 cm. lang.** Obere Hälfte des Polypen reich an cystösen Drüsen, die untere Hälfte fast frei von Drüsen.

Fall 14. **Kleiner Polyp an der medialen Seite der mittleren Muschel.** Derselbe ist seiner ganzen Ausdehnung nach mit Drüsen versehen.

Fall 15. **Langer Polyp am Processus uncinatus und an der Bulla ethmoidalis.** Die Drüsen erstrecken sich in beiden Fällen bis zur Mitte herab.

Fall 16. **Dicker Gallertpolyp**, 1·5 cm. lang, aus **areolirtem Bindegewebe** zusammengesetzt. Die Areolen sind stark ausgeweitet und enthalten, ähnlich der Kieferhöhlenschleimhaut bei der serösen Entzündung, einen feinkörnigen Inhalt, wie überhaupt in beiden Fällen das Verhalten des Stroma ganz gleich ist. **Starke Rundzelleninfiltration**, die stellenweise und zwar sowohl oberflächlich als auch in der Tiefe zu follikelartigen Gebilden aggregirt ist. **Gefässe** in grosser Anzahl vorhanden und stark erweitert. **Drüsen** finden sich im Stiele des Polypen, ferner zwischen dem oberen und mittleren Drittel der Geschwulst, sonst ist der Polyp drüsenlos. Im Centrum der Geschwulst sind die Balken des Netzes eingerissen, und die Räume confluiren zu einer grossen, seröses Exsudat enthaltenden Cavität.

## In vivo abgetragene Nasenpolypen.

Fall 17. Gallertpolyp, 8 mm. lang. Das Stroma der Geschwulst verhält sich wie im Falle 16, nur reichen an einzelnen Stellen die von serösem Exsudate ausgeweiteten Maschen bis an das Epithel empor (Taf. 8, Fig. 2). Drüsen sind nicht vorhanden. Rundzelleninfiltration ungleich, stellenweise beträchtlich. Oberflächenepithel aus Becherzellen bestehend.

Fall 18. Schleimpolyp, über 1 cm. lang und fast ebenso dick, das Stroma wie in den früheren zwei Fällen in seinen ausgeweiteten Maschen Exsudat enthaltend, Rundzelleninfiltration in mässigem Grade vorhanden; dichtere Massen von Rundzellen finden sich als Höfe um die kleineren Gefässe. Drüsen spärlich vorhanden und cystös degenerirt.

Ganz besonders eigenthümlich gestaltet sich in diesem Falle das Verhalten des Epithel, welches nirgends von normaler Dicke ist, und an einem Theile der Oberfläche auf das 10—15fache verdickt erscheint; an einer anderen Oberflächenpartie zähle ich sogar mehr als 40 über einander geschichtete Zellenlagen. An den normal aussehenden Stellen besteht das Epithel, ähnlich dem auf Taf. 9, Fig. 4 abgebildeten Falle, aus Becherzellen mit grossen Schleimkörpern. An den verdickten Stellen ist das Epithel vielfach gefaltet, schlauchförmig eingestülpt und die Oberfläche der Einstülpungen durchaus mit Becherzellen bekleidet (Taf. 9, Fig. 1). Ich hebe ausdrücklich hervor, dass sich das Schleimhautgewebe diesen Epitheleinstülpungen gegenüber passiv verhält; nirgends gewahrt man eine Betheiligung von dieser Seite. Wo das Oberflächenepithel schräg getroffen wurde, sieht man unter dem Mikroskope eine netzförmige Anordnung der Zellenmassen. Die Lücken dieser Formation sind nichts Anderes als die Lichtungen der Epithelfalten, an deren Rändern die Schleimkörper der Becherzellen quer oder schräg durchschnitten wurden. Ich war über die letztere Bildung nicht ganz im Klaren und danke Herrn Professor v. Ebner für die mir gefälligst ertheilte Aufklärung. An vielen Stellen, insbesondere an jenen, wo die Dicke des oberflächlichen Epithel wesentlich zugenommen hat, sind die Becherzellen verschwunden und durch

Pflasterzellen substituirt. Die tieferen Zellenlagen grenzen sich in einer geraden Linie gegen das Schleimhautstroma ab (Taf. 8, Fig. 5) oder sie wuchern in das Stroma hinein, wodurch dieses letztere eine papilläre Oberfläche acquirirt (Taf. 9, Fig. 2 u. 3).

Die oberflächlichen Lagen der Pflasterzellen unterscheiden sich entweder gar nicht von den tiefer gelegenen, oder sie sind stark abgeplattet (siehe Taf. 9, Fig. 3); die Kerne liegen mit ihren Längsachsen der Schleimhautoberfläche parallel, und man hat ein Bild vor sich, welches dem des Mundschleimhautepithel gleicht. An jenen Stellen, wo sich die abgeplatteten Zellenlagen finden, bildet das Epithel eine schmale Schichte, doch zählte ich hier und da noch 7—8 Zellenlagen.

Fall 19. Cystöser Gallertpolyp. 1 cm. lang und fast ebenso dick. Die distale Hälfte ist aus Cysten aufgebaut, ihre Wandung, sowie auch das Zwischenstroma locker, serös infiltrirt und stark rundzellenhältig. Im Oberflächenepithel Becherzellen.

Fall 20. Kleiner Gallertpolyp. Das Stroma groblückig und seröses Exsudat bergend. Rundzelleninfiltration, insbesondere in den oberflächlichen Partien der Geschwulst bedeutend. Drüsen in geringer Menge vorhanden und cystös degenerirt. Das Oberflächenepithel stellenweise in Plattenepithel umgewandelt. Das Schleimhautgewebe verhält sich der Wucherung des Oberflächenepithel gegenüber in folgender Weise: beide grenzen sich an einer geraden Linie scharf gegen einander ab, oder die Grenze ist nicht mehr sehr deutlich und auch nicht geradlinig, da das Epithel in das Stroma hineinwuchert. Endlich zeigt die Schleimhautoberfläche an einzelnen Stellen ähnlich der Mundschleimhaut, ein papillenartiges Relief, zwischen welchen sich tiefe, von Pflasterzellen ausgefüllte Thäler befinden.

Fall 21. Kleiner Gallertpolyp. Stroma stark serös infiltrirt. Drüsen nur in geringer Anzahl an der Basis vorhanden. Rundzelleninfiltration mässig.

Fall 22. Dasselbe.

Fall 23. Dasselbe, nur das Epithel macht eine Ausnahme und gleicht dem des Falles 18. Es ist stellenweise sehr hoch und vielfach gefaltet.

Fall 24—28. Dasselbe. Stroma wie bei der serösen Entzündung der Highmorshöhle. Drüsen in grosser Anzahl vorhanden und an vielen Stellen cystös, Rundzelleninfiltration. In einem dieser Fälle ist das Oberflächenepithel stellenweise enorm verdickt und verhält sich genau so wie das des Falles 18.

Fall 29—31. Dasselbe, nur sind Drüsen in geringer Menge vorhanden, auf vereinzelte Acini beschränkt oder blos an der Polypenbasis vorkommend. Rundzelleninfiltration ziemlich stark, in einem Falle inselweise um die feinen Gefässe angeordnet.

Fall 32—34. Dasselbe, aber keine Drüsen; Rundzelleninfiltration vorhanden. Becherzellen besonders lang (Taf. 9, Fig. 4).

Fall 35—36. Stroma mehr oder minder ödematös, viele Drüsen, Rundzelleninfiltration. In einem Falle Drüsenneubildung wahrscheinlich.

Fall 37—38. Stroma ödematös, wenige Drüsen, Rundzelleninfiltration.

Fall 39—40. Stroma normal, viele Drüsen, Rundzelleninfiltration.

Fall 41. Stroma normal, wenig Drüsen, Rundzelleninfiltration.

Fall 42—43. Stroma normal, keine Drüsen.

Fall 44—45. Stroma ödematös, keine Drüsen, Rundzelleninfiltration; in einem Falle Rundzelleninfiltration follikelartig, Epithel vielschichtig und dem des Falles 18 gleichend.

## Resumé.

Stroma: Nach Hopmann[1]) besteht die eigentliche Masse des Polypen aus einem Flechtwerk von areolärem Bindegewebe, in welchem Drüsenneubildungen zu den allergrössten Seltenheiten gehören und die Drüsenbestandtheile eine untergeordnete Rolle spielen. Von den gröberen Bindegewebsbalken zweigen sich immer feinere ab, welche sich schliesslich in ein ganz feines Reticulum auflösen, in dessen Maschen spärlicher oder dichter Rundzellen und Albuminserum, bald die einen, bald das andere überwiegend sich befinden. „Es ist anzunehmen, dass der Serumgehalt mit Stauungsvorgängen in den Capillaren zusammenhängt, sei es durch schwächere Entwickelung der abführenden Gefässe, sei es durch anderweitige Erschwerung des venösen Rückflusses . . . . . . Das frisch gewonnene Serum der gelatinösen Nasenpolypen erstarrt beim Kochen wie Hühnereiweiss." Meine eigenen Erfahrungen stimmen mit denen Hopmanns überein, nur möchte ich bemerken, dass die areolirte Beschaffenheit des Gewebes blos an den mit Serum durch-

---

[1]) Ueber Nasenpolypen, Monatsschr. f. Ohrenheilk. 1885. Ferner der Artikel: Was ist man berechtigt, Nasenpolyp zu nennen. ibid. 1887.

tränkten Polypen deutlich sichtbar ist (Taf. 8, Fig. 1 u. 2) und dieselbe Gattung von Polypen ohne seröse Durchtränkung angetroffen wird. In diesem Falle tritt der areolirte Bau auch mehr zurück. (Taf. 8, Fig. 3.) An der Peripherie der Geschwulst ist die Ausweitung der Gewebsspalten gewöhnlich nicht so bedeutend wie im Centrum, wo häufig ganz colossale Spalten angetroffen werden. Es kommt auch vor, dass die subepitheliale Schichte ihrer ganzen Dicke nach dieselbe Umwandlung erfährt, in welchem Falle das Lückenwerk bis an das Oberflächenepithel heranreicht. Bei allzu grosser Spannung reissen stellenweise die Faserstränge ein, und mehrere Maschen confluiren zu grossen Cavitäten.

Den Inhalt der ausgeweiteten Lücken bildet eine albuminhältige Flüssigkeit, die in den für mikroskopische Zwecke hergerichteten Präparaten eine feinkörnige Masse darstellt. Der Albumingehalt des Infiltrates bringt es mit sich, dass die Gallertpolypen in Alkohol gelegt sofort ihre Farbe und Consistenz wechseln. Unter den 29 Polypen der angeführten Reihe habe ich die seröse Infiltration in 23 Fällen vorgefunden. Wenn O. Chiari[1]) dichteres Bindegewebe in der Gegend des Stieles findet, eine Erscheinung, die nur an operirten Polypen beobachtet wird, so darf man dies nicht auf eine eigenthümliche Structur, sondern auf die Zusammenschnürung der Basis durch die Operation beziehen. Die seröse Durchtränkung spielt eine grosse Rolle bei jenen Polypen, die am Processus uncinatus, an der Bulla ethmoidalis und an den kantigen Vorsprüngen der Siebbeinmuscheln und der oberen Nasengänge ihren Ursprung nehmen, während die Polypen am wulstigen Rande der mittleren Nasenmuschel und am Agger nasi dergleichen nicht zur Schau tragen. Diese Erscheinung ist offenbar abhängig von der anatomischen Beschaffenheit der Localität, an welcher sich der Polyp entwickelt. Am Rande der mittleren Muschel ist die Schleimhaut derb, cavernös, drüsenreich und viel fester gefügt als die zarte und drüsenarme Schleimhaut der vorspringenden Leisten. Aus diesem Grunde wird hier die seröse Infiltration der Gewebsspalten viel leichter zu Stande kommen. Hopmann[2]) und auch Chiari[3]) nehmen nun an, dass die Füllung der ausgeweiteten Gewebsareolen mit Serum auf nicht entzündlicher Stauung beruht. Ich bin anderer Anschauung.

---

[1]) Erfahrung. a. d. Gebiete d. Hals- und Nasenkrankh. Leipzig und Wien 1887.

Suchen wir nach einer Analogie dieser Bildung, so finden wir dieselbe in der Schleimhaut der Kieferhöhle bei der secretorischen Form der Entzündung. Das Stromaverhalten und die Beschaffenheit des Exsudates stimmen frappant überein, und es ist gar nicht daran zu zweifeln, dass beide Processe identisch sind. Es handelt sich in beiden um eine chronische Entzündung mit interstitiellem Exsudate und starker Dehnung des Faserwerkes. Die Polypen sind demnach entzündliche Producte, entzündliche Hypertrophien der Schleimhaut. Bei der Vergrösserung der Gallertpolypen spielt also neben der Gewebszunahme und der Gefässdilatation auch die interstitielle Ansammlung des Exsudates eine grosse Rolle, und ich stimme Hopmann bei, wenn er sagt, dass man die Schleimpolypen durch Druck ihres serösen Inhaltes entleeren kann, so dass nur ein formloser Hautfetzen übrig bleibt.

Rundzelleninfiltration: Für den entzündlichen Charakter der Polypen spricht neben der interstitiellen Exsudation auch noch die Infiltration der Geschwulst mit Rundzellen (Taf. 8, Fig. 1 u. 2), welch letztere sich in den meisten Fällen in grossen Mengen vorfinden, und zwar in der subepithelialen Schichte, in den Fassträngen, um die Gefässe und um die Drüsen herum, aber auch frei im Exsudate selbst. Einzelne Autoren glauben, dass die Rundzelleneinlagerung sich erst nachträglich einstelle und es wird wohl richtig sein anzunehmen, dass der Reiz, den die stetige Friction eines Polypen an den Seitenwänden der Nasenhöhle erzeugt, die Entzündung steigert, aber es liegt kein Grund vor, die Rundzelleninfiltration als secundäres Entzündungsproduct aufzufassen, zumal diese Zellen schon bei ganz kleinen Polypen angetroffen werden.

Drüsen: Drüsen kommen ausserordentlich häufig in Gallertpolypen vor, sie fehlten in 44 Fällen blos zehnmal und sind in den seltensten Fällen neugebildet. Gewöhnlich handelt es sich um die Drüsen der hypertrophirten Schleimhaut, die durch das interstitielle Gewebswachsthum auseinander geworfen wurden, wofür schon der Umstand spricht, dass sie an der Basis, wo die Polypen in das normale Schleimhautgewebe übergehen, dichtere Conglomerate bilden. Stösst man auf Schnitte, die drüsenlos sind (Taf. 8, Fig. 1), so wird es nothwendig, den ganzen Polypen zu schneiden und zu untersuchen, denn es ist mir unter drei Fällen von anscheinend drüsenlosen Polypen einmal passirt, dass ich doch Schnitte fand, die Drüsen enthielten.

Ihre Vertheilung ist nicht in allen Fällen die gleiche; die Drüsen beschränken sich auf die Basis, die obere Hälfte, das obere Drittel der Geschwulst u. s. w., oder sie vertheilen sich gleichmässig über die ganze Schnittfläche. Aus diesem Grunde hat die Beurtheilung von in vivo abgetragenen Polypen hinsichtlich des Drüsengehaltes keine sichere Grundlage, denn es bleibt doch stets ein Stück des Polypen in der Nasenhöhle zurück, und ob dieses Stück Drüsen enthält oder nicht, bleibt unbestimmt. Der Umstand, dass die Gallertpolypen in einem gewissen Procentsatze drüsenlos sind, hängt offenbar von der Stelle ab, an welcher die Geschwülste entspringen.

Cystenbildung an den Drüsen der Polypen ist ein ganz gewöhnlicher Befund (Taf. 8, Fig. 1 u. 3), und solche Cysten treten selbst schon in ganz kleinen Polypen auf. Zuweilen degeneriren die Drüsen in grossen Massen, so dass förmliche Cystengeschwülste entstehen (Taf. 8, Fig. 4). Ich muss demnach hinsichtlich des Verhaltens der Drüsen Hopmann widersprechen, nach welchem Autor sie in den Gallertpolypen nur eine untergeordnete Rolle spielen sollen; denn es sind im Gegentheile in einzelnen Fällen die Drüsen so zahlreich, dass man füglich drüsenhältige und drüsenlose Gallertpolypen unterscheiden könnte.

Oberflächenepithel: Das Oberflächenepithel bietet ein verschiedenes Aussehen dar und zwar nicht nur an verschiedenen Polypen, sondern auch an verschiedenen Punkten eines und desselben Polypen. Die Flimmerepithelien verhalten sich häufig ziemlich normal und zeigen nur eine reichliche Einlagerung von Rundzellen. Häufig sind aber die Becherzellen besonders verlängert, und deren freie Theile können zu einem grossen flachen Schleimkörper confluiren.

Am interessantesten ist die Substitution der Cylinderzellen durch ein vielschichtiges Pflasterepithel, welches zuweilen in Form von Zapfen in das Stroma hineinwächst und dessen papilläre Beschaffenheit verursacht. Es liegt hier eine Bildung vor, wie sie für die Entwickelung der als harte Papillome bezeichneten Geschwülste typisch ist. Die Umbildung des der Nasenschleimhaut eigenthümlichen Epithellagers in Plattenepithel ist bei Rhinitis atrophicans (Ozaena) von Schuchardt[1]) festgestellt und von Seifert[2]) als Charakteristicum dieses pathologischen Processes hingestellt worden. An Papillomen ist die Epithelmetaplasie wiederholt beobachtet worden, in jüngster Zeit

---

[1]) Ueber das Wesen der Ozaena. Volkmann'sche Samml. klin. Vorträge, Nr. 340.

[2]) Archiv f. Chirurg. 1889.

wieder von M. Kahn¹), und Chiari²) hat Aehnliches in zwei Fällen von Polypenbildung beobachtet. Es fand sich geschichtetes Plattenepithel, in welches einzelne dünne Papillen eindrangen. Der erste, der die Umwandlung des Flimmerepithel der Nasenschleimhaut in Plattenepithel nachwies, war Th. Billroth³). Er beobachtete an einem jungen Manne, welchem durch Noma die Oberlippe und das Septum zerstört waren, dass die freiliegende Schleimhaut des Septum und der beiden unteren Muscheln nicht mehr das sammtartige Aussehen der normalen Schleimhaut, sondern eine glänzende, glatte Oberfläche wie die Mundschleimhaut darbot. Ein Stück der von der Oberfläche abgeschabten Schleimhaut zeigte unter dem Mikroskope theils plättchenartige, theils sogenannte Uebergangsepithelien, die keine Flimmer trugen; sie waren jedoch nicht so gross wie die Plattenepithelien der Mundschleimhaut, sondern erreichten ungefähr die Hälfte des Durchmessers jener Zellen. Am hinteren Theile des Septum und der unteren Muschel fanden sich die gewöhnlichen cylindrischen Flimmerepithelien.

Pigment: Pigmentbildung habe ich in zwei Fällen beobachtet; es handelte sich um eine ziemlich intensive, hämatogene Pigmentirung, die an den xanthotischen Process der Nasenschleimhaut erinnerte.

Form der Polypen: Die Form der Polypen hängt von der Beschaffenheit ihrer Ursprungsstelle und von der Weite der Nasengänge ab, in welche sie hineinwachsen. Da die Gallertpolypen sehr häufig an den Leisten des Siebbeines entspringen, so besitzen sie nicht selten eine lange lineare Basis. Bei weiterem Wachsthume accommodiren sich die Polypen der Form des Nasenspaltes (Riechspalt, mittlerer Nasengang). Die Geschwülste sind flachgedrückt, wenn die Localität enge ist. Gelangen die Polypen bei stärkerem Wachsthume in geräumigere Antheile des Respirationsspaltes, dann können sie sich auch im Dickendurchmesser besser entwickeln.

Ich stimme mit W. Moldenhauer⁴) überein, wenn er sagt, dass bei grösserem Wachsthume die Polypen meist nach den gegebenen Raumverhältnissen wachsen, aber ich kann ihm in dem Ausspruche nicht folgen, dass kleine Polypen meist eine rundliche Gestalt besitzen und erst im späteren Wachsthume langgezogen, birnförmig,

---

¹) Wien. klin. Wochenschr. 1890, Nr. 49.
²) l. c.
³) Metamorphose des Epithel der freigelegten Nasenschleimhaut. Deutsche Klinik, herausg. v. A. Göschen, Berlin 1855.
⁴) Die Krankheiten der Nasenhöhle etc. Leipzig 1886.

oval oder plattgedrückt werden. Die kleinsten, ganz zarten Polypen sind schon plattgedrückt, hahnenkammartig gebildet, und ich habe solche Formen bereits im I. Bande abgebildet.

**Einfluss der Polypen auf die Skelettheile der Nase.**

Die Polypen veranlassen an ihrer Basis und in ihrer Nachbarschaft Veränderungen, die meist unbeachtet bleiben. Zu diesen Veränderungen gehören:

a) Verlängerung der Knochen, an denen die Polypen festsitzen.

b) Die Erweiterung beziehungsweise Verengerung des Hiatus semilunaris.

c) Die Erweiterung der Ostia ethmoidalia.

d) Die Verwachsung der Geschwulst mit der Nasenwand, wie dies in einem Falle von Cystenpolypen zu beobachten war.

Setzt sich ein Polyp an einem kantigen Knochenvorsprunge der Nasenwand fest, etwa am Processus uncinatus, am Rande der mittleren Nasenmuschel oder auch an plumpen Vorsprüngen wie die Bulla ethmoidalis, so ereignet es sich im Laufe der Zeit, dass die betreffende Knochenkante in der Richtung der Geschwulst auswächst und sich beträchtlich verlängert (bis zu 1·5 cm). Man findet diesfalls in der Wurzel des Polypen ein Knochenstück steckend, welches sich aber zumeist nicht mehr normal verhält. Das Knochengewebe wird nämlich weich, biegsam und schneidbar, so dass für die mikroskopische Untersuchung die Entkalkung des Objectes überflüssig geworden ist. Die Grundsubstanz des Knochenstückes ist faserig oder fein granulirt. Knochenzellen sind spärlich vorhanden oder fehlen ganz.

Entspringt ein grösserer Polyp am Processus uncinatus und wächst dieser Fortsatz in der bezeichneten Weise aus, so führt dies fast stets zu einer Erweiterung des Hiatus semilunaris und zur Blosslegung des Infundibulum (siehe Bd. I, Taf. 7, Fig. 30 und Bd. 2, Taf. 7, Fig. 7). Hat dagegen der Polyp seinen Sitz an der Bulla ethmoidalis, dann wird der Hiatus enger, da sich die Bulla nach unten verlängert. Bei Polypen am Operculum der mittleren Nasenmuschel sieht man diesen Muscheltheil zu einer langen Zacke sich verlängern, wie dies in dem auf Taf. 22, Fig. 5 abgebildeten Präparate der Fall war. Inserirt ein Polyp am unteren Rande eines Ostium ethmoidale, so erweitert sich dieses in ähnlicher Weise wie unter gleichen Bedingungen der Hiatus semilunaris; durch Polypen an blasigen Vorsprüngen des Siebbeines werden die Siebbeinspalten verlegt, falls sich die Vorsprünge in der Nähe der Spalten etablirt haben.

## Warzige und polypöse Hypertrophie der Nasenschleimhaut. Papillom.

Diese Formen von Hypertrophie und Geschwulstbildung können mit Ausnahme der Riechschleimhaut an jeder beliebigen Stelle der Schneider'schen Membran auftreten. Sehr häufig begegnet man polypösen Hypertrophien am Rande der mittleren Nasenmuschel, an der äusseren Wand des mittleren Nasenganges, noch häufiger aber am hinteren Ende der unteren Nasenmuschel, welches geradezu als Lieblingssitz solcher Wucherungen angesehen werden darf. Ich habe mich in ähnlicher Weise auch schon im I. Bande ausgesprochen, und es beruht demnach auf einem Missverständnisse, wenn Voltolini[1]) die Behauptung aufstellt, ich hätte die polypöse Hypertrophie an der unteren Nasenmuschel für ein seltenes Vorkommen ausgegeben. Dies habe ich nur bezüglich der mittleren Nasenmuschel behauptet, an deren hinterem Ende grössere polypöse Geschwülste (wenigstens nach den anatomischen Befunden zu urtheilen) allerdings viel seltener sind als an der unteren Muschel. Als erstes Stadium der polypösen Hypertrophie mit papillärer Oberfläche sehe ich die häufig im Gefolge von Rhinitis auftretende warzige Hypertrophie der Nasenschleimhaut an. Dies geht allein schon aus dem Umstande hervor, dass alle möglichen Grade dieses Zustandes vorkommen und der Uebergang der einfachen warzigen in die papilläre Form der polypösen Hypertrophie, beziehungsweise in das Papillom so allmälig erfolgt, dass es ganz und gar unmöglich ist die Grenze anzugeben, wo die Hypertrophie aufhört und das Papillom beginnt. Auch der Bau ist bei beiden der gleiche, so dass kein Grund vorliegt, eine besondere Gruppirung zu treffen. Ich beginne demnach die einschlägige Casuistik mit einem Falle von warziger Hypertrophie der Nasenschleimhaut.

### Fall 1. Warzige Hypertrophie der Nasenschleimhaut.
(Taf. 9, Fig. 5.)

Der Ueberzug der unteren Muschel ist seiner ganzen Ausdehnung nach verdickt und von warziger Beschaffenheit. Die Hypertrophie setzt sich auch auf die äussere Nasenwand fort und reicht bis an den Nasenrücken empor. Mikroskopisch untersucht zeigt sich, dass die Drüsen an der Hypertrophie nicht betheiligt sind. Die Hypertrophie

---

[1]) l. c.

trifft ausschliesslich das bindegewebige Stroma und am stärksten die subepitheliale Schichte der Schleimhaut, die wesentlich verdickt und zu zahlreichen Fortsätzen ausgewachsen ist (Taf. 9, Fig. 6). Das hypertrophische Gewebe ist feinfascrig, gefässreich, hier und da reichlich mit Rundzellen infiltrirt und die cystisch erweiterten Drüsenausführungsgänge ausgenommen, denen sich stellenweise einzelne gleichfalls ausgeweitete Drüsenfollikel anschliessen, drüsenlos. Interessant ist es, dass mitten zwischen den Erhabenheiten glatte Stellen vorkommen, wo die Schleimhaut nur wenig verändert ist.

Schleimhaut der Kieferhöhle: Die Schleimhaut der Kieferhöhle ist ein wenig verdickt und fibrös entartet. An einer Stelle haben sich periostale Knochenschüppchen gebildet.

### Fall 2. Feinpapilläre Hypertrophie der Nasenschleimhaut combinirt mit Polypenbildung.

Schleimhaut der unteren Muschel mit feinen Runzeln versehen und am hinteren Muschelende zu einem kleinen Papillome ausgewachsen. Schleimhaut des mittleren Nasenganges verdickt und mit zahlreichen lappigen Auswüchsen besetzt. Aehnliches findet sich an der Aussenfläche der mittleren Muschel und an der Bulla ethmoidalis bis an den Sinus frontalis empor. Am Processus uncinatus hängt ein kurzer Gallertpolyp, der rückwärts direct in die hypertrophische Schleimhaut des mittleren Nasenganges übergeht.

### Fall 3. Grosse, glatte, polypöse Wucherung am hinteren Ende der unteren Muschel.

Von zottigen und papillären Fortsätzen ist an diesem Tumor keine Spur. Das bindegewebige Stroma ist verdickt, insbesonders die subepitheliale Schichte, etwas gelockert und leicht ödematös. Drüsen haben sich an der Gewebszunahme nicht betheiligt. Die Gefässe sowie das Schwellgewebe sind enorm erweitert. In einem zweiten, hierher gehörigen Falle, der ähnliche Verhältnisse darbot, enthielt die subepitheliale Schichte eine grosse Menge von Rundzellen und das Oberflächenepithel eine grosse Menge von Becherzellen.

### Fall 4. Papillom am hinteren Ende der unteren Nasenmuschel.

Die Oberfläche der Geschwulst ist mit langen finger- und pilzförmigen Fortsätzen versehen.

Die subepitheliale Schichte der Schleimhaut ist ganz colossal verdickt und mit Rundzellen infiltrirt. Stellenweise hat diese Infiltration einen so hohen Grad erreicht, dass sie das Stroma deckt. In den tieferen Schleimhautschichten findet sich keine zellige Einlagerung. Oberflächlich ist die subepitheliale Schleimhautpartie zu den bezeichneten Verlängerungen ausgewachsen. Viele derselben sitzen auf einem ganz dünnen Stiele und sind ihrerseits wieder verzweigt. Es ist begreiflich, dass die papillären Auswüchse ihrem Ursprunge nach denselben Bau wie ihr Mutterboden, die subepitheliale Schleimhautschichte, zeigen. Es findet sich in denselben ein feinfaseriges Stroma, welches Rundzellen, aber niemals Drüsen enthält.

Drüsen: Drüsenhaufen sind nicht reichlich vorhanden und stecken zumeist in den Balken des Schwellgewebes. Die verdickte subepitheliale Schichte ist fast drüsenlos, nur hier und da stösst man auf einzelne im Anschlusse an einen Ausführungsgang befindliche Acini.

Gefässe: Die Gefässe sind enorm dilatirt, die subepitheliale Schichte erscheint aus diesem Grunde am Querschnitte wie durchlöchert, und jeder dieser Gefässdurchschnitte ist von einem dichten Rundzellenhofe umgeben. Auch das Schwellgewebe ist sammt den in dasselbe einmündenden oberflächlichen Venen stark ausgeweitet, daher man an einzelnen Stellen das Schwellgewebe bis an die Stiele der zottenförmigen Auswüchse verlängert sieht.

Ich habe im Ganzen gegen 20 solcher Papillome mikroskopisch untersucht, darunter 10 in vivo operirte Fälle, und alle zeigten eine grosse Aehnlichkeit des Baues. Das Oberflächenepithel war aus Cylinder- und Becherzellen zusammengesetzt. In keinem Falle fand sich die für harte Papillome charakteristische Epithelwucherung, sondern es waren durchwegs weiche Papillome mit vorwiegender Hypertrophie des Gewebsstroma und speciell der subepithelialen Schleimhautschichte. Rundzelleninfiltration ist gewöhnlich vorhanden, zuweilen äusserst intensiv und zur Follikelbildung hinneigend. Drüsen waren bald in geringerer, bald in grösserer Menge vorhanden, doch handelte es sich wohl nur um die der Schleimhaut eigenen und nicht um neugebildete Drüsen.

Fall 5. **Hypertrophie an beiden Enden der unteren Muschel.**
(Taf. 9, Fig. 7.)

Es findet sich am hinteren Muschelende eine feinwarzige, am vorderen Ende eine glatte, polypöse Hypertrophie, während zwischen beiden die Muschelschleimhaut einfach hypertrophirt ist.

Die hintere Geschwulst liegt am Gaumensegel, die vordere ragt in das Vestibulum nasi hinein.

Fall 6. **Papilläre Degeneration an beiden unteren Nasenmuscheln.** (Taf. 10, Fig. 2.)

Ich beginne mit der Beschreibung der rechten Hälfte, wo die Veränderungen nicht jenen Grad erreicht haben, den wir auf der Gegenseite beobachten. Rechts: Die Nasenschleimhaut verdickt, insbesondere an der unteren und am Rande der mittleren Nasenmuschel. Die Schleimhaut der ersteren ist an der convexen Fläche und am freien Rande mit einer grossen Menge von theils zottigen, theils gelappten Auswüchsen versehen, die vorne bis ins Vestibulum nasi prolabiren, am hinteren Muschelende einen über 1 cm. langen Tumor bilden und am Muschelrand in solcher Anzahl auftreten, dass der untere Nasengang von ihnen ziemlich ausgefüllt wird. Die einzelnen Zapfen der Schleimhaut stehen theils in regelmässigen Abständen, theils in Gruppen bei einander. Stellenweise entspringen mehrere derselben aus einer gemeinsamen Basis.

Auch das vordere Ende der unteren Muschel ist zu einer grossen, hauptsächlich gegen den Nasenboden herabgewachsenen, mehrfach gelappten Geschwulst entwickelt. Am Anheftungsrande begrenzt sich die eben beschriebene Schleimhautgeschwulst durch eine warzige Wucherung.

Septum beiderseits im hinteren Bereiche mit leistenartigen Hypertrophien besetzt, ähnlich den auf Taf. 11, Fig. 2 abgebildeten.

Kieferhöhle: Ihre Schleimhaut etwas verdickt und mit discreten hirsekorn- bis linsengrossen Cysten versehen.

Keilbeinhöhle: Schleimhaut zart, mit zwei bohnengrossen Cysten besetzt.

Rachenschleimhaut hypertrophisch.

Linke Hälfte: Auf dieser Seite sind die Verhältnisse durch das Auftreten einer Septumleiste ein wenig complicirter.

Nasenschleimhaut hypertrophisch, desgleichen die Rachenschleimhaut.

Mittlere Muschel: Diese Muschel ist plump, weil die Schleimhaut am Rande derselben eine starke Verdickung zeigt. Ihr hinteres Ende als linsengrosse Geschwulst vortretend, die durch eine an dieser Stelle befindliche Cyste veranlasst wurde.

Bulla ethmoidalis, sehr gross, weit in den mittleren Nasengang vorragend und von einem hahnenkammartigen Polypen umsäumt.

Hiatus semilunaris in Folge der grossen Dimension der Bulla zu einem feinen Spalt verengt.

**Untere Nasenmuschel.** Die Schleimhaut dieser Muschel ist nur am Rande hypertrophisch und papillär, an der convexen Muschelfläche dagegen ganz glatt und mit einer dem Längendurchmesser der Muschel folgenden breiten Rinne versehen, deren Schleimhautauskleidung atrophisch ist (pag. 17 und Taf. 1, Fig. 4). Diese Rinne repräsentirt eine Druckmarke, veranlasst durch eine breite Crista lateralis der Nasenscheidewand. Die hypertrophische Randpartie der Muschelschleimhaut zeigt folgendes Aussehen. Die Schleimhaut ist an dieser Stelle verdickt und mit zwei distant gestellten Papillomen besetzt, von welchen jedes aus einer Menge von theils troddelartigen, theils lappigen Schleimhautfortsätzen besteht. Der Abstand dieser beiden Geschwülste von einander beträgt gegen 10 mm. und die Schleimhaut zwischen den Papillomen wird von einer plumpen Leiste gebildet. Die hintere Geschwulst ist die grössere und auf breiter Basis aufsitzend, während der vorne gelegene Tumor aus einer schmalen Basis herauswächst und sich wieder in einen medialen und lateralen grösseren Lappen gliedert, überhaupt eine reichlichere Lappung zeigt.

Dass es auf der convexen Seite der unteren Muschel nicht zur Bildung einer polypösen Hypertrophie kam, ist offenbar dem Drucke zuzuschreiben, den die breite Seitenleiste der Nasenscheidewand auf dieses Organ ausgeübt hat. Muschel und Leiste berührten sich mit breiten Flächen, denen entsprechend die Schleimhaut atrophisch ist. Der Umstand, dass nur am Rande der Muschel und nicht auch an den beiden Muschelenden, die gleichfalls vom Drucke frei waren, polypöse Hypertrophien auftreten, lässt sich möglicherweise aus den in Folge des Druckes hervorgerufenen Circulationsstörungen erklären.

Stellt man den auf Taf. 10, Fig. 46, des I. Bandes abgebildeten Fall neben den eben beschriebenen, so erhält man ein scharfes Bild von den Papillomen der unteren Nasenmuschel und von dem Uebergange der einen Form in die andere.

Kieferhöhle: Schleimhaut stark verdickt.

### Fall 7. Polypöse Hypertrophie am hinteren Ende der mittleren Nasenmuschel.

Die Schleimhaut am hinteren Ende der unteren Muschel ist zu einem Papillom ausgewachsen; am hinteren Ende der mittleren Nasenmuschel verlängert sich die Mucosa zu einer 1·5 cm. langen Geschwulst mit glatter Oberfläche, die bis gegen das Ostium pharyngeum tubae nach hinten reicht. Ihr Bau stimmt mit dem der Hypertrophien am hinteren Ende der unteren Muschel überein.

### Fall 8. Polypöse Hypertrophie am Rande der mittleren Nasenmuschel.

Ich erwähne bei dieser Hypertrophie gleich beide Formen, die sie darbietet. Ihre Oberfläche ist nämlich glatt oder bald fein-, bald grobpapillär wie am wahren Papillom; das bindegewebige Stroma, insbesondere die subepitheliale Schichte zeigt sich wesentlich verdickt, mehr oder minder mit Rundzellen infiltrirt, zuweilen so stark, dass die Schleimhaut fast den Charakter von Granulationsgewebe angenommen hat.

Drüsen sind in grosser Menge vorhanden und vielfach cystös degenerirt.

Gefässe stark erweitert.

Die polypösen Wucherungen der mittleren Muschel verlängern sich häufig zu grossen polypenähnlichen Geschwülsten.

### Fall 9. Hypertrophie an der äusseren Wand des mittleren Nasenganges.

Es findet sich unterhalb des Hiatus semilunaris eine halbkugelförmige Erhabenheit, deren Structur mit der des vorigen Falles übereinstimmt.

### Fall 10. Hypertrophische Geschwulst des mittleren Nasenganges an und unter dem Agger nasi.

Freihängende Geschwulst am Agger nasi, deren Oberfläche stellenweise zu langen Papillen ausgewachsen ist. Bindegewebsstroma der Hypertrophie wesentlich verdickt, insbesonders die subepitheliale Schichte. Rundzelleninfiltration stellenweise sehr dicht, Stromalücken erweitert und Exsudat enthaltend. Die Drüsen reichen bis an das untere Drittel der Geschwulst herab; Cystenbildung in reichlichem Maasse vorhanden. Stellenweise sieht man durch die cystöse Degeneration der Ausführungsgänge und ihre Confluenz mit cystisch entarteten Drüsenfollikeln lange Papillen entstehen. Die Schleimhaut acquirirt auf diese Weise tiefe Einschnitte, und es gelangt das Epithel der tiefer gelegenen Drüsenacini an die Oberfläche.

### Resumé.

Die polypösen Hypertrophien sind am häufigsten an der unteren Muschel, speciell am hinteren Ende dieses Organes, sie bilden glatte, leicht gerunzelte, fein papilläre oder dickwarzige und langzottige Tumoren. Gewöhnlich ist, wie schon bemerkt, nur der Ueberzug am hinteren Muschelende geschwulstartig verlängert; es kommt aber auch vor, dass sich die Hypertrophie zunächst am freien Muschelrande nach vorne zieht oder immer mehr und mehr Schleimhaut der convexen Muschelfläche in ihren Bereich einbezieht, bis endlich die Muschelschleimhaut ihrer ganzen Ausdehnung nach in der bezeichneten Weise degenerirt.

Zuweilen ist neben der Geschwulst am hinteren Muschelende auch die Schleimhaut am vorderen Muschelende geschwulstartig entfaltet, jedoch sind diese Fälle gerade nicht häufig. In den Fällen, wo beide Muschelenden in der geschilderten Weise verändert sind, ist der zwischen den beiden Geschwülsten befindliche Antheil der Muschelschleimhaut niemals normal, sondern gleichfalls hypertrophisch, so dass es sich eigentlich um eine allgemeine Hypertrophie mit geschwulstartiger Verlängerung am vorderen und hinteren Ende handelt. Ich hebe dies besonders hervor, weil die Meinung verbreitet zu sein scheint, dass isolirte Hypertrophien am vorderen Muschelende vorkommen. Sollte dies der Fall sein, so handelt es sich sicherlich um eine seltene Anomalie. Ich habe Aehnliches bislang nicht beobachtet.

Die polypösen Hypertrophien am hinteren Rande der mittleren Nasenmuschel verhalten sich den analogen Tumoren der unteren Muschel ganz ähnlich. Die an der Aussenwand und am Rande der mittleren Muschel auftretenden Hypertrophien sind zumeist glatt, sie erlangen zuweilen eine feinpapilläre Oberfläche, entwickeln sich aber nach meinen bisherigen Erfahrungen nur ausnahmsweise zu wahren Papillomen.

## Histologie der warzigen und der polypösen Hypertrophie und der Papillome.

Fasst man die mikroskopischen Befunde zusammen, so ergibt sich: für die warzige Hypertrophie als Hauptbestandtheil ein feinfaseriges Bindegewebe, welches hauptsächlich aus der Verdickung der oberflächlichen Schleimhautschichte hervorgeht. Rundzelleninfiltration ist gewöhnlich vorhanden. Die Drüsen spielen bei dem Processe insoferne keine hervorragende Rolle, als Drüsenneubildungen selten sind, es sich demnach in den meisten Fällen um die bereits vor der Hypertrophie vorhanden gewesenen Drüsen handeln dürfte. An der Aussenwand der Nasenhöhle degeneriren die Drüsen vielfach cystös.

**Papillom und polypöse Hypertrophie.** (Taf. 10, Fig. 3 u. 4.)

Diese Formen basiren gleichfalls in erster Reihe auf einer Hypertrophie des subepithelialen Bindegewebes. Die Drüsen und Rundzelleninfiltration verhalten sich wie bei der einfachen Hypertrophie. Die Gefässdilatation ist zuweilen ganz enorm entfaltet, das cavernöse Gewebe weitet sich stark aus, und indem das Gleiche auch an den oberflächlichen Venen und an den Capillaren stattfindet, scheint das cavernöse Gewebe weit gegen die Oberfläche vorgeschoben zu sein. Solche gefässreiche Tumoren entwickeln sich häufig an den mit Schwellgewebe versehenen Schleimhautpartien, mit Vorliebe an dem hinteren Ende der unteren Muschel. Schäffer[1]) hat ähnliche Geschwülste, die er als teleangiektatische Tumoren bezeichnet, zuweilen selbst bilateral an den vorderen Muschelenden beobachtet, doch handelt es sich bei ihnen offenbar auch nur um Ektasien des Schwellgewebes.

Von der glatten polypösen Hypertrophie unterscheidet sich das Papillom durch seine tief greifende Oberflächenkerbung, sonst stimmen beide Formen hinsichtlich der Structur überein. Oberflächenepithel, Stroma, Drüsen und Gefässe verhalten sich bei beiden ganz ähnlich. An der Entwickelung der papillären Auswüchse betheiligt sich das Bindegewebsgerüste gewöhnlich activ, d. h. die subepitheliale Schichte wächst zu langen Fortsätzen aus. Ich habe aber auch gesehen, dass die Drüsenentartung der hypertrophischen Schleimhaut die Tiefenentwickelung der interpapillären Einschnitte wesentlich fördert. Der Vorgang ist dabei folgender: Die Hauptausführungsgänge der Drüsen erweitern sich, desgleichen die ihnen sich anschliessenden Acini, die untereinander und mit dem Ausführungsgange zu tiefen Buchten confluiren und nun selbst zu Einschnitten zwischen den Papillen geworden sind. In keinem der bisher untersuchten Fälle hatte sich das Oberflächenepithel an der Bildung der Papillen betheiligt. Sämmtliche Fälle waren bindegewebsreiche, aber epithelarme, nach der von Hopmann auch für die Nasenpolypen eingeführten Nomenclatur **weiche Papillome**.

---

[1]) l. c.

Es treten in der Nasenhöhle auch epithelreiche und bindegewebsarme, sogenannte **harte** Papillome auf; sie scheinen jedoch seltener zu sein. Hopmann hat unter 15 Papillomen nur **ein** hartes gefunden. In jüngster Zeit hat M. Kahn[1]) ein hartes Papillom der mittleren Nasenmuschel operirt und mikroskopisch untersucht. Nach diesem Resultate ist wohl klar, dass die Mehrzahl der Papillome an der unteren Muschel sich nur durch die Oberflächenbeschaffenheit von der **glatten**, polypösen Hypertrophie am hinteren Ende der Concha inferior unterscheidet. Die Structur ist die gleiche, demnach liegt gar kein Grund zu einer Specialgruppirung vor. Ich stehe hinsichtlich der Entwickelung der Papillome im Gegensatze zu Hopmann, der das Papillom als eine mehr selbstständige Neubildung auffasst und dem Epithel der äusseren Bedeckung, welches durch seine Sprossen- und Schlauchbildung in die Unterlage hinein die papilläre Form erzeugen soll, eine wichtige Rolle zuschreibt. Die papilläre Beschaffenheit muss übrigens nicht erst erzeugt werden, da namentlich an der unteren Muschel die Oberfläche der Schleimhaut kleine Leisten und Wärzchen besitzt, die besonders am hinteren Muschelende gut entwickelt sind.

**Die polypösen Wucherungen am Rande der mittleren Muschel und im mittleren Nasengange** bilden glatte oder kleinwarzige Geschwülste. Classische Papillombildung habe ich an diesen Stellen bisher nur in einem Falle am Rande der mittleren Muschel beobachtet (Taf. 10, Fig. 3 u. 5). Dagegen kommen Uebergangsformen häufig vor. Die polypösen Geschwülste der mittleren Muschel zeichnen sich durch ihren Drüsenreichthum und die häufig vorkommende cystöse Degeneration der Acini aus. Das hypertrophirte Stroma selbst unterscheidet sich nicht von dem bei der Hypertrophie an der unteren Muschel.

Die **Form** der polypösen Hypertrophien und der **Papillome** ist von der **Form des Raumes** abhängig, in welchem sie sich entwickeln. Die Geschwülste am hinteren Ende der unteren Muschel beispielsweise sind, da die Schleimhaut ihrem ganzen Umfange nach auswächst, von vorne herein breitbasig angelegt, und da die Geräumigkeit des unteren Nasenganges am hinteren Antheile die Entwickelung nach allen Richtungen gestattet, treten sie in Form von kugelförmigen und cylindrischen Körpern auf. Wäre hier der Nasenspalt so eng wie

---

[1]) l. c.

höher oben, dann würde die Form dieser Geschwülste sicherlich anders ausfallen. Die breitbasigen Hypertrophien an der äusseren Nasenwand (vorwiegend im mittleren Nasengange) wölben sich nach innen vor und erfahren erst eine Modification ihrer Form, wenn sie mit den Muscheln oder dem Septum in Berührung gerathen. Nicht selten verlängern sie sich bei stärkerem Wachsthume zu frei herabhängenden Tumoren.

## Geschwülste der Nasenscheidewand.

Die Schleimhautgeschwülste des Septum zeichnen sich durch ihre flächenartige Ausbreitung, ferner durch das Auftreten an der hinteren Hälfte der Nasenscheidewand aus, während die vordere Hälfte derselben nur selten den Sitz für Schleimhautgeschwülste abgibt. Die Geschwülste beschränken sich auf die Auskleidung des Respirationsspaltes und schieben sich gewöhnlich so weit gegen die Choanen vor, dass sie in vivo vom Rachen aus leicht diagnosticirt werden können. Die meisten der am Septum vorkommenden Geschwülste rangiren in die Gruppe der polypösen Wucherungen, und den Uebergang zu ihnen bilden flache, warzenartige, beziehungsweise leistenartige Hypertrophien.

**Fall 1. Diffuse, warzige Hypertrophie am hinteren Antheile der Septumschleimhaut.** (Taf. 11, Fig. 1.)

Die Schleimhaut der Scheidewand ist ihrer ganzen Ausdehnung nach hypertrophirt; warzenförmige, runzelige Erhabenheiten findet man aber nur (beiderseits) in der hinteren Partie bis an den Choanenrand.

**Fall 2. Leistenartige Wucherungen am hinteren Theile des Septum.** (Taf. 11, Fig. 2.)

Dieser Fall hat eine grosse Aehnlichkeit mit der auf Taf. 10, Fig. 43 des I. Bandes abgebildeten Hypertrophie. Der Schleimhautüberzug der Scheidewand wirft auf beiden Seiten eine Reihe von 4 bis 5 mm. hohen Leisten auf.

**Fall 3. Höckerige Geschwulst am Choanentheil der Scheidewand.** (Taf. 11, Fig. 3.)

Aehnlich dem auf Taf. 10, Fig. 44 des I. Bandes abgebildeten Falle. In der Nasenhöhle eine grosse Menge glasigen Schleimes. Mucosa narium gewulstet, im Zustande des chronischen Katarrhs, insbesondere die hinteren Muschelenden. Von den Choanen aus untersucht sieht man beiderseits am Septum ganz nahe seinem hinteren Rande je eine längsovale, an der Oberfläche höckerige Geschwulst, die sich hinten scharf begrenzt. Im Profil zeigt sich, dass die Tumoren nach vorne zu allmälig flacher werden und endlich ohne scharfe Grenze in die mehr normal aussehende, aber immerhin noch hypertrophische Septumschleimhaut übergehen.

Mikroskopischer Befund: Oberfläche uneben, mit Buchten versehen. Epithel abgefallen. Subepitheliale Schichte wesentlich verbreitert und mit Rundzellen infiltrirt. Drüsenacini confluirend und cystös degenerirt, ihre Epithelien körnig getrübt und in Zerfall begriffen. Ferner begegnet man auch hier wieder wie beim Papillom und bei einzelnen Polypen der Eigenthümlichkeit, dass durch die Confluenz von ausgeweiteten Drüsenausführungsgängen mit cystösen Drüsenfollikeln die Lappung der Geschwulstoberfläche eine stärkere wird. In den tiefer gelegenen Partien der Schleimhaut ist das Stroma gleichfalls verdickt, aber weniger durch Hyperplasie als durch Ektasie der Venen, welche sich zu einem förmlichen Schwellgewebe entfaltet haben, und von welchen aus sich die Ektasie durch die kleineren Gefässe bis in die Capillaren der subepithelialen Schichte fortsetzt. (Taf. 13, Fig. 1.) Periostale Partie der Mucosa im Bereiche der Geschwulst verdickt und zellenarm.

Fall 4. **Aehnlich, nur hochgradiger.** (Taf. 12, Fig. 4 u. 5.)

Von den Choanen aus untersucht, hat es den Anschein, als sässen beiderseits am Septum (nahe dem Choanenrande) ovale, scharf umschriebene und mit der Längenachse vertical gestellte Tumoren. Dieselben sind nicht von gleicher Grösse und nur hinten am Choanenrande scharf begrenzt, während sie sich vorne verflachen und allmälig in die mehr normalen Antheile der Septumschleimhaut übergehen. Auf einer Seite ist das ganze hintere Drittel der Septumschleimhaut in der geschilderten Weise verändert, und die Verdickung beträgt 4 bis 5 mm.

Oberfläche der Tumoren theils glatt, theils höckerig.

Mikroskopischer Befund: Oberfläche papillär. Epithel abgefallen. Subepitheliale Schichte der Schleimhaut enorm verbreitert, desgleichen die tiefer gelegenen Antheile des Stroma, die sich aber im Gegensatze zu dem Falle 1 aus grobfaserigem, welligem, zellenarmem Bindegewebe zusammensetzen. Drüsen an der Hypertrophie nicht betheiligt, viele sind im Gegentheile im Zugrundegehen begriffen. Gefässe in grosser Menge vorhanden, namentlich Venen, an welchen jedoch keine Dilatation zu bemerken ist.

Die eben beschriebene Form von polypöser Hypertrophie an der Nasenscheidewand darf als eine typische angesehen werden, denn ich habe dieselbe auch noch in einigen anderen Fällen, nur mit dem Unterschiede, dass sie weniger entwickelt war, beobachtet.

### Fall 5. Kleinhaselnussgrosse Geschwulst am Septum.
(Taf. 12, Fig. 1.)

Nasenschleimhaut hypertrophisch. Papillome an den hinteren Enden der unteren Muscheln. Septum nach rechts deviirt und mit einer breiten Crista lateralis versehen, die am vorderen Ende der unteren Muschel eine Druckmarke erzeugt hat. Die mittlere Muschel ist atrophisch, verkürzt, verschmälert, und verdeckt nicht mehr den mittleren Nasengang. Diese Atrophie ist in Folge des Druckes eingetreten, den das verbogene Septum ausgeübt hat. Schleimhaut des eben erwähnten Nasenganges hypertrophirt.

Auf der linken Seite der Nasenscheidewand findet sich entsprechend dem Hakenfortsatze, der aus der Leiste hervorgeht, eine grubige Vertiefung (siehe pag. 4), und der obere Rand dieser ist an einer Stelle zu einer kleinhaselnussgrossen, stark prominirenden Geschwulst entfaltet.

### Fall 6. Polypöse Hypertrophie auf einer Seite des Septum.
(Taf. 12, Fig. 2, 3 u. 4.)

Nasenschleimhaut gewulstet.

Schleimhautüberzug der unteren Nasenmuschel verdickt, namentlich linkerseits; die hinteren Muschelenden zu grossen, glatten, polypösen Geschwülsten entartet. Rechterseits beschränkt sich die Geschwulst auf die hintere Hälfte der Muschel, links reicht sie bis an das vordere Muschelende, ist am Muschelrande stellenweise papillär (Taf. 12, Fig. 4), und legt sich den Nasenspalt ausfüllend an die Nasenscheidewand an.

Auch die hinteren Theile der mittleren Muscheln sind verdickt und an das Septum angepresst (Taf. 12, Fig. 3).

Entsprechend dem Contacte der linken unteren Muschel mit der Scheidewand ist die Schleimhaut der letzteren wesentlich verdickt. Diese Hypertrophie verflacht sich nach vorne und geht allmälig in die dünnere, aber gleichfalls hypertrophische Schleimhaut der vorderen Septumhälfte über.

Auf der rechten Seite ist die Septumschleimhaut im vorderen Bereiche, wo sie mit der Concha inferior und einem grossen Polypen des Processus uncinatus in Berührung ist, hypertrophisch.

### Fall 7. Einseitige polypöse Hypertrophie im hinteren Bereiche der Scheidewand. (Taf. 12, Fig. 5.)

Nasenschleimhaut hypertrophirt. Am Processus uncinatus der rechten Seite haftet ein Polyp. Die Kieferhöhlenschleimhaut ist mit kleinen warzigen Erhabenheiten besetzt, an welchen die erweiterten Drüsenmündungen sichtbar sind. Die Septumschleimhaut der linken Nasenhöhle entsprechend der Respirationssphäre stark verdickt und an der Oberfläche gewulstet.

### Fall 8. Hypertrophie am vorderen Theile des Septum.

Es findet sich in diesem Falle eine breitbasige, in einen Polypen auswachsende Hypertrophie an der äusseren Nasenwand, der entsprechend gegenüber am Septum die Schleimhaut beetartig erhoben erscheint. Nasenschleimhaut im Allgemeinen hypertrophisch.

### Fall 9. Zwei flachrundliche Tumoren an der Scheidewand.

Nasenschleimhaut hypertrophisch; dicke, wulstige Hypertrophie am Rande der mittleren Muschel (hauptsächlich vorne), Papillom am vorderen und am hinteren Ende der unteren Muschel, polypöse Hypertrophie an der äusseren Nasenwand im Bereiche des Agger nasi, Polypen am Processus uncinatus und an der Bulla ethmoidalis.

An der Scheidewand finden sich zwei hintereinander gelagerte, flachrunde Tumoren, die gegenüber der vorderen Hälfte der mittleren Muschel lagern und an derselben Abdrücke erzeugt haben.

## Resumé.

Die Geschwülste der Scheidewandschleimhaut sind ganz ähnlich gebaut wie die polypösen Hypertrophien und die Papillome der unteren Nasenmuschel. Wir begegnen auch hier wieder der Dickenzunahme des Bindegewebsgerüstes, welches mit Rundzellen selbst hochgradig infiltrirt sein kann, ferner der enormen Dilatation der Gefässe, namentlich der Venen, die sich förmlich in Schwellgewebe umgewandelt haben, während die Drüsen für die Geschwulstbildung ohne Belang sind.

Für die Fälle 8 und 9 scheint der Contact mit Tumoren der äusseren Wand von Einfluss auf die Entwickelung der Geschwülste gewesen zu sein.

## Aetiologie der Polypen und der polypösen Hypertrophie.

Resumirt man die über den Bau der Polypen und polypösen Hypertrophien (einschliesslich der Papillome) gemachten Angaben, so ergibt sich insoferne eine gewisse Uebereinstimmung, als bei allen die Wucherung des Schleimhautstroma und in erster Reihe die der subepithelialen Schichte obenan steht. Eine Ausnahme macht nur das harte Papillom der Nasenschleimhaut.

Die Masse der in den Tumoren auftretenden Drüsen ist abhängig von der Ursprungsstelle der Geschwulst. Die Tumoren sind drüsenreich, wenn es sich um eine drüsenhältige Schleimhautstelle handelte, im gegentheiligen Falle drüsenarm; Drüsenneubildung gehört zu den Ausnahmen. Es besteht demnach zwischen den einzelnen Formen der Schleimhautgeschwülste weniger ein qualitativer als ein formaler und quantitativer Unterschied, und auch die Gallertpolypen machen strenge genommen hievon keine Ausnahme. Auch bei ihnen ist das Stroma der Hauptbestandtheil, und wenn sie nicht so fest gefügt sind wie die polypösen Tumoren an den Muscheln und der äusseren Nasenwand, so ist dies dem minder dichten Gefüge der Ursprungsstelle und der interstitiellen serösen Exsudation zuzuschreiben.

Die Discussion darüber, warum an der unteren Muschel nie Polypen vorkommen, ist eine müssige, denn an der Muschel erzeugt der entzündliche Process analoge Geschwülste in Form der polypösen Hypertrophien, und wir haben gesehen, dass hiebei die räumlichen Verhältnisse eine grosse Rolle spielen. Da es auf den Namen nicht ankommt, so könnte man füglich die polypösen Hypertrophien als Polypen der unteren Muschel bezeichnen.

Ich halte nach meinen bisherigen Erfahrungen die beschriebenen Geschwulstformen für entzündliche Hypertrophien (für entzündliche Neubildungen), ohne dabei bestreiten zu wollen, dass wahre Neoplasmen, aus Bindegewebe und Drüsen aufgebaut, vorkommen können. Die Geschwulstformen, mit denen wir es gewöhnlich zu thun haben: die Schleimhautpolypen, polypöse Hypertrophien sind es aber sicherlich nicht. Ihre entzündliche Natur ist durch eine Reihe von Attributen nachgewiesen, und zwar durch die Rundzelleninfiltration, die bei allen Formen und in den verschiedensten Stadien ihrer Entwickelung angetroffen wird; sie ist nachgewiesen durch die Combination der Geschwülste mit entzündlichen Affectionen der Nasenschleimhaut, durch das Vorkommen der verschiedenen Geschwulstformen nebeneinander, ferner durch das Uebergehen einer Form in die andere. Eine Hypertrophie an der Aussenwand des mittleren Ganges, mit breiter Basis aufsitzend, wird bei übertriebener Wucherung zu einer frei herabhängenden, als Polyp bezeichneten Geschwulst. Dasselbe kann man am Rande der mittleren Nasenmuschel, ferner im Bereiche des Hiatus semilunaris beobachten, wobei sich die Frage, wo da die Grenze zwischen Hypertrophie und Polyp sei, von selbst aufdrängt. Ich pflichte daher ganz der Meinung Schechs[1]) bei, der sich dahin äussert, dass eine strenge Grenze zwischen Schleimhauthypertrophie und wirklicher Neubildung schwer zu ziehen sei.

Auch Hopmann, der die einfache und polypöse Hypertrophie auseinanderhält, nähert sich der Anschauung, indem er ausdrücklich hervorhebt, dass die polypöse Hyperplasie sich nur dem Grade ihrer Entwickelung nach von der beim hypertrophischen Katarrhe der Nasenschleimhaut entstandenen Hyperplasie unterscheide. Er macht nur insoferne einen Unterschied, als einzelne Hypertrophien polypöse Form annehmen.

Ich bin im Uebrigen in der Lage, nachweisen zu können, dass auf chronische Reizung der Schleimhaut sich Polypen entwickeln und verweise diesbezüglich auf den Fall von Rhinolithiasis. Wir finden in diesem Falle eine Menge von lediglich aus gefässreichem Bindegewebe aufgebauten Polypen an der Auskleidung des unteren Nasenganges, demnach an einer Stelle, wo polypöse Geschwülste zu den grössten Seltenheiten gehören. Hier können sie mit Bestimmtheit auf den Reiz zurückgeführt werden, den der grosse Rhinolith auf die Schleimhaut ausübte. Ueberall da, wo zwischen den Spitzen des Steines und der Schleimhaut eine Friction herrschte, ist dieselbe zu langen Polypen ausgewachsen, und in der Umgebung des Steines

---

[1]) l. c.

zeigt die Nasenschleimhaut die deutlichen Zeichen einer localisirten, chronischen Rhinitis. Die eigenthümliche Form der Rhinitis in diesem Falle ist nur auf den Rhinolithen zu beziehen, da selbst bei den heftigsten und langwierigsten Entzündungen der Nasenschleimhaut ähnliche Geschwülste im unteren Nasengange nicht entstehen.

Ein nicht minder schwerwiegendes Moment für den entzündlichen Charakter der polypösen Geschwülste besteht darin, dass sie sich nicht scharf an der Basis abgrenzen, sondern allmälig in das physiologische Gewebe übergehen. Endlich hebe ich noch hervor, dass die bezeichneten Geschwülste angeborener Weise nicht vorkommen. Unter vielen hunderten Fällen von Zergliederung Neugeborener habe ich weder Hypertrophie noch die Anlage von Polypen angetroffen.

Die vorhandenen Literaturangaben stimmen zumeist mit meinen Anschauungen überein, und nur wenige lauten anders. C. Rokitansky[1]) schreibt: „Die Schleimhaut der Nasenhöhle ist häufig sowohl acuten wie chronisch katarrhalischen Entzündungen unterworfen. Die chronische Entzündung ist ausgezeichnet durch schwammige, schwammig-drusige Wulstung der Schleimhaut, und reichliche Production eines übelriechenden Eiters führt zuweilen zu Geschwür und cariöser Destruction. In anderen Fällen hinterlässt sie gleich wiederholt acuten Entzündungen Hypertrophie der Schleimhaut mit Secretion eines kleisterartigen, glasartigen Schleimes — Blennorrhöe, polypöse Gewebswucherung. Diese erscheint bald als eine über eine grössere Strecke diffuse Verdickung der Schleimhaut, zumal an den Muscheln mit unebener Oberfläche, Entwickelung warzenartiger Protuberanzen, faltenartiger Wülste."

Hopmann hält es für wahrscheinlich, dass die Nasenpolypen auf Grundlage schleichender Entzündungsvorgänge entstehen. Die von Hopmann vertretene Anschauung hingegen, dass die Schleimpolypen einen Prolaps der Schleimhaut zum Ausgangspunkt haben, der, durch Zug nach unten verlängert, allmälig Polypenform annehmen soll, ist schon deshalb falsch, weil 1. Polypen am Processus uncinatus und den Rändern der Fissura ethmoidalis anfänglich (so lange sie klein sind) gar nicht selten gegen die Schwere in die Höhe wachsen, 2. ganz kleine Polypen ähnlich den grossen gestielt sein können, wenn an einem kantigen Vorsprunge der Nasenhöhle nur eine kurze Strecke hypertrophirt, und endlich 3. schon an den kleinsten Polypen die

---

[1]) Lehrb. d. path. Anat. Bd. III.

Hyperplasie zu erkennen ist. Von einem Prolaps der Schleimhaut habe ich in den vielen von mir untersuchten Objecten nichts bemerkt.

Für die Papillome scheint Hopmann an ein anderes ätiologisches Moment zu denken, denn er macht in seiner Abhandlung über das Papillom sogar einen genetischen Unterschied zwischen papillärer Hypertrophie und dem Papillom, indem er sagt: „Derartige Hypertrophien der Muschelschleimhaut, selbst wenn sie ein papilläres Aussehen haben, sehe ich selbstredend nicht als Neoplasma im eigentlichen Sinne des Wortes, sondern als Wucherungen entzündlicher Natur an, wenngleich die Grenze zwischen beiden manchmal nicht immer ganz leicht zu bestimmen ist, und man namentlich nicht mit Sicherheit verneinen kann, ob sich etwa aus derartigen papillären Degenerationen der Schleimhaut gelegentlich mit der Zeit nicht eigentliche Papillome entwickeln."

Trotz der grossen Reservation, die in den citirten Sätzen liegt, sehen wir doch, dass Hopmann zum Mindesten im Allgemeinen einen genetischen Unterschied zwischen Papillom und papillärer Hypertrophie macht. Wie falsch diese Angabe ist, geht deutlich aus den Auseinandersetzungen hervor, die auf pag. 125 enthalten sind. Wir werden sehen, dass zu solchen Annahmen kein Grund vorliegt.

Schäffer spricht sich hinsichtlich der Aetiologie der Schleimpolypen dahin aus, dass die letzteren auf dem Boden des chronischen Katarrhs entstehen. Aber auch bei ihm stossen wir auf eine Theorie der Polypen, die mehr als gewagt ist. Schäffer glaubt nämlich, dass durch heftiges Schnauben kleine Läppchen der Schleimhaut halb losgerissen werden, die sich dann zu Polypen weiter entwickeln. Mir ist Aehnliches niemals begegnet, trotzdem ich in vielen Fällen Gelegenheit hatte, ganz kleine Polypen zu sehen, an welchen man die Verletzung der Schleimhaut wohl hätte finden müssen.

Im Gegensatze zu den bisher angeführten Autoren steht Moldenhauer, der den Katarrh eher als Folgezustand denn als ursächliches Moment der Polypen aufgefasst wissen möchte. Er schreibt: „Man nimmt gewöhnlich an, dass dieselben mit Vorliebe auf dem Boden einer chronisch-katarrhalisch entzündeten Schleimhaut wachsen, doch stehen dieser Ansicht grosse Bedenken entgegen. Einmal sehen wir die Polypen sich mit Vorliebe an solchen Stellen der Nasenhöhle entwickeln, wo wir für gewöhnlich am allerwenigsten die Zeichen hochgradiger katarrhalischer Schleimhautschwellungen antreffen. Wäre die bisherige Ansicht richtig, so müsste es Wunder nehmen, dass die unteren Nasenmuscheln, an welchen wir meist die Symptome eines Katarrhs am ausgeprägtesten entwickelt finden, geradezu von den Polypen gemieden werden. Freilich finden wir meist in Gesellschaft von Schleimpolypen katarrhalische Zustände der Nasenschleimhaut, doch sind letztere mehr als Folgezustände unter dem Einflusse eines fortwährenden Reizes aufzufassen als für die Entstehung verantwortlich zu machen. Ausserdem kommen auch Schleimpolypen ohne ausgesprochenen Katarrh vor.

Nach diesen Ausführungen ist es wahrscheinlich, dass uns noch unbekannte, jedenfalls jedoch ausserordentlich vielfache, mechanische Reize an besonders disponirten Stellen der Nasenhöhlen die Entwickelung von Schleimpolypen begünstigen."

So richtig auch der Schlusssatz ist, so bewegt sich Moldenhauer doch in einem Circulus vitiosus. Thatsache ist, dass ungemein häufig Polypen neben Katarrhen sich entwickeln oder Folgezustände derselben sind. Die Frage, warum sie nicht immer bei Katarrhen entstehen, gehört zu den Problemen, an welchen unsere Wissenschaft über und über reich ist. Es ist ferner nicht richtig, dass Polypen sich mit Vorliebe an Stellen entwickeln, wo man am allerwenigsten die Zeichen hochgradiger Schleimhautschwellungen antrifft, denn gerade an den Kanten des Hiatus semilunaris sieht man anfänglich häufig die Zeichen des chronischen Katarrhs in Form von Hypertrophien. An jenen Stellen wieder, wo nach allgemeiner Angabe Polypen nicht auftreten sollen, wie beispielsweise an der unteren Muschel, kommen eben die polypösen Hypertrophien vor, die ja strenge genommen den Polypen analoge Bildungen repräsentiren.

Dass die Schleimhautgeschwülste den Nasenkatarrh erhalten und steigern, ist gewiss richtig, die Behauptung jedoch, dass der Katarrh nicht das ursprüngliche Moment darstelle, müsste durch schärfere Beweise, als bisher beigebracht wurden, widerlegt werden. Fälle, wo neben Schleimhauthypertrophien kleine Polypen vorhanden sind, die nicht reizen können, sprechen am eindringlichsten gegen die vorgetragene Lehre.

Auch M. Bresgen[1]) hält die Nasenpolypen für die Folgeerscheinungen des chronischen Katarrhs. Er schreibt: „Die Nasenpolypen vermag ich auch nicht zu den Ursachen des chronischen Nasenkatarrhs zu zählen, denn ein Polyp ist entschieden ein

---

[1]) Der chronische Nasen- und Rachenkatarrh. Wien und Leipzig 1881.

Reizungsproduct. Warum man bei dem einen Menschen im Gefolge eines chronischen Katarrhs Polypen, bei dem andern starke polypöse Wulstungen findet, ist bis heute noch nicht aufgeklärt.... Ausserdem habe ich des Oefteren schon beobachtet, dass die Polypen einseitig vorhanden waren, während sich in beiden Nasenhälften ein chronischer Katarrh von ziemlich gleicher Intensität vorfand." Auch die Bemerkung ist zu beachten, „dass nach Beseitigung der vorhandenen Polypen der Nasenkatarrh doch nicht ohne weitere Medication schwindet".

Störk[1]) gibt an, dass manche Fälle von Polypenbildung im Gefolge eines eine längere Zeit bestehenden Nasenkatarrhs auftreten. Aehnlich äussert sich O. Chiari[2]), der aber gleich G. Scheff[3]) eine gewisse Disposition als Veranlassung annimmt.

Eine höchst abenteuerlich klingende Theorie hat E. Woakes[4]) über die Beziehung zwischen Polypenbildung und Siebbeinnekrose aufgestellt.

Woakes beschreibt eine in den Nasentheilen des Siebbeines beginnende Form von schleichender Entzündung, die zu Periostitis und Knochennekrose führt. Das Leiden nimmt, wie Woakes in zahlreichen Fällen gesehen haben will, seinen Ausgang von häufig protrahirten Katarrhen, bisweilen von Exanthemen, bisweilen von Verletzungen. Im Beginne der Krankheit sieht man öfters kleine, vorspringende Gebilde an der mittleren Muschel; diese Gebilde vergrössern sich allmälig und führen zur Dislocation der Knochen und Entstellung der Nase; in diesem späteren Stadium lässt sich in der Regel die Gegenwart des blossliegenden rauhen Knochens leicht ermitteln. Noch später spalten sich die Muscheln, und polypoide Neubildungen gesellen sich zum Bilde der Erscheinungen. Die Schnelligkeit und Ausdehnung der Nekrose variiren bedeutend in verschiedenen Fällen: in einem von Erichson beobachteten Falle wurde die Sella turcica durch die Nase ausgestossen. Gesellt sich eine Vergrösserung der Communicationsöffnung des Antrum zu den bestehenden Erscheinungen, so kann Abscess der Höhle oder polypöse Degeneration der sie auskleidenden Schleimhaut auftreten; in einer anderen Serie von

---

[1]) Klinik d. Krankh. d. Kehlkopfes etc. 1880.
[2]) l. c.
[3]) Krankh. d. Nase etc. Berlin 1886.
[4]) Lancet 1885, Nr. 3. Necrosing ethmoiditis etc. Ferner Semon, Centralblatt für Laryngol. 1885.

Fällen kommt es zur Bildung äusserst rapid wachsender Myxome und zur Nekrose dünner Knochenplatten. Das Leiden scheint stets einen progressiven Charakter zu tragen und niemals zu spontaner Heilung zu neigen.

Diese Schilderung ist hauptsächlich nach einem von Semon gegebenen Referate zusammengestellt. Ich will demselben noch hinzufügen, dass die von Woakes seiner Schrift angefügten, höchst mangelhaften Zeichnungen eben so gut Stücke von ganz normalen Muscheln sein können; das, was Woakes als Myxome bezeichnet, kann Markgewebe sein.

In der Medical Society in London, wo Woakes seine neue Lehre vortrug, meinte Spencer Watson, dass nekrotisirende Ethmoiditis keine sehr gewöhnliche Krankheit sein könne; seiner Ansicht nach sind Nasenpolypen gewöhnlich die Folge länger vorhandener, zu Rhinitis führender Obstruction. Creswell Baber erklärt sich ebenfalls gegen die Theorie, dass Nasenpolypen gewöhnlich etwas mit Nekrose des Knochens zu thun hätten; die Grösse der mittleren Muschel variire bedeutend, und eine von Natur grosse Muschel könne leicht für eine pathologisch vergrösserte gehalten werden. Stockes dagegen sprach seine Uebereinstimmung mit den Ansichten des Vortragenden aus. Dr. Woakes erwiderte, dass er noch keinen Fall von Nasenpolypen auf Knochennekrose untersucht hätte, ohne solche zu finden. Eine normale mittlere Muschel bekomme man überhaupt selten zu sehen. Die Angabe von E. Woakes kann wegen der operativen Consequenzen, die dieser Autor an seine Irrthümer knüpft, nicht genug scharf angegriffen werden und jeder Arzt sei davor gewarnt, diesen eher aus der Tiefe des Gemüthes als aus richtigen Untersuchungen geschöpften Angaben irgend einen Glauben beizumessen. Ich habe in keinem Falle von Polypenbildung Knochennekrose beobachtet, wir haben im Gegentheil gesehen, dass die in der Basis mancher Polypen steckenden Knochentheile sich verlängern und erweichen.

Endlich möchte ich noch eine Angabe von E. Kaufmann[1]) zur Sprache bringen. Kaufmann tritt mit grosser Emphase gegen die bisherigen Theorien der Polypenentwickelung auf und sagt, dass das ziemlich allgemein angenommene Moment, nämlich chronische Rhinitis, nicht mehr stichhältig sei. Er selbst meint, dass das Empyem der Kieferhöhle in vielen Fällen die einzige und nicht minder häufige Ent-

---

[1]) Ueber eine typische Form von Schleimhautgeschwulst („laterale Schleimhautwulst") an der äusseren Nasenwand. Monatsschr. f. Ohrenheilk. 1890.

stehungsursache der Polypen in der Nasenhöhle bilde; damit bestätigt Kaufmann aber gerade die vermeintlich abgethane Theorie, denn ein Empyem des Sinus maxillaris erzeugt, so lange die Entzündung den Bereich der Kieferhöhle nicht überschreitet, keine Nasenpolypen; diese treten erst auf, wenn der Process in der Auskleidung der Communicationsöffnung fortkriechend, endlich auf die Nasenschleimhaut übergegangen ist. Nun haben wir es mit einer Rhinitis zu thun und diese erzeugt dann die Polypen. Es hat im Uebrigen Niemand behauptet, dass nur eine primäre Rhinitis zur Geschwulstbildung Anlass bietet, es kann dies eben so gut durch eine von der Nachbarschaft fortgeleitete Entzündung geschehen.

## Classification der Polypen und der polypösen Wucherungen.

Bei dem Versuche, die beschriebenen Schleimhautgeschwülste der Nasenhöhle einzutheilen, könnte als Eintheilungsprincip an den Bau, die Aetiologie, das Formverhalten der Geschwülste gedacht werden. Die Eintheilung nach der Structur, die bei anderen Geschwülsten als maassgebend zu bezeichnen ist, führt hinsichtlich der Schleimhautgeschwülste der Nase, wenn wir von den harten Papillomen absehen, zu keinem Resultate, da wir es ja in allen Fällen nur mit den verschiedenen Formen von Schleimhauthypertrophie zu thun haben. Keine der besonderen Eigenschaften ist ausschliesslich einer Form eigen, dagegen ist Allen die Hypertrophie des Bindegewebsstroma und insbesondere die der subepithelialen Schleimhautpartie gemeinsam. Aetiologisch sind die Polypen und die polypösen Hypertrophien der verschiedenen Gattung zusammengehörig, demnach bleibt nur noch die Eintheilung nach der Form der Geschwülste übrig, die wenigstens das Eine für sich hat, den klinischen Bedürfnissen zu entsprechen. In klinischer Beziehung ist das Formverhalten von grosser Wichtigkeit, da es sich um Geschwülste handelt, die, in engen Spalten etablirt, dem operativen Verfahren Hindernisse entgegenstellen.

Es ist nicht gleichgiltig, ob man einen Polypen mit schmaler oder breiter Basis operirt, und für eine halbkugelige, unbewegliche, im mittleren Nasengange aufsitzende Geschwulst eignet sich ein Verfahren nicht, mit welchem man beispielsweise bei der polypösen Hypertrophie am hinteren Muschelende reussirt. Vom klinischen Standpunkte ausgehend liegt vorläufig keine Veranlassung vor, von der Eintheilung abzugehen, die ich im I. Bande gegeben. Sie bedarf nur einer Ergänzung, und es würde sich dann die Gruppirung in nachstehender Weise stellen:

I. Einfache, diffuse Hypertrophien; dieselben sind glatt oder warzig und treten zumeist an den Muscheln und vorwiegend an der unteren Muschel auf.

II. Polypöse Wucherungen, vorwiegend an den hinteren Muschelenden sitzend, dieselben sind glatt oder papillär; die papillären Geschwülste können nach dem Vorschlage Hopmanns als weiche Papillome bezeichnet werden.

III. Hügelartige, polypöse Wucherungen an der äusseren Nasenwand und am Rande der mittleren Nasenmuschel, glatt, seltener papillär.

IV. Polypen, dieselben sind schmal oder breit gestielt.

V. Uebergangsformen der verschiedenen Formen ineinander.

VI. Harte Papillome (Hopmann).

Diese Eintheilung sowie auch die Analogie, die ich zwischen den verschiedenen Formen der Hypertrophien zu finden glaube, ist nicht im Einklange mit den Angaben, die in jüngster Zeit Hopmann über den Bau der Nasenpolypen gemacht hat. Indem ich auf die Auseinandersetzungen dieses Autors näher eingehe, bemerke ich ausdrücklich, dass ich trotz mancher Divergenz der erste bin, der die Verdienste Hopmanns anerkennt, die er sich um die Lehre von dem Baue der Nasenpolypen erworben hat.

Hopmann theilt die Schleimpolypen in folgende drei Gruppen:

I. Eigentliche Schleimpolypen (ödematöse Fibrome). Sie treten vorwiegend in Polypenform, schmal- oder breitgestielt, zuweilen aber auch als verbreitete Tuberositäten oder Wülste auf. Ihr Sitz befindet sich im oberen Abschnitte der Nasenhöhle, an der mittleren oder oberen Muschel, äusserst selten am Septum, die meisten in den Spalten neben den oberen Muscheln, an der oberen Nasenwand und an den Rändern der Ostien. Diese Polypen sind blass, grauweissgelblich, transparent, und ihr areolirter Bau befähigt sie besonders zu cystoider Degeneration. Die ödematösen Polypen sind genetisch zwar Schleimhautpolypen, histologisch aber nicht, indem das hervorstechendste Merkmal der Schleimhaut, die Schleimdrüse, fehlt oder nur in spärlichen Rudimenten vertreten ist.

II. **Hyperplasien circumscripter Muschelabschnitte mit überwiegend polypoider Form. Polypoide Hypertrophie. Drüsenpolypen.** Ihre Oberfläche ist glatt oder papillär. „Sie unterscheiden sich von den Schleimpolypen durch das **ausschliessliche** Entstehen von den Muscheln selbst, besonders der mittleren und in zweiter Linie der unteren, ferner durch ihre dunkle Färbung und geringe Transparenz, durch ihre grössere Dichtigkeit und Derbheit.... Die cavernöse Muschelschleimhaut mit allen ihren Bestandtheilen, im Zustande der Hyperplasie und Hypertrophie, reichlich und dicht mit Zellen infiltrirt, trifft man bei den Untersuchungen dieser Polypen. Bald ist mehr der drüsige, bald mehr der cavernöse Antheil der hypertrophischen Wucherung verfallen; immer sind die Gefässe stark dilatirt und vermehrt."

III. **Papillom. Fibroma papillare. Himbeerpolyp.** Die papilläre Umformung tritt bei ihnen in den Vordergrund und ist allein schon charakteristisch; sie kommen überwiegend am hinteren Ende der unteren Muschel vor. Die Geschwulst besteht aus hyperplasirter Muschelschleimhaut, in welcher cystische Degeneration der Drüsen und Ektasie der Gefässe angetroffen wird.

Ich habe nun der Eintheilung **Hopmanns** Folgendes entgegenzustellen. Bezüglich der ödematösen Polypen ist zunächst zu bemerken, dass die Drüsen in vielen Fällen eine Rolle spielen, wie dies allein schon aus den Befunden an cystösen Polypen hervorgeht. Die Drüse ist allerdings das hervorstechendste Merkmal einer Schleimhaut, aber nur im Allgemeinen; es gibt jedoch Schleimhäute mit drüsenarmem Stroma, wie z. B. die Mucosa der Blase, der Speiseröhre, der Trommelhöhle, der Tuba ossea etc. und es ist nicht daran zu zweifeln, dass auch hier drüsenarme und drüsenlose Polypen auftreten. Im besten Falle müsste man die Gallertpolypen wieder in Unterabtheilungen gliedern, nämlich in drüsenreiche, drüsenarme und drüsenlose, womit jedoch nicht viel gewonnen wäre.

Die Infiltration der Gallertpolypen mit Serum, das nach meiner Anschauung als entzündliches Exsudat aufzufassen ist, stellt das hervorstechendste Merkmal der ödematösen Polypen dar, aber es ist zu bemerken, dass die gleiche Form auch ohne Infiltration angetroffen wird und die gleiche Infiltration zuweilen auch in anderen Formen der Schleimhauthypertrophie gefunden wird.

Die Drüsenpolypen anlangend, führe ich an, dass sie in erster Reihe an der unteren Muschel, dann an der mittleren Muschel und ferner an der äusseren Nasenwand und am Processus uncinatus vorkommen. An der mittleren Muschel sitzen sie randständig auf und concurriren mit Gallertpolypen, die gleichfalls am Rande und sonst an kantigen Vorsprüngen der Muschel sich entwickeln. Die Drüsenpolypen am Rande der mittleren Nasenmuschel und an der äusseren Nasenwand sind stets drüsenreich. Dagegen wechselt die Drüsenmenge an den Hypertrophien der hinteren Muschelenden je nach dem Falle; sie sind bald drüsenreich, bald drüsenarm, und ich habe Geschwülste beobachtet, in welchen nur Rudimente von Drüsen zu finden waren.

Unter Drüsenpolypen versteht Hopmann offenbar auch jene Formen die bisher als polypöse Wucherung der unteren Muschel bezeichnet wurde und zwar die Form mit glatter Oberfläche zum Unterschiede einer Abart von polypösen Wucherungen mit papillärer Oberfläche, die Hopmann als Papillom bezeichnet.

Ich hebe aber hervor, dass die als weiche Papillome bezeichneten Geschwülste der unteren Muschel sich nur durch ihre Oberflächenbeschaffenheit von den an derselben Stelle auftretenden, glatten polypösen Wucherungen unterscheiden. Die Bezeichnung mag immerhin beibehalten werden, weil sie die hervorstechende Modellirung der Geschwulst gut charakterisirt, nur darf damit nicht die Idee einer histologisch eigenartigen Geschwulst verknüpft sein. Hopmann nähert sich im Uebrigen dieser Anschauung, denn in der ersten Schrift[1]) liess er die Drüsen einen Hauptbestandtheil der Papillome bilden, so dass er sogar die Bezeichnung Adenoma papillare für gerechtfertigt hielt, während er später den Drüsenreichthum der Papillome schwächer betonte. Es ist ferner zu bemerken, dass die weichen Papillome auch an anderen Stellen als an der unteren Nasenmuschel auftreten. Unzweifelhaft gehört der auf Taf. 10, Fig. 3 abgebildete Fall, betreffend den Rand der mittleren Muschel, hierher.

Schliesslich möchte ich hinsichtlich der harten Papillome der Nasenschleimhaut die Frage aufwerfen, ob diese Geschwülste nicht aus ursprünglich weichen Papillomen hervorgegangen sind. Anlass zu dieser Idee bietet das Verhalten von Nasenpolypen, an deren Oberfläche wir neben den schönsten Cylinder- und Becherzellen vielschichtige Lagen von Plattenepithelien finden, die in das Binde-

---

[1]) Die papillären Geschwülste d. Nasenschleimhaut. Virch. Arch. Bd. 93. 1883.

gewebsgerüste hineinwuchern und zur Papillenbildung Anlass geben. Eine solche Umformung des Epithel könnte eben so gut an einem weichen Papillome sich einstellen. An den Polypen scheinen jene Stellen dieser Umformung zu verfallen, die der Friction mit anderen Schleimhautpartien ausgesetzt sind.

## Neuntes Capitel.

### Ueber Muschelatrophie.

Die genuine Muschelatrophie ist das Product einer chronischen Rhinitis, welche wegen ihrer Folgeerscheinungen auch als Rhinitis atrophicans bezeichnet wird. Das Wesen des Processes ist noch wenig aufgeklärt. Es liegt wohl eine Reihe von anatomischen Befunden vor, die beweist, dass es sich um eine entzündliche Affection handelt, aber über den die Atrophie einleitenden anatomischen Process, der allein die gewünschte Aufklärung geben könnte, fehlt es, wie die folgende literarische Zusammenstellung beweist, an Mittheilungen.

E. Fränkel[1]) findet die Schleimhaut bei Ozaena im Zustande eines chronischen, entzündlichen Processes. Die Schleimhaut ist diffus von Rundzellen infiltrirt, die Drüsen sind wenig verändert oder zu Grunde gegangen.

Nach Krauses[2]) Befunden trägt die Nasenschleimhaut oberflächlich Pflasterzellen, das Schleimhautstroma ist massenhaft mit Rundzellen versehen. Die Arterien- und Venenwandungen sind verdickt, die Drüsen theils fehlend theils fettig degenerirt. Fettkörnchen und Kugeln zeigen sich auch im Stroma; die Muschelknochen sind von buchtigen, zackigen Howshipschen Lacunen wie angenagt.

Gottstein[3]) erhielt bei der genuinen Muschelatrophie folgenden mikroskopischen Befund: „Das Epithel normal; wo es stellenweise fehlt, scheint es nur durch die Präparation entfernt zu sein. Unter dem Epithel befindet sich eine Schichte kleiner Rundzellen mit spärlichen, spindelförmigen Zellen vermischt; auf diese Zellenlage, die nicht überall gleichmässig dick erscheint, folgt eine Schichte von fibrillärem Bindegewebe, das an verschiedenen Schnitten verschiedene

---

[1]) Virch. Arch. Bd. 87 u. 90.
[2]) Zwei Sectionsbefunde von reiner Ozaena. Virch. Arch. Bd. 85.
[3]) Zur Path. u. Ther. der Ozaena. Breslau, ärztl. Zeitschr. 1879.

Stadien der Entwickelung zeigt. An manchen Präparaten sieht man nämlich nur in einer feinkörnigen, trüben Grundsubstanz eine Anhäufung von parallel gelagerten Spindelzellen, zwischen denen zerstreut einzelne Rundzellen liegen. Die Ausläufer der Spindelzellen haben ein stark geschlängeltes Aussehen, verlaufen aber mehr der Oberfläche parallel, sie sind verhältnissmässig stark entwickelt und geben der Schichte ein faseriges Aussehen. Je weiter entfernt von der Oberfläche, desto mehr schwinden die Rundzellen, und desto mehr nehmen die Fasern überhand. Gefässe sind reichlich entwickelt, die Lamina elastica der Arterien ist verdickt und verläuft stark geschlängelt gegen das Lumen. Die Drüsen sind noch zahlreich, besonders in der Faserschichte, indess sind die einzelnen Acini theilweise durch das Fasernetz auseinandergedrängt, auch finden sich zwischen denselben wieder Rundzellen in reichlicher Menge. Der Drüseninhalt erscheint trüb und infiltrirt, stellenweise sind die einzelnen Zellen in ihrer Structur nicht zu erkennen. An anderen Präparaten folgt auf die unter dem Epithel liegende Rundzellenschichte sofort ein stark entwickeltes Faserstratum. Die Fasern sind schön wellenartig angeordnet und laufen gleichfalls der Oberfläche parallel, mittelgrosse Rundzellen finden sich eingestreut, Spindelzellen fehlen ganz. Uebrigens findet man an ein und demselben Präparate beide beschriebenen Arten der bindegewebigen Umwandlung nebeneinander; nur wo die fibröse Entwickelung am weitesten vorgeschritten ist, erscheinen die Drüsen unförmlicher und in ihrer Structur am wenigsten erkennbar. Endlich findet man noch Stellen, wo sich ein mehr straffes Bindegewebe mit geradlinigen Fibrillen gebildet hat, und wo die zelligen Elemente und Drüsen fehlen. Wir haben es also nach dem anatomischen Befunde zweifellos mit einer chronischen Rhinitis zu thun, mit einer mehr oder minder vorgeschrittenen fibrösen Umwandlung der Schleimhaut, mit einer theilweisen Infiltration und Atrophie der Schleimdrüsen."

J. Habermann[1]) fasst das Ergebniss seiner Untersuchungen in folgende Sätze zusammen: Wir finden eine Erkrankung fast aller Drüsen und zwar sowohl der acinösen als der Bowman schen, die zunächst zu einer Anhäufung von Fetttröpfchen in den Drüsenepithelien hinauf bis zur Mündung des Ausführungsganges an der Oberfläche, dann aber zur völligen Degeneration der Epithelien führte, weiter

---

[1]) Zur pathol. Anat. d. Ozaena simplex. Zeitschr. f. Heilk. Bd. VII. 1886.

eine entzündliche Infiltration der Schleimhaut, mehr oder weniger in die Tiefe reichend, mit körnigem Zerfalle der Infiltrationszellen und stellenweise, wenn auch nur spärlich, die schon von Krause beschriebene Einlagerung von Fetttropfen in das Gewebe; in den späteren Stadien eine Bildung von Bindegewebszügen und Schrumpfung der Schleimhaut von der Oberfläche her; eine Zerstörung der Epithelien oder Umwandlung derselben in ein einschichtiges polygonales oder mehrschichtiges Plattenepithel an der atrophischen Stelle, eine Resorption des Knochens und Howshipsche Lacunenbildung an den zumeist erkrankten Stellen. An einer anderen Stelle heisst es: „Das Wesen der Ozaena besteht also . . . . in einer fettigen Degeneration der Drüsenepithelien, und zwar nicht blos der Bowmanschen, sondern auch der acinösen Drüsen der Nasenschleimhaut und weiterhin wahrscheinlich auch der entzündlich infiltrirten Schleimhaut, während ich die Umwandlung der Schleimhaut in ein fasriges Bindegewebe und die Schrumpfung desselben erst als Folge dieser Erkrankung, als Folge der Reaction des gesunden Gewebes gegen die Erkrankung ansehen möchte."

M. Berliner[1]) findet als Ursache des Katarrhs bei Ozaena fast in allen Fällen eine so innige Anlagerung der mittleren Muschel an das Septum meist in ihrer vollständigen Ausdehnung, dass ein Zwischenraum zwischen beiden aufgehoben ist. Es ist selbst mit einer feinen Sonde nicht gut möglich, zwischen die beiden Schleimhautflächen einzudringen. Dadurch stagnirt das Secret. Durch den gegenseitigen Druck werden zwei grosse Schleimhautflächen der Secretion entzogen und atrophiren in Folge der Inactivität. Die mittlere Muschel ist dabei von auffallend fester Consistenz. Wenn nun dieser so veränderte Knochen das ihm gegenüberliegende Septum jahrelang belastet, so wird es klar, „dass nicht blos die oberflächlichen Theile darunter leiden, sondern dass durch die Compression der Gefässe auch die tiefer gelegenen Partien der Schleimhaut und des Knochens in Mitleidenschaft gezogen werden. Die Abhängigkeit der unteren Muschel und ihre Veränderung ist erklärlich durch das natürliche Lageverhältniss der mittleren Muschel zum Foramen sphenopalatinum und der möglichen Beeinflussung der Arteria nasalis postica durch letztere."

Hört in Folge der Schrumpfung die Berührung zwischen der mittleren Muschel und dem Septum auf, so können nach Berliner

---

[1]) Ueber Ozaena. Deutsche Med. Wochenschr. 1889.

zwei Möglichkeiten eintreten. Entweder klingt der Process in das Bild totaler Atrophie aus, oder es tritt ein Stillstand ein; letzteres dann, wenn genügend Gefässe und Drüsen erhalten geblieben sind. Der Contact zwischen dem Septum und der mittleren Muschel wird zumeist durch Hyperplasie der Schleimhaut erzeugt, durch Hypertrophie oder entzündliche Induration ihres knöchernen Gerüstes, durch Neoplasma etc.

Nehmen wir aus diesen Literaturangaben das Wesentlichste heraus, so ergeben sich folgende Momente:

a) Rundzelleninfiltration als Zeichen, dass eine Entzündung den Process einleitet. Diese Infiltration ist aber nicht charakteristisch für die atrophische Form der Rhinitis. Sie tritt in der gleichen Weise bei der gewöhnlichen, bei der traumatischen und luetischen Entzündung der Nasenschleimhaut auf.

b) Bindegewebige Entartung der Nasenschleimhaut mit Degeneration der Drüsen, wobei ein fettiger Zerfall der Epithelien beobachtet wird, als Zeichen der eingetretenen oder durchgeführten Gewebsdegeneration.

Die verschiedenen Bilder, welche die Autoren von dem mikroskopischen Baue der atrophischen Nasenschleimhaut entwerfen, stellen nicht die anatomische Grundlage, sondern verschiedene Stadien des Processes dar, der mit der fibrösen Umwandlung seinen Höhepunkt erreicht hat. Die fettige Degeneration der Drüsenepithelien und der Schleimhaut repräsentirt blos eine den Gewebszerfall begleitende Erscheinung, und man kann dieselbe Form der Drüsendegeneration bei jeder heftigen Entzündung der Nasenschleimhaut beobachten.

Was endlich das von M. Berliner entworfene Bild betrifft, so stimmt es mit der als Druckatrophie bezeichneten Form überein (siehe pag. 16), hinsichtlich der mir aber nicht aufgefallen ist, dass sie typisch mit einer Atrophie der unteren Nasenmuschel combinirt wäre. Ich kann mir eine solche Consequenz auch gar nicht vorstellen. Die Druckatrophie darf mit der genuinen Atrophie nicht zusammengeworfen werden, und man muss sich vor Verwechslungen hüten, denn Auftreibungen am Siebbeine und Deviation der Scheidewand sind so häufige Befunde, dass ihr Zusammentreffen mit der genuinen Atrophie unausweichlich ist. Ueberdies bemerke ich: dass a) Muschelatrophie an ganz normalen Nasenhöhlen auftritt, b) die Atrophie gewöhnlich an der unteren Muschel den Anfang nimmt oder hier gleich von vorneherein sich stärker ausgeprägt zeigt als an der Concha media und endlich c) Siebbein und Septum im Contacte sich befinden, ja sogar verwachsen sein können, ohne dass Muschelatrophie die Folge wäre. Ich halte auch die Theorie, dass die Anlagerung der Muschel an die Nasenscheidewand den Inhalt des Foramen sphenopalatinum beeinflussen könnte, für unrichtig und glaube vielmehr, dass die Ursache der genuinen Atrophie stets in einer Affection der Nasenschleimhaut selbst zu suchen sei.

Zu meinen eigenen Untersuchungen übergehend bemerke ich, dass es mir trotz eines grossen Materiales nicht gelungen ist, die ersten Stadien der Schleimhautatrophie zu finden, dagegen habe ich wiederholt Gelegenheit gehabt, Erfahrungen zu sammeln über die Beziehung der Atrophie zur Schleimhauthypertrophie.

Ich lasse nun zunächst die Beschreibung der Fälle von genuiner Atrophie folgen:

### Fall 1. **Muschelatrophie mässig entwickelt.**

Die untere Muschel gefurcht wie in dem auf Taf. 11, Fig. 48, des I. Bandes abgebildeten Falle; die subepitheliale Schleimhautschichte geschwellt und dicht mit Rundzellen infiltrirt (Taf. 13, Fig. 3).

### Fall 2. **Hochgradige Atrophie.**

An der unteren Muschel ist die subepitheliale Schichte geschwellt, verdickt, sehr stark mit Rundzellen infiltrirt, das Schwellgewebe theilweise noch erhalten, desgleichen die Drüsen, die gleichfalls mit Rundzellen infiltrirt sind. Ein ähnliches Bild geben die Durchschnitte an der Mucosa der Seitenwand der Nasenhöhle, nur sind die Drüsen besser erhalten.

### Fall 3. **Hochgradige Muschelatrophie.**

Die untere Muschel bildet eine schmale und kaum 1 cm. lange Leiste. Ihre Schleimhaut ist fibrös entartet; Drüsenreste sind noch vorhanden, stellenweise auch noch die Rundzelleninfiltration der subepithelialen Schichte.

Muschelknochen: äusserst dünn, atrophisch, weich, schneidbar, zahlreiche Howshipsche Lacunen zeigend.

Die mittlere Muschel schwächer atrophirt, Reste des Schwellgewebes noch sichtbar, die Drüsen grösstentheils geschwunden.

An der Seitenwand und am Nasenboden confluiren stellenweise die Drüsenacini zu buchtigen Hohlräumen, denen die Epithelauskleidung fehlt. An anderen Stellen sind nur mehr Contouren der Drüsen zu sehen. Einzelne Partien sind ganz bindegewebig entartet, andere wieder mit Rundzellen infiltrirt und mit papillären Auswüchsen versehen.

Septum: Die Schleimhaut fibrös degenerirt; Drüsen fehlen, nur hier und da stösst man noch auf ihre Reste.

### Fall 4. Hochgradige Atrophie.

Bereits auf pag. 52 (Fall 5) beschrieben. Ich wiederhole an dieser Stelle die wichtigsten Momente. Die Muscheln sind auf kurze, niedrige Leisten reducirt. Untere Nasenmuschel. An Stelle der Schleimhaut findet sich eine ziemlich dicke Schichte eines fibrösen, äusserst zellenarmen, oberflächlich Pigment führenden Gewebes, in welchem die Drüsen und das Schwellgewebe fast vollständig untergegangen sind (Taf. 3, Fig. 4 und Taf. 13, Fig. 4). Von der knöchernen Muschel ist noch eine kurze, äusserst dünne, ganz weiche, schneidbare Substanz zurückgeblieben, die an den Rändern eine grosse Anzahl von Resorptionslücken (Howshipschen Grübchen) zeigt (Taf. 13, Fig. 5).

Mittlere Muschel: An der mittleren Muschel ist die Schleimhautatrophie nicht so hochgradig ausgeprägt als an der unteren, dagegen ist der Drüsenkörper der Muschel bis auf wenige Reste geschwunden. Die subepithelialen Schichten der Schleimhaut sind von dicken Lagen körnigen Pigmentes durchsetzt. An der Seitenwand und am Nasenboden zeigen die Drüsen ein verschiedenes Aussehen, stellenweise confluiren ihre Acini zu grösseren, buchtigen Hohlräumen, denen das auskleidende Epithel fehlt. An anderen Stellen sind die Contouren der Drüsenpackete schon sehr undeutlich, aber Rudimente von Zellen noch vorhanden, oder auch diese fehlen bereits.

Als Zeichen des stattgehabten entzündlichen Processes zeigen sich an einzelnen Stellen papilläre Auswüchse und Rundzelleninfiltration.

Nasenscheidewand: Die Schleimhaut fibrös entartet und massenhaft hämatogenes Pigment enthaltend. Drüsen fehlen grösstentheils, nur hier und da stösst man auf ihre Reste in einem sehr verkommenen Zustande.

Kieferhöhle: Oberflächenepithel fehlt. Schleimhaut etwas verdickt, aus welligem, äusserst zellenarmem Bindegewebe aufgebaut.

Die Drüsen sind zu Grunde gegangen oder nur mehr in Resten vorhanden. Die Alveolen sind defect und mit körnigem Inhalte versehen.

Wir haben demnach bei der genuinen Atrophie einen entzündlichen Process vor uns, der typisch zur Destruction der Nasenschleimhaut und des Muschelknochens, eventuell auch der Kieferschleimhaut führt. Dass es sich um irgend eine Form von Rhinitis handelt, geht aus der Rundzelleninfiltration hervor, die selbst noch bei hochgradiger Atrophie stellenweise angetroffen wird. Das Anfangs- und das Endstadium des Processes sind demnach bekannt, dagegen fehlen zur Vervollständigung der Stufenleiter Bilder, die den Uebergang zwischen der zelligen Infiltration und dem Eintritte der Atrophie vermitteln. Solche Bilder zu erhalten, wird die Aufgabe weiterer Forschungen sein.

## 2. Verhalten der Atrophie zur Hypertrophie.

Zu den anatomischen Erscheinungen, die neben der Atrophie angetroffen werden, gehören Hypertrophien der Nasenschleimhaut in allen Formen. Im I. Bande habe ich unter 39 Fällen von polypöser Hypertrophie 9 Fälle anführen können, in welchen auch Muschelatrophie zugegen war. Ich fasste damals meine Anschauungen in den Satz zusammen, dass die Ozaena simplex mit einem hypertrophischen Katarrh beginnt, in dessen Gefolge es zum Schwunde der Schleimhaut (einschliesslich der hypertrophischen Stellen) und der Muschelknochen kommt. Diese Angabe fand sich in Uebereinstimmung mit klinischen Beobachtungen, die dem eiterigen, atrophirenden Nasenkatarrhe einen hypertrophirenden Katarrh vorangehen lassen. Die citirte Schrift Berliners enthält auch die Bemerkung, dass für die Mehrzahl der Fälle der chronische, hypertrophische Katarrh der Nasenschleimhaut als Vorstadium der Ozaena anzusehen sei.

Auch Ph. Schech[1]) macht ähnliche Angaben. Er schreibt: „Wie die chronische Entzündung der Rachenschleimhaut, so kann auch die der Nase mit Atrophie enden (Rhinitis chronica atrophicans). Ob die Atrophie immer das Endstadium der Hypertrophie ist, oder ob sie nicht gleich vom Anfang an die gesunde Schleimhaut befallen kann, ist noch nicht endgiltig entschieden, doch sprechen zahlreiche anatomische und klinische Beobachtungen dafür, dass der Atrophie meist ein hyperplastisches Stadium der Schleimhaut vorausgeht. Dafür

---

[1]) l. c.

spricht namentlich das von Gottstein und auch vom Verfasser wiederholt beobachtete gleichzeitige Vorkommen circumscripter, hypertrophischer Partien neben diffusen, atrophischen. Die Hypertrophie der Schleimhaut braucht durchaus keine auffallende zu sein, im Gegentheil geben Katarrhe mit geringer, diffuser, sammtartiger Auflockerung der Schleimhaut, namentlich bei bestehenden Constitutionsanomalien, am häufigsten zu Ozaena simplex Anlass. Dass eine mit beträchtlicher Hypertrophie der Schleimhaut oder gar mit polypoiden Wucherungen der Muscheln einhergehende Rhinitis mit Atrophie endet, hat noch Niemand behauptet." Ich möchte dem nicht beipflichten und verweise diesbezüglich auf die Casuistik. Wie mangelhaft die klinischen Beobachtungen über die Ozaena sind, geht beispielsweise deutlich aus R. Voltolinis[1]) Angaben hervor. Voltolini, dem eine grosse Erfahrung nicht abgesprochen werden kann, sagt: „Ich kann mich nicht entsinnen, jemals bei Ozaena polypöse Wucherungen gesehen zu haben, vielleicht nur ein oder ein paar Mal in einer zahllosen Menge von Fällen; dass das Schwellgewebe der Nase im Anfange der Erkrankung wie bei jedem Reizzustande anschwellen kann, ist natürlich, ohne dass man deshalb ein besonderes Stadium der Hypertrophie anzunehmen braucht."

Ich lasse nun eine Reihe von Fällen folgen, die zum Mindesten den Nachweis liefern, dass die negativen Angaben einiger Autoren etwas verfrüht sind.

Fall 1. Mittlere Muschel niedriger, dünn, widernatürlich biegsam. Untere Muschel nur an der vorderen Hälfte atrophisch. Schleimhaut am Nasenboden und an der Aussenwand des mittleren Nasenganges hypertrophisch, mit zahlreichen warzigen Prominenzen versehen.

Fall 2. Untere Muschel und das Operculum der Concha media atrophisch, niedrig flach, sonst die Siebbeinmuscheln normal. Hintere Muschelenden verdickt, polypös entartet. Gallertpolyp der äusseren Wand des mittleren Ganges vom Processus uncinatus bis an die untere Nasenmuschel herabreichend; polypöse Wucherung am vorderen Rande der mittleren Muschel.

Fall 3. Muschelatrophie mit Geschwulstbildung im mittleren Nasengange; Regio respiratoria sehr geräumig. Untere Muschel zu einer schmalen Leiste atrophirt. Schleimhaut dünn, glatt, ohne Drüsenmündungen. Mittlere Muschel in der vorderen Hälfte

---

[1]) I. Die Krankheiten der Nase etc. Breslau 1888.

gleichfalls atrophisch, niedrig, weich, dünn, biegsam, am Rande dagegen verdickt, gerunzelt, mit einigen frei abstehenden, kleinen Schleimhautlappen versehen. Schleimhaut des mittleren Nasenganges hypertrophisch, aufgelockert, Drüsenmündungen erweitert. Im Bereiche des Processus uncinatus befindet sich ein etwa haselnussgrosser, breit aufsitzender Schleimhauttumor, der bis an die wahre Muschel herabreicht. Oberfläche des Tumor warzig und mit zahlreichen, äusserst erweiterten Drüsenmündungen versehen. Kieferhöhlen-Schleimhaut dünn und auf einer Seite mit zwei blattförmigen Polypen besetzt.

Fall 4 (Taf. 14, Fig. 1). Dieser Fall ist sehr interessant, weil das gleichzeitige Bestehen von Atrophie und Hypertrophie sehr deutlich ist. Ich beginne mit der Beschreibung der rechten Nasenhälfte.

Untere Muschel: Muschelknochen vorne normal, rückwärts atrophisch, Schleimhaut der vorderen Muschelhälfte verdünnt, aber von warziger Beschaffenheit. Die hintere Hälfte der Muschel wesentlich schmäler, die Schleimhaut durchaus warzig, das hintere Muschelende knopfförmig aufgetrieben und papillär entartet.

Mittlere Muschel plump, blasig aufgetrieben, Muschelwand verdickt und ihrer ganzen Länge nach mit warzigen Excrescenzen versehen. Die warzige Stelle der unteren Muschel ist in diesem Falle deutlich in Atrophie begriffen.

Schleimhaut der Highmorshöhle leicht verdickt.

Linke Hälfte. Untere Muschel eine kurze, schmale Leiste bildend, so dass der untere Nasengang seiner ganzen Ausdehnung nach freiliegt; vom hinteren Muschelende ist keine Spur mehr vorhanden. Die Schleimhaut des unteren Nasenganges verdickt, gewulstet, die Drüsenmündungen erweitert.

Mittlere Muschel blasig aufgetrieben, am Deckel atrophisch, am unteren Rande noch hypertrophisch, hintere Muschelenden verdickt, höckerig, warzig und zugleich in Atrophie begriffen. Man sieht deutlich, dass an dieser Stelle einst eine polypöse Wucherung vorhanden war; die Schleimhaut des mittleren Ganges hypertrophisch.

Fall 5. Genuine Atrophie neben einer gestielten Geschwulst an der unteren Nasenmuschel (Taf. 14, Fig. 2). Die Nasenmuscheln sind atrophisch, insbesondere die mittlere, deren Verschmälerung bereits einen solchen Grad erreicht hat, dass der Hiatus semilunaris frei liegt. Schleimhautüberzug des Processus uncinatus verdickt, hypertrophirt.

Schleimhaut der unteren Muschel straff der Unterlage anliegend. In der Mitte ihres freien Randes geht vermittelst eines schmalen, etwa 3 mm. breiten Stieles ein bohnengrosser, derber, frei beweglicher Tumor ab, dessen Oberfläche glatt ist, und der im frischen Zustande stark hyperämisch war.

In der nachbarlichen Nasenhöhle fällt nur die Muschelatrophie auf, während von hypertrophischen Schleimhautstellen und Geschwülsten nichts zu bemerken ist.

Hoch oben im Riechspalte befindet sich zwischen der Septum- und der Muschelschleimhaut (obere Muschel) an einer umschriebenen Stelle eine Synechie.

Die gestielte Geschwulst der unteren Muschel zeigt folgenden Bau: Bei Lupenvergrösserung sieht man an der Oberfläche des Tumor stellenweise Erhabenheiten. Am Durchschnitte nimmt man schon mit freiem Auge eine grössere Anzahl von Lücken wahr, welche bei starker Vergrösserung als Venenlumina sich entpuppen, die vom Schwellgewebe der Muschel und vom Stiele aus in den Tumor hineingewuchert sind. Dem Hauptantheile nach besteht der Tumor aus einem feinfaserigen Bindegewebsfilz, welcher hämatogenes Pigment enthält.

Die Venenlumina weisen auf eine Abstammung der Geschwulst aus der Muschelschleimhaut hin, und es ist wahrscheinlich, dass es sich in diesem Falle um eine atrophische Schleimhauthypertrophie handelt, die sich vielleicht aus dem Grunde erhalten hat, weil an dieser Stelle die Muschelverdickung eine besondere Mächtigkeit erreicht hatte.

Fall 6. Untere Muschel scheinbar normal; mittlere Muschel: Deckelpartie wesentlich verschmälert, dünn, weich, biegsam, Hiatus blossliegend; an dem Processus uncinatus und dessen Umgebung sitzt mit breiter Basis eine konische Geschwulst auf, die weit in die Nasenhöhle vorspringt.

Fall 7. Ausführlich auf pag. 139 beschrieben. Rechterseits Nasenschleimhaut hypertrophisch, die untere Nasenmuschel atrophisch, aber am unteren Ende mit warzigen Erhabenheiten und einem Papillome versehen. Linkerseits Nasenschleimhaut sowie stellenweise der Ueberzug der unteren Muschel hypertrophisch.

---

In keinem der citirten Fälle war Empyem der Kieferhöhle vorhanden, und es konnten keine Beweise gefunden werden, dass der

Process vom Kiefer ausgegangen war. Einzelne Fälle, wo die Hypertrophien entfernt vom mittleren Nasengange sich zeigten, beweisen deutlich die Unabhängigkeit des Processes vom Zustande der Kieferhöhle. Alles deutet vielmehr darauf hin, dass es sich um Hypertrophien handelt, die im Gefolge einer primären Rhinitis entstanden sind.

Ob grosse Hypertrophien ganz schwinden können, kann ich nicht entscheiden; dass aber auch auf sie der atrophische Process einwirkt, scheint unzweifelhaft zu sein. Auf Grundlage meiner Schilderung wird wohl Jedermann klar werden, was man von der Angabe Voltolinis zu halten hat, nach der es sich bei der Annahme von Schleimhauthypertrophien, die der Atrophie vorausgehen sollen, um eine Verwechslung mit Intumescenzen des Schwellgewebes handelt.

Die Beweise dafür, dass eine Rhinitis von vorneherein einen atrophirenden Charakter annehmen könne, vermochte ich bisher nicht zu erbringen.

Ueber die Beziehung zwischen Muschelatrophie und Empyem handelt ausführlich das 16. Capitel.

## Zehntes Capitel.

### Synechien.

Von den 21 Fällen von Synechie, welche ich in den letzten Jahren beobachtet habe, waren: 3 traumatischen, 17 entzündlichen (nicht traumatischen) Ursprunges, darunter 6 neben Lues vorkommend, während angeborene Verwachsung des Siebbeines mit dem Septum nur in einem Falle beobachtet wurde.

Die Synechie findet sich in einem Falle zwischen der unteren Nasenmuschel und dem Nasenboden, in einem anderen zwischen der unteren Nasenmuschel und der Nasenscheidewand, während in den übrigen Fällen sich eine breitflächige Verwachsung zwischen den Siebbeinmuscheln und dem Septum ausgebildet hatte. Für das Verständniss der breitflächigen Synechien ist es nothwendig, auf die Anatomie der Siebbeinmuscheln näher einzugehen. Diese belehrt uns zunächst darüber, dass die Conchae ethmoidales mannigfachen Variationen unterworfen sind.

Die untere Siebbeinmuschel bildet eine convex-concave, leicht eingerollte Knochenplatte, deren Concavität (Sinus) lateral, deren Convexität medialwärts gerichtet ist. Im Sinus der Muschel steckt gar nicht selten die Bulla ethmoidalis.

Die mittlere Muschel kann in eine grosse, knöcherne Blase umgewandelt sein (siehe Bd. I, Taf. 2, Fig. 6), welche die vordere Hälfte des Nasenspaltes ausfüllt.

Endlich sitzen sehr häufig an der nasalen Fläche des Siebbeinlabyrinthes halbkugelförmige, mehr oder minder scharf begrenzte, hohle, dünnwandige Protuberanzen (Taf. 14, Fig. 5), die mit den nachbarlichen Siebbeinzellen und mit den Nasengängen in Communication stehen. Solche halbkugelförmige Protuberanzen bilden sich nicht an beliebigen Stellen aus, sondern halten sich typisch an bestimmte Theile der nasalen Fläche des Siebbeines. Sie finden sich:

a) am Agger nasi,

b) vorne an der breiten Platte, aus der sich die zwei Siebbeinmuscheln abzweigen,

c) an der oberen Nasenmuschel.

Die Grösse der bezeichneten Vorsprünge variirt. Ich werde den Vorsprung des Agger nasi als Tuberculum naso-turbinale, den der mittleren Muschel als Tuberculum ethmoidale anticum, den der oberen Muschel als Tuberculum ethmoidale posticum bezeichnen. Das Tuberculum der mittleren Muschel befindet sich im Umkreise des vorderen Endes der Fissura ethmoidalis inferior und enthält als Lichtung einen Theil des Muschelsinus. Das hintere Tuberculum sitzt an der oberen Muschel gerade über der Fissura ethmoidalis superior, nimmt häufig die ganze Muschel ein, und ihre Lichtung communicirt durch ein eigenes Ostium ethmoidale mit der Fissura ethmoidalis inferior. Das Tuberculum naso-turbinale beansprucht kein praktisches Interesse, da es gewöhnlich klein ist und zu weit vom Septum absteht, um leicht mit demselben verwachsen zu können; dagegen sind die beiden anderen Siebbeinwülste, die zuweilen sogar an einem und demselben Objecte nebeneinander aufzutreten pflegen, gross, nahe an die Scheidewand herangerückt und nicht selten von vorne herein mit ihr in Berührung. Dass die beschriebenen Protuberanzen typische Bildungen repräsentiren, geht deutlich aus der Betrachtung des embryonalen und kindlichen Siebbeines hervor. An der Muschelfläche des embryonalen, typisch mit drei Conchae versehenen Siebbeines findet man drei knopfförmige Vorsprünge (Taf. 14, Fig. 6), und zwar den ersten am Operculum, den zweiten am vorderen Ende der mittleren Muschel, den dritten am vorderen Ende der oberen Siebbeinmuschel. Diese Wülste stellen die Anlage von Hohlräumen des Siebbeines vor. Der Hohlraum am Operculum der mittleren Muschel geht später in den Sinus der Muschel sowie in eine Siebbeinzelle über, und die Fissura ethmoidalis inferior enthält für die Lichtungen der beiden anderen Wülste je ein Ostium ethmoidale; das Tuberculum anticum besitzt überdies gleich dem Sinus der Concha media eine Communication gegen den mittleren Nasengang. Nicht immer entfalten sich die embryonal angelegten Tubercula zu grösseren Blasen, häufig verflachen sie sich später oder verschwinden ganz.

Die Muschelhöcker dürfen eine gewisse Wichtigkeit beanspruchen, weil sie den Riechspalt verengen, und bei ihrer Gegenwart schon geringfügige Schleimhautschwellungen zum Verschlusse der Fissura olfactoria führen. Bei besonderer Grösse der Tubercula ist, wie schon bemerkt, der Riechspalt verschlossen. Dass die breitflächigen Synechien mit Vorliebe an den Stellen der Muschelwülste sitzen, ist nach der gegebenen anatomischen Schilderung leicht begreiflich. Aus diesem Grunde bleiben die untere Muschel, der Deckeltheil der mittleren Muschel, die hinteren Muschelenden, ferner das Tuberculum naso-turbinale von Synechien verschont, während, wie die nun folgende Beschreibung der einzelnen Fälle lehrt, am vorderen so wie am hinteren Muschelwulst häufig Verwachsungen mit der Nasenscheidewand beobachtet werden.

Fall 1. Angeborene Synechie (Taf. 15, Fig. 1): Linke Nasenhöhle normal. Rechterseits ist die mediale Fläche beider Siebbeinmuscheln fast ihrer ganzen Ausdehnung nach mit dem Septum verwachsen; Fissura olfactoria verschlossen. Nur vorne, wo an einer umschriebenen Stelle die Verwachsung ausgeblieben ist, findet sich ein kurzer, enger Spalt, der in den gemeinsamen Nasenspalt mündet. Die Synechie beruht ausschliesslich auf einer Verwachsung der gegenüberliegenden Schleimhautflächen.

Siebbein. Auf beiden Seiten, insbesondere aber auf der rechten sind die vorderen Siebbeinzellen mangelhaft ausgebildet. Dagegen zeichnet sich die rechte Bulla ethmoidalis durch ihre eminente Entfaltung aus; sie ist kegelförmig zugespitzt, presst sich an die laterale Fläche der mittleren Muschel, und die in Contact stehenden Schleimhautflächen sind verwachsen. Es ist möglich, dass die mächtige Bulla die mittlere Nasenmuschel an die Nasenscheidewand angedrückt und auf diese Weise den Grund zur Synechie gelegt hat.

Keilbeinhöhle. Die Keilbeinhöhle ist linkerseits gut entwickelt, rechts nicht; hier bildet sie blos eine etwa bohnengrosse Nische, die mit dem noch vorhandenen Rudimente des Riechspaltes communicirt. Der Keilbeinkörper ist entsprechend diesem Verhalten äusserst dickwandig und spongiös, während links, wo die Keilbeinhöhle sich compensatorisch über die Norm hinaus vergrössert hat, die Wandung der Sinus eine zarte Beschaffenheit zeigt.

Bei genauerer Untersuchung des Keilbeinkörpers entdeckt man, dass der Hohlraum desselben sich aus zwei Stockwerken aufbaut, von welchen nur das untere dem Sinus sphenoidalis angehört, das obere Stockwerk stellt einen Theil des linken Siebbeinlabyrinthes vor (hintere Siebbeinzellen), welcher in den Keilbeinkörper bis unter die Sella turcica und die Mittellinie überschreitend nach rechts hinüber hineingewachsen ist. Dieser Zellencomplex steht mit der eigentlichen Keilbeinhöhle nicht in Communication.

Es handelt sich in dem vorliegenden Falle um eine angeborene Synechie; wofür hauptsächlich die verkümmerte Beschaffenheit des rechtsseitigen Sinus sphenoidalis spricht, dessen Zusammentreffen mit der Synechie kaum ein zufälliges sein dürfte.

Stirn- und Oberkieferhöhle normal.

Fall 2. Synechie der unteren Muschel mit dem Nasenboden (Taf. 15, Fig. 2). In diesem Falle finden sich beiderseits sehr bemerkenswerthe Veränderungen. Auch Nasenpolypen sind vorhanden, die sich rechterseits bis an die Lamina cribrosa empor erstrecken.

Rechte Nasenhöhle: Nasenschleimhaut im Ganzen hypertrophisch, die untere Muschel etwas verkürzt, verschmälert, flacher, demnach atrophisch. In der vorderen Hälfte ist die Schleimhautbekleidung glatt, in der hinteren mit warzigen Erhabenheiten versehen. Am hinteren Ende überragt die Schleimhaut den Muschelknochen in Form eines langen, frei beweglichen Himbeerpolypen.

Mittlere Muschel: Ihre vordere Hälfte in Folge eines an dieser Stelle aus dem mittleren Nasengange hervorgewachsenen Polypen, der auf die Muschel drückte, verdünnt, biegsam, atrophisch. Im Gegensatze hiezu ist die hintere Hälfte der Muschel verdickt. Am freien Rande der Muschel hängt ein mit breiter Basis aufsitzender, dünner, gallertiger Polyp. Die obere Muschel ist an zwei Stellen zu halbkugeligen Knochenblasen aufgetrieben, die durch den Druck von Seite der Nasenscheidewand atrophisch geworden sind. Ueber diesen Auftreibungen des Siebbeines ist die Muschelschleimhaut mit dem Ueberzuge des Septum verwachsen.

Die Auskleidung der **Siebbeinzellen** verdickt, stellenweise mit **leistenförmigen**, in die Höhlen der Zellen hineinragenden **polypösen Verlängerungen** und hier und da mit hirsekorn- bis linsengrossen Cysten besetzt. Inwieweit die Erkrankung der Labyrinthschleimhaut die Ektasie der typischen Knochenblasen förderte, kann nicht bestimmt werden; die Möglichkeit einer solchen Beziehung ist jedoch nicht auszuschliessen.

An der äusseren Nasenwand gerade vor der mittleren Muschel befindet sich ein kleiner, dünner, gallertiger, mit breiter Basis aufsitzender Polyp, der vorne bis an den Nasenrücken reicht und mit seiner hinteren Partie auf die mittlere Muschel selbst übergreift. Die Muschelschleimhaut hinter dem Ansatze des Polypen gewulstet und zu mehreren (3) kleinen, blattförmigen Gallertpolypen entwickelt. Die Schleimhautbekleidung der äusseren Nasenwand vom Polypen bis an die Lamina cribrosa empor gleichfalls höckerig und hypertrophisch, desgleichen die Scheidewandschleimhaut gegenüber von dem Polypen. Letztere Hypertrophie dürfte in Folge des Contactes der Scheidewand mit dem Polypen zu Stande gekommen sein.

Der **Processus uncinatus** wird von einem hahnenkammartigen Polypen eingenommen, der auf die mittlere Muschel (vorderes Ende) drückte und mit seiner unteren Hälfte in das Gehäuse der äusseren Nase hineinragt. Die Oberfläche dieser Geschwulst ist an mehreren Stellen mit Cysten besetzt. Auch an der **Bulla ethmoidalis** sitzt ein etwa bohnengrosser, cystöser Polyp. Zwischen die beiden Geschwülste zwängt sich in den Hiatus semilunaris eine aus dem Schleimhautüberzuge der lateralen Muschelfläche (der mittleren) hervorgegangene, bohnengrosse Schleimhautprotuberanz (polypöse Hypertrophie) ein, die prall gefüllte Cysten enthält. Die Cysten an den Berührungsstellen der Geschwülste repräsentiren Retentionscysten, entstanden durch das innige Aneinandergepresstsein der betreffenden Schleimhautflächen.

Sinus: Die Schleimhäute der pneumatischen Anhänge sind gleich ihren knöchernen Unterlagen, an welchen sie innig anhaften, verdickt und stellenweise mit Cysten besetzt, ein Beweis, dass die Entzündung dieser Häute bis in die periostale Schichte der Schleimhaut vorgedrungen war.

Alveolarfortsatz des Oberkieferbeines senil atrophirt.

Linke Nasenhöhle: Nasenschleimhaut hypertrophisch. Untere Muschel: Die Schleimhaut am vorderen Muschelende verdickt sich zu einer glatten Geschwulst, welche in das Gehäuse der äusseren Nase vorragt. Die convexe Fläche der hinteren Muschelhälfte bis an das rückwärtige Muschelende zu einer stark vorspringenden, warzigen Erhabenheit verdickt, die sich scharf gegen ihre mit niedrigen Papillen besetzte Umgebung begrenzt. Vom freien Muschelrande ist eine etwa 1 cm. lange Partie mit dem Schleimhautüberzuge des Nasenbodens verwachsen (Synechie). Der Umstand, dass an der Muschel mit papillärer Hypertrophie einzelne Stellen stärker vorragen als die anderen, kann verschieden gedeutet werden. Das Einfachste wäre, anzunehmen, dass einzelne Partien eben stärker gewuchert sind als andere. Es ist aber auch möglich, dass ehemals die Muschelschleimhaut ihrer ganzen Ausdehnung nach in gleicher Weise verdickt gewesen und erst später durch einen aufgetretenen atrophischen Process eine partielle Abflachung erfahren hat. Hienach ist es nicht ausgeschlossen, dass bei längerer Lebensdauer die längliche, warzige Leiste sich abgeflacht hätte. Am hinteren Muschelende hängt eine frei bewegliche, an der Oberfläche mit zahlreichen warzigen Fortsätzen besetzte polypöse Hypertrophie.

Mittlere Muschel: Am vorderen Rande derselben sitzt eine bohnengrosse, polypöse Hypertrophie, die auch auf den Agger nasi übergegriffen hat. Ueber derselben ist die Schleimhaut der äusseren Wand und der Muschel bis an die Lamina cribrosa empor gewulstet.

Obere Muschel: Am freien Rande derselben sitzt ein kleiner, kurzer, aber mit breiter Basis aufsitzender, hahnenkammartiger Gallertpolyp.

Hiatus semilunaris: Vom Rande des Processus uncinatus hängt ein mit langer Basis aufsitzender, ziemlich dicker Cystenpolyp herab.

Sinus: Die Schleimhäute und die Knochenwandungen verhalten sich wie auf der Gegenseite.

Alveolarfortsatz senil atrophirt.

Die Synechie zwischen dem freien Rande der unteren Muschel und dem Nasenboden ist zweifelsohne auf Grundlage einer chronischen Entzündung entstanden, die auch zur Hypertrophie der Schleimhaut geführt hat. Gar nicht selten sieht man in solchen Fällen die glatte oder zottige Schleimhaut am unteren Muschelrande derart verlängert, dass sie dem Nasenboden breit aufliegt, wodurch die Gelegenheit zu Synechien gegeben ist.

Fall 3. **Synechie zwischen der unteren Muschel und dem Septum** (Taf. 15, Fig. 3). Schleimhaut atrophisch. Zwischen der convexen Fläche der unteren Muschel und der Nasenscheidewand findet sich eine kurze, dicke, quergelagerte Verbindungsbrücke.

Fall 4. **Verwachsung zwischen der mittleren Nasenmuschel und dem Septum.** Die kurze (3 mm. lange) quer gelagerte Synechie ist 5 mm. breit und befindet sich zwischen dem Septum und dem vorderen Ende der rechten mittleren Muschel. Nasenhöhle sehr geräumig. Nasenmuscheln atrophisch, namentlich die mittlere, die an Höhe so weit abgenommen hat, dass das Infundibulum blossliegt. Das Zustandekommen der Synechie wurde in diesem Falle durch das nach rechts deviirte und mit einem Hakenfortsatze versehene Septum erleichtert.

Fall 5, 6 und 7. **Synechien traumatischen Urprunges.** Diese Fälle sind im zweiten Capitel ausführlich beschrieben und auf Taf. 1, Fig. 8, 9 u. 10 abgebildet. In allen drei Fällen handelt es sich um Synechien nach Brüchen der knorpeligen Nasenscheidewand. Im ersten Falle findet sich die Synechie zwischen Septum und der äusseren Nasenwand, im zweiten und dem dritten Falle zwischen Septum und dem Nasendache.

Die nun folgenden Fälle von Synechie etabliren sich im Riechspalte und zeigen insoferne ein **typisches Verhalten**, als sie stets an den gleichen Stellen auftreten.

Fall 8. **Synechie zwischen dem Tuberculum posticum und der Scheidewand.** Länge und Breite der Synechie 1 cm. Oben reicht die Verwachsung der Schleimhautflächen bis an die Lamina cribrosa.

Fall 9. **Dasselbe.**

Fall 10 (Taf. 15, Fig. 4). **Dasselbe.** Schleimhaut der Muscheln hypertrophisch, an ihren hinteren Enden zu glatten polypösen Geschwülsten verlängert. Die der mittleren Muschel reicht bis an die Rachenöffnung der Tuba heran.

Fall 11. **Dasselbe.** Nasenschleimhaut hypertrophisch, namentlich am hinteren Ende der unteren Muschel, welche eine papilläre Geschwulst trägt. Nebenbei zeigt die convexe Muschelfläche eine schräg von vorne unten nach hinten oben aufsteigende Druckmarke, hervorgerufen durch eine breite Leiste der Scheidewand. Diese Leiste war auch mit dem vorderen Ende der mittleren Muschel in Contact und brachte es zur Atrophie. Die Synechie ist 7 mm. lang und reicht bis an die Siebplatte empor.

Fall 12. Dasselbe. Schleimhaut der unteren Nasenmuschel hypertrophirt. Kleine Polypen am Processus uncinatus und an der Bulla ethmoidalis. Die Synechie ist 1 cm. lang und reicht bis an die Siebplatte empor.

Fall 13. Dasselbe. Polyp am Processus uncinatus, übrige Nasenschleimhaut normal aussehend. Synechie etwas kleiner als im vorigen Falle.

Fall 14. Dasselbe. Untere Nasenmuschel zu einer kurzen, schmalen Leiste atrophirt; mittlere Muschel dagegen abnorm gross, und der Schleimhautüberzug an ihrem freien Rande polypös hypertrophirt. Die Nasenschleimhaut ihrer ganzen Ausdehnung nach hämatogen pigmentirt, theils diffus, theils in Form von Flecken. Synechie 2 cm. lang bis an die Siebplatte emporreichend. Im hinteren Winkel der Synechie steckt eine Schleimhautcyste.

Fall 15. Synechie am Tuberculum anticum. Nasenschleimhaut atrophisch mit Ausnahme der Bekleidung des Processus uncinatus, wo ein dicker, fleischiger Drüsenpolyp sitzt. Die Synechie befindet sich knapp hinter dem Agger nasi und ist blos 3 mm. lang und 2 mm. hoch. Das Tuberculum klein, dafür aber das Septum deviirt.

Fall 16. Synechie an beiden Muschelwülsten. Nasenschleimhaut hypertrophisch; Papillom an den hinteren Enden der unteren und der mittleren Nasenmuschel. Tuberculum anticum und posticum sehr gross. Synechie 1½ cm. lang und bis nahe an die Lamina cribrosa emporreichend.

Fall 17. Lues. Synechie zwischen Septum und oberer Nasenmuschel im Riechspalt.

Fall 18. Lues. Synechie zwischen Septum und mittlerer Muschel entsprechend der Stelle, wo sonst das Tuberculum anticum sitzt.

Fall 19. Lues. Synechie zwischen Septum und der mittleren Nasenmuschel am Agger nasi.

Fall 20. Lues. Synechie zwischen beiden Siebbeinmuscheln und der Nasenscheidewand. Die Verwachsung ist so ausgedehnt, dass mit Ausnahme einer kleinen Stelle an den hinteren Muschelenden der Riechspalt fast vollständig verschlossen ist.

Fall 21. Lues. Strangförmige Synechie zwischen dem vorderen Rande der mittleren Muschel und der Scheidewand, ferner eine zweite Synechie höher oben zwischen der letzteren und der Stelle des Tuberculum posticum.

Fall 22. Lues. Breite strangförmige Synechie im Vestibulum nasale zwischen dem Septum und der äusseren Nasenwand gerade an der unteren Muschel.

Ausführlich sind die Lues betreffenden Fälle im Capitel über die Syphilis der Nasenhöhle beschrieben.

Mikroskopischer Befund: Nicht in allen Fällen ist die Verwachsung der als typisch bezeichneten Synechie eine complete, es kommt vor, dass nebeneinander Spalten und Verwachsungen wiederholt abwechseln (siehe Taf. 15, Fig. 5 u. 6). Man sieht der Breite nach verschieden ausgebildete Gewebsbrücken von einer Schleimhautfläche in die andere übergehen. Die subepitheliale Schleimhautschichte hat ihre feinfaserige Structur verloren und es reicht nun welliges Bindegewebe bis an die ehemalige Oberfläche der Membran, was man am besten an jenen Stellen der Präparate ersieht, wo noch Reste des Riechspaltes vorhanden sind. Drüsen fehlen.

Fassen wir das Wichtigste aus den gegebenen Beschreibungen heraus, so ergibt sich, dass die meisten Synechien (15 unter 22 Fällen) in den Bereich des Riechspaltes fallen. Es ist dies begreiflich, wenn man die Enge der Fissura ethmoidalis erwägt. Die Schleimhautflächen der Siebbeinmuscheln und der Scheidewand liegen hier nahe aneinander und gerathen bei Schwellung leicht in Contact; insbesondere wenn Muschelwülste in den Spalt vorragen.

Als Gelegenheitsursachen für das Zustandekommen von Verwachsungen sind katarrhalische Schleimhautschwellungen und Entzündungen der Schneiderschen Membran anzusehen, daher beobachten wir auch so häufig neben der typischen Synechie Schleimhauthypertrophie, Polypenbildung, Lues oder Trauma.

Der Vollständigkeit halber verweise ich noch auf den auf pag. 87 beschriebenen Fall eines Cystenpolypen, welcher beweist, dass auch Geschwülste Verwachsungen mit den Gebilden der äusseren Nasenwand einzugehen vermögen.

# Elftes Capitel.

## Syphilis.

Die syphilitischen Processe in der Nasenhöhle sind, so weit es sich um die Anatomie handelt, noch nirgends systematisch behandelt worden. Die ausführlichen Untersuchungen, welche von Schuster und Sänger [1]) vorliegen, haben die Erkenntniss dieses Krankheitsprocesses wohl sehr gefördert, aber auch in ihrer Schrift vermisst man ein zusammenfassendes Bild. Nach den Resultaten, die Sänger durch seine erste Untersuchungsreihe erhielt, findet sich bei der Nasensyphilis Folgendes:

1. Einfache syphilitische Infiltrate der nicht hypertrophischen Schleimhaut verschiedenen Grades.

2. Einfache syphilitische Infiltration von hypertrophischer und hypertrophirender Schleimhaut.

3. Stärkere syphilitische Infiltration als Uebergang zum echten Syphilom.

4. Das Syphilom der Schleimhaut als geschwulstartig auftretende syphilitische Neubildung innerhalb der Schleimhaut unter vollständigem Untergange deren ehemaliger Structur.

5. Die exfoliirende Knochennekrose als Folge purulenter Processe.

6. Die rareficirende und plastische Ostitis.

Hinsichtlich des Verhaltens der Schleimhauterkrankung zu der des Knochens bemerkt Sänger im Gegensatze zu der Ansicht, dass in der Reihenfolge des luetischen Processes die Erkrankung der Knochen und Knorpel stets dem der Schleimhaut erst nachfolge, dass der Infiltrationsgrad der Nasenschleimhaut immer ihrer Mächtigkeit und Proliferationskraft angemessen sein wird, und darum die Knochen an und für sich niemals durch die inficirte Schleimhaut bedroht sein können. Sänger beweist, dass die Knochen der Nasenhöhle unabhängig von der Nasenschleimhaut erkranken können, womit natürlich nicht gesagt sein soll, dass secundäre Knochenerkrankung durch fortschreitende Verschwärung der Schleimhaut nicht vorkäme; sie ist nur nicht das Ausschliessliche. Sänger stellt diesbezüglich nachstehende Relationen auf:

---

[1]) Beitr. z. Path. u. Ther. d. Nasensyphilis. Viertelj. f. Dermat. u. Syph. 1877 u. 1878.

1. Schleimhautinfiltration und Periosterkrankung treten gleichzeitig und unabhängig von einander auf.
2. Schleimhautinfiltration und Periosterkrankung treten nach einander, doch unabhängig von einander auf.
3. Die Schleimhautulceration (Umwandlung der Schleimhaut in ein Syphilom) setzt sich auf das Periost und den Knochen fort, ehe diese selbstständig erkrankten. Letztere entzünden sich secundär oder werden in toto exfoliirt.
4. Die Periostentzündung mit consecutiver Ostitis und Caries ist das Primäre, die Schleimhautinfiltration mit allen ihren möglichen Formen das Secundäre. Auch Combinationen dieser vier Kategorien werden angenommen. In einer zweiten Schrift[1]) wird auf die Combination von Syphilis mit vorheriger chronischer Rhinitis und die Vortäuschung von Syphilom durch eine ältere, nicht specifische, polypöse Geschwulst aufmerksam gemacht.

Im Gegensatze zu Sänger leitet C. Störk[2]) die Erkrankung der Nasenknochen bei Lues nicht von dem directen Ergriffenwerden der Knochen, nicht von Perichondritis und Periostitis syphilitica ab, sondern führt die Blosslegung der Knochen auf Schwund der Schleimhaut in Folge der Ulceration zurück.

Von dem mikroskopischen Verhalten der luetischen Nasenschleimhaut entwirft Sänger nachstehendes Bild: Die Schleimhaut enthält in massenhafter Weise Rundzellen, die bis zum oberflächlichen Epithel emporreichen und stellenweise sich auch zwischen die Epithelien drängen. Die Infiltration umgibt die Gefässe, durchsetzt deren Häute derart, dass die Gefässlumina nur noch von runden Zellen begrenzt sind, doch können die Adventitia und Intima auch bis zur völligen Obstruction der Lumina verdickt sein. Die Rundzelleninfiltration schiebt sich auch zwischen die Acini der Drüsen, bringt die Drüsenzellen selbst zur Einschmelzung.

Am stärksten sind die Adventitia der kleinen Gefässe, die Drüsenausführungsgänge sowie die Gewebslagen unmittelbar unter dem Epithel infiltrirt. Die syphilitische Wucherung entwickelt sich zum wahren Syphilom, wobei Drüsen und Epithelien vollständig fehlen.

Uebergehend zu meinen eigenen Untersuchungen hebe ich zunächst hervor, dass meine Beschreibung nur den Zweck hat, eine Reihe

---

[1]) Path.-anatom. Studien über Nasensyphilis. ibid. 1878.
[2]) Handb. d. allg. u. spec. Chir. Bd. III. Abth. 1.

von anatomischen Bildern vorzuführen, wie sie in solcher Deutlichkeit bisher wohl nicht gegeben wurden. Ein Vortheil meiner Untersuchung besteht auch darin, dass ich genau anzugeben vermag, welcher Stelle die zur mikroskopischen Untersuchung verwendeten Schleimhautpartien angehörten.

### Fall 1. Syphilis mit Hypertrophie der Nasenschleimhaut.
(Taf. 16, Fig. 1.)

Aeussere Nase in der bei Syphilis typischen Weise eingesunken, nur wenig über den flachen Nasenrücken und die Oberlippe vorspringend. Alveolarfortsatz atrophisch, entsprechend den Schneide- und Eckzähnen äusserst defect; in Folge dessen Nasenhöhle mit dem Cavum oris in weiter Communication. Septum nasale defect; mit Ausnahme eines schmalen Stückes an den Choanen und des der oberen Nasenmuschel gegenüberliegenden Stückes fehlend. Letzteres enthält keinen Knochen. Die wulstigen Nasenflügel wesentlich verdickt und gegen die Nasenhöhle als gewölbte Tumoren vorspringend. Dieser Tumor besteht vorwiegend aus einem zwischen die Schichten des Nasenflügels eingeschobenen Fettklumpen. Nasenschleimhaut im Allgemeinen hypertrophisch. Untere Muschel beiderseits am vorderen Ende atrophisch, insbesondere an der rechten Seite, wo überhaupt kein Muschelvorsprung zu sehen ist. Mittlere Muschel in der vorderen Hälfte atrophisch, in der hinteren verdickt und hypertrophisch. Hiatus semilunaris in Folge der Atrophie der Concha nasalis media freiliegend, seine Ränder (Processus uncinatus und Bulla ethmoidalis) mit dicken, polypösen Wucherungen besetzt, die den Spalt abschliessen. Linkerseits ist trotzdem eine freie Communication zwischen der Kiefer- und Nasenhöhle vorhanden, da die hintere Nasenfontanelle ein grosses Ostium maxillare accessorium führt. Schleimhaut der Kieferhöhle verdickt, stark gewulstet, mit warzigen und lappigen Fortsätzen versehen und innig mit der Knochenwand verwachsen. Schleimhaut der übrigen Nebenhöhlen normal, nur im Sinus frontalis zeigt der Ueberzug einiger vorspringender Kanten eine Verdickung.

Wir finden demnach in diesem Falle hypertrophische und atrophische Stellen neben einander. Die Atrophie der Muscheln dürfte kaum die Folge von Knochennekrose sein, denn nirgends zeigt sich Narbengewebe. Es scheint vielmehr die Atrophie in derselben Weise, wie dies bei der Rhinitis atrophicans der Fall ist, entstanden zu sein.

Mikroskopischer Befund: Nasenschleimhaut. Oberflächenepithel abgefallen. Schleimhautoberfläche höckerig, die subepitheliale Schichte verdickt, die Gewebsmaschen ausgeweitet und gleich den Drüsen dicht mit Rundzellen infiltrirt. Gefässe stark dilatirt, insbesondere die cavernösen Stellen, ihre Wandungen rundzellenhältig. Aehnliche Bilder liefern die Präparate der polypösen Hypertrophien, nur zeigen ihre Drüsen cystische Degeneration. Schleimhaut des Sinus maxillaris verdickt, gewulstet, innig mit der knöchernen Unterlage verwachsen. Ganz besonders stark hat die subepitheliale Schichte im Dickendurchmesser zugenommen, die in Folge der massenhaften Einlagerung von Rundzellen förmlich in Granulationsgewebe umgewandelt erscheint. Die Oberfläche der Mucosa ist papillär und gleicht völlig der Oberfläche der weichen Nasenpapillome; die papillenförmigen Fortsätze sind lang, und die Rundzellen des Gewebsstroma setzen sich in sie hinein fort. Tiefere Schleimhautschichten auch verdickt und rundzellenhältig, aber nicht in so hohem Grade. Drüsen stellenweise cystös, Gefässe stark dilatirt. Die Kieferhöhlenschleimhaut gleicht in diesem Falle völlig der bei der gewöhnlichen, eiterigen Entzündung.

Fall. 2. **Syphilis mit Muschelperforation.** (Taf. 16, Fig. 2.)

Aeussere Nase in typischer Weise eingesunken. Nasenrücken abgeflacht. Zwischen der Nase und der Apertura pyriformis eine tiefe Circulärrinne vorhanden. Nasenscheidewand defect. Es findet sich blos der hinterste, unter dem Keilbeine gelegene Abschnitt vor, welcher überdies durch ein grosses Loch in zwei schmale Leisten getheilt wird. Die an den Choanen liegende, hintere Leiste setzt sich ausschliesslich aus Schleimhaut zusammen. Auch der in die Projection der oberen Nasenmuscheln und der hinteren Enden der mittleren Muscheln fallende Antheil des Septum ist erhalten und mit der mittleren Muschel verwachsen. An den Rändern des defecten Septum so wie auch in dem oberen Antheile des Nasenspaltes steckte eine krümlige Masse. Nasenschleimhaut gewulstet, hypertrophisch, insbesondere am Nasenboden. An der äusseren Wand des linken, unteren Nasenganges wird an einer umschriebenen Stelle die Schleimhaut von einer strahligen Narbe substituirt.

Untere Muschel: Ihr Schleimhautüberzug beiderseits verdickt, namentlich am hinteren Ende. Jede Concha inferior ist überdies durchlöchert. Die Perforation findet sich in der vorderen Hälfte des

Organes und ist rechterseits fast 1 cm. lang. Linkerseits finden sich zwei Lücken neben einander. Die Ränder der Oeffnungen sind überhäutet.

Mittlere Muschel vorne verkürzt, wesentlich verschmälert, ihre Schleimhaut rechterseits hypertrophisch, mit zahlreichen, erweiterten Drüsenmündungen besetzt, linkerseits glatt, dünn und atrophisch.

Hiatus semilunaris linkerseits freiliegend, rechterseits noch verdeckt und mit einer polypösen Wucherung an der Bulla versehen.

Kieferhöhle: Rechterseits eine grosse Knochengeschwulst enthaltend (siehe pag. 178 und Taf. 21, Fig. 2), Schleimhaut verdickt und mit kleinen Cysten besetzt. Linker Sinus maxillaris von einer an der äusseren Nasenwand und am Boden breit aufsitzenden Geschwulst, die eine fast haselnussgrosse Cyste enthält, ausgefüllt. Kuppe der cystösen Geschwulst, die offenbar ein Entzündungsproduct darstellt, am Rande des Ostium maxillare festgewachsen.

Zahnfortsatz senil atrophirt. Knochen der Schädelkapsel verdickt.

### Fall 3. **Syphilis mit Muschelatrophie.**

Aeussere Nase in typischer Weise eingesunken.

Nasenbeine verkürzt und verdickt.

Nasenschleimhaut dünn, atrophisch.

Untere Muschel verkürzt, verschmälert; von ihrem vorderen Ende zieht gegen die Prominenz der eingedrückten Nase eine weisse, sehnig aussehende Narbe.

Mittlere Muschel derart verkleinert, dass der Hiatus semilunaris ganz freiliegt. Schleimhaut zart. Entsprechend dem Agger nasi ist die Muschelschleimhaut mit der Septumschleimhaut verwachsen. Die Synechie enthält eine kleinlinsengrosse Retentionscyste. Sinusschleimhäute normal aussehend. Mit Ausnahme der narbigen Stelle an der Bekleidung des unteren Nasenganges zeigt die Nasenschleimhaut nirgends die Zeichen eines abgelaufenen, geschwürigen Processes.

Mikroskopischer Befund. Die mikroskopische Untersuchung liefert Bilder, welche den bei hochgradiger, genuiner Atrophie ganz ähnlich sind. Ueberall fällt die fibröse Degeneration der Mucosa auf.

**Fall 4. Syphilis mit beinahe vollständigem Defect der Binnenorgane der Nasenhöhle.** (Taf. 16, Fig. 3.)

Aeussere Nase tief gegen die Nasenhöhle eingesunken. Septum mit Ausnahme einer schmalen Partie an der Choane defect.

Rechte Seite: Die unteren und mittleren Nasenmuscheln fehlen bis auf die letzte Spur. Die übrigen Siebbeinmuscheln sind in Form von schmalen Leisten noch vorhanden. Die in der Abbildung licht gehaltene Leiste unter der Fissura ethmoidalis inferior repräsentirt die Bulla ethmoidalis.

Hiatus semilunaris fehlt in Folge von Verwachsung. Die Auskleidung der abnorm geräumigen Nasenhöhle an einzelnen Stellen verdickt, gewulstet, succulent, weich, leicht zerreisslich, an anderen Stellen dünn, sehnig, narbig aussehend. Die unter den gewulsteten Partien gelagerten Knochenstücke des Nasenskeletes rauh und gelockert.

Sinusschleimhäute verdickt. Alveolarfortsatz grösstentheils atrophisch.

Linke Seite: Untere Muschel auf eine kurze, dünne, sehnige Leiste reducirt, die an beiden Enden in je eine strahlige Narbe ausläuft. Schleimhaut des unteren Nasenganges stark verdickt, uneben, höckerig und sehr weich.

Hiatusgegend ganz freiliegend in Folge der Atrophie der mittleren Nasenmuschel. Schleimhaut mit Ausnahme der zwei als narbig bezeichneten Stellen dünn und glatt, nirgends die Spur eines Geschwüres zeigend.

Kieferhöhle in normaler Communication mit dem Cavum nasale. Schleimhaut dünn und mit vielen kleinen Cysten besetzt.

Keilbeinhöhle: Ihre Wandung verdickt, höckerig und fest mit der dünnen Schleimhautauskleidung verwachsen.

Mikroskopischer Befund: Zur Untersuchung wurde ein Stück aus der gewulsteten, höckerigen Partie, ein zweites aus den narbig aussehenden Antheilen der Nasenschleimhaut gewählt. Für die Untersuchung der Kieferhöhlenschleimhaut habe ich die der rechten Seite genommen. Die dicken, gewulsteten, weichen Partien der Nasenschleimhaut bestehen durchaus aus Granulationsgewebe. Die narbig aussehenden Stellen bauen sich aus fibrösem Gewebe auf. Die Maschen des Stroma sind ausgeweitet und insbesondere in der subepithelialen Schichte dicht mit Rundzellen infiltrirt, so dass man das Mattenwerk nur an jenen Stellen wahrnehmen kann, wo die zellige Einlagerung bei der Präparation ausgefallen ist.

Schleimhaut der Kieferhöhle etwa auf das Zwanzigfache verdickt, die Lücken des Stroma ausgeweitet, die Faserstränge vielfach eingerissen. Rundzellen finden sich nur mehr an der Peripherie der kleinen Venen. In den tieferen Schleimhautschichten ist das Gefüge dichter, und es zeigt sich stellenweise hämatogenes Pigment eingestreut.

### Fall 5. Syphilis mit Muschelatrophie und Synechie combinirt.

Aeussere Nase in typischer Weise eingesunken, ihre Flügeltheile geschwulstartig gegen die Nasenhöhle vorspringend. Nasenbeine verkürzt, verdickt. Septum im vorderen unteren Antheile defect.

Nasenschleimhaut atrophisch, stellenweise reines Narbengewebe darstellend.

Untere Muschel beiderseits kürzer und schmäler, Muschelknochen aber dick und resistent. Die vorderen und hinteren Muschelenden gehen in vielstrahliges, derbes Narbengewebe über, das gegen den Nasenboden und vorne gegen die tumorenartigen Vorsprünge der Nasenflügel sich fortsetzt.

Mittlere Muschel beiderseits stark atrophisch, daher der Hiatus semilunaris nicht mehr gedeckt ist. Synechie vorne zwischen der convexen Fläche der Muschel und dem Septum. Das knöcherne Septum ist entsprechend der Schleimhautsynechie verdickt. Sinusschleimhäute dünn und zart.

### Fall 6. Syphilis mit Atrophie der unteren Muscheln.

Nasenrücken leicht eingesunken, welcher Umstand sich offenbar dadurch erklärt, dass nur der Septumknorpel ähnlich wie beim Ulcus perforans eine grössere Lücke zeigt, deren vordere Umrahmung noch eine sichere Stütze des Nasenrückens bildet. Ein grösserer Defect findet sich in diesem Falle am Choanentheile der Nasenscheidewand, wo eine 2—3 cm. breite Zone derselben vollständig fehlt. Wir haben also vorne eine Perforation, hinten einen grösseren Defect, während der mittlere Antheil des Septum intact geblieben ist. Nasenschleimhaut theils dick, höckerig und leicht zerreisslich, insbesondere am Nasenboden, wo über bohnengrosse Infiltrate sich erheben, theils dünn und narbig.

Untere Nasenmuschel links vollständig fehlend, rechts eine schmale, lange, glatte, glänzende, an den Enden mit strahligen Ausläufern versehene narbige Leiste darstellend.

Mittlere Nasenmuschel wohl schmäler, aber nicht verkürzt, normal aussehend bis auf das hintere Ende, welches ein kleines Papillom trägt. Schleimhaut der Kieferhöhle dünn, derb, fest mit der unebenen, stellenweise mit stacheligen Auswüchsen bewachsenen Kieferwand verwachsen.

Mikroskopischer Befund: Die dicken, lockeren Infiltrate am Nasenboden bestehen aus Granulationsgewebe, die narbigen Partien aus dichtem Bindegewebe.

### Fall 7. Syphilis mit Muschelatrophie und beiderseitiger Verwachsung zwischen dem Siebbeine und der Nasenscheidewand.
(Taf. 16, Fig. 4.)

Aeussere Nase eingesunken. Knöcherner Nasenrücken verkürzt, verdickt.

Nasenscheidewand: Ihre vordere Hälfte fehlt vollständig. Ein schmaler Saum des knorpeligen Theiles, der am Nasenrücken noch erhalten geblieben, ist narbig entartet, zusammengezogen und dürfte das Seinige zum Einsinken der Nase beigetragen haben.

Nasenschleimhaut stellenweise normales Aussehen zeigend, stellenweise verdickt und an anderen Stellen wieder durch Narbengewebe substituirt. Ueber das Schleimhautverhalten des Riechspaltes kann nichts bemerkt werden, denn die Septumschleimhaut ist mit der nasalen Fläche des Siebbeinlabyrinthes, die hinteren Muschelenden ausgenommen, breit verwachsen. Speciell zeigt sich Folgendes: Linkerseits fehlt die untere Muschel vollständig, an ihrer Haftstelle finden sich mehrere, in eine sagittal gerichtete Reihe gestellte Schleimhauterhabenheiten, Mündung des Thränennasenganges freiliegend und von wulstigen, verdickten Rändern umsäumt. Die Auskleidung des geräumigen Nasenspaltes bis an die Verwachsung empor wird von dichtem, stellenweise strahligem Narbengewebe beigestellt. Nur die Choanenpartie macht hievon eine Ausnahme; hier ist die Mucosa verdickt und hypertrophisch, das hintere Ende der mittleren Muschel ist aber wieder atrophisch.

Schleimhaut im Sinus frontalis und sphenoidalis normal, die der Kieferhöhle verdickt, fest mit der Knochenunterlage verwachsen und an der Oberfläche mit wulstigen Vorsprüngen versehen.

Rechterseits (siehe Taf. 16, Fig. 4): Die rechte Hälfte unterscheidet sich von der linken dadurch, dass **ein grosser Theil der äusseren Nasenwand sammt der unteren Muschel, der Bulla ethmoidalis und dem Processus uncinatus fehlt.** An ihrer Stelle findet sich ein nahezu thalergrosser Defect, und die Nasenhöhle ist mit der Kieferhöhle in weiter Communication. Vor der grossen Oeffnung sieht man die schlitzförmige Mündung des Thränennasenganges. Schleimhautauskleidung der Nasen- und Kieferhöhle dünn, weiss, glänzend, einer Serosa ähnlich, durchaus aus Narbengewebe bestehend, welches stellenweise eine strahlige Form angenommen hat.

Schleimhaut des Sinus frontalis und Sinus sphenoidalis normal aussehend.

Die Siebbeinzellen münden theils in die Fissurae ethmoidales, theils unterhalb der Verwachsung direct in die Nasenhöhle.

**Mikroskopischer Befund**: Die Nasen- und Kieferhöhlenschleimhaut ist fibrös entartet, von Epithelien nirgends eine Spur zu sehen; hier und da stösst man noch auf das Gerüste zu Grunde gegangener Drüsen.

**Fall 8. Syphilis mit eigenthümlichem Defect des Septum und mit Synechie zwischen diesem und der unteren Muschel.**
(Taf. 17, Fig. 1.)

Aeussere Nase nur an der Spitze eingesunken. Die Nasenscheidewand hat ihre Verbindung mit dem Nasenboden verloren mit Ausnahme des dem Vestibulum nasale entsprechenden Theiles. Es fehlt, wie die Abbildung zeigt, die dem unteren Nasengange angehörige Partie des Septum, dessen freigewordener Rand entsprechend einer etwa 1·5 cm. langen Linie mit der unteren Nasenmuschel verwachsen ist. Die vorhandene obere Hälfte der Scheidewand (Lamina perpendicularis ossis ethmoidei) zeigt eine über kreuzergrosse Perforation. Die freien Ränder der Septumdefecte überhäutet. Nasenschleimhaut glatt, frei von Geschwüren und Narben.

Untere Muschel stark verkürzt, verschmälert, atrophisch. Desgleichen die Concha media, die aber am Rande des Operculum eine polypöse Hypertrophie trägt. Eine dicke, fleischige Hypertrophie entspringt ferner am Processus uncinatus und ist bis an die untere Nasenmuschel herabgewachsen.

Sinusschleimhäute gewulstet und den verdickten Knochenwänden innig anhaftend. Die Mucosa des Sinus maxillaris ist am stärksten verdickt und zwar vorwiegend durch Zunahme des Bindegewebes. Rundzelleninfiltration vorhanden.

### Fall 9. Lues mit Synechie.

Aeussere Nase eingesunken. Perforation der knorpeligen Nasenscheidewand knapp hinter der Nasenspitze. Nasenschleimhaut höckerig.

Nasenmuscheln atrophisch. Eine kurze dicke, strangförmige Synechie findet sich quer ausgespannt im Vestibulum nasale zwischen dem Septum und der äusseren Wand, eine kurze Strecke vor der unteren Muschel.

### Fall 10. Wahrscheinlich Lues. Grosser Septumdefect; Synechien.

Aeussere Nase nicht eingesunken, weil das knorpelige Septum ganz erhalten ist. Ein über thalergrosser, mit überhäuteten Rändern versehener Defect findet sich weiter hinten im knöchernen Septum.

Untere Nasenmuschel dünn, atrophisch, die mittleren von normaler Grösse und am Rande zu polypösen Wucherungen verdickt. Nasenschleimhaut sonst dünn und frei von Narben.

Strangförmige Synechien finden sich auf einer Seite: a) Zwischen dem Septum und dem vorderen Rand der mittleren Muschel und b) zwischen der Nasenscheidewand und der oberen Muschel an der in einem früheren Capitel als typisch bezeichneten Stelle.

## Resumé.

Die äussere Nase ist in den beschriebenen Fällen von Nasensyphilis zumeist eingesunken, und es lässt sich nachweisen, dass diese Difformität der knorpeligen Nase im Gefolge der Perforation der knorpeligen Nasenscheidewand sich einstellt. Der einzige Fall, in dem die äussere Nase ihre Form und Lage nicht änderte, betrifft eine Nasenhöhle mit intactem Septum cartilaginosum.

Die Septumdefecte sind sehr vielgestaltig, das Septum kann im vorderen, im hinteren und im unteren Antheile defect sein oder grösstentheils fehlen. Charakteristisch für das syphilitische Geschwür und differentialdiagnostisch wichtig zum Unterschiede vom sogenannten

Ulcus perforans septi ist der Umstand, dass ersteres zumeist auch auf die knöcherne Partie der Scheidewand übergreift, während letzteres sich typisch auf die knorpelige Partie beschränkt. Die Nasenschleimhaut zeigt ein verschiedenes Bild je nach dem Stadium, in welchem sich der luetische Process befindet. Im Anfange dürfte sich die Schleimhaut insoferne ähnlich wie bei einer gewöhnlichen Rhinitis verhalten, als neben starker Infiltration mit Rundzellen eine Hypertrophie des Gewebes sich einstellt. Ich stimme mit Moldenhauer[1]) überein, wenn er sagt, dass der Nasenboden einen Lieblingssitz der Infiltrationen bilde. Bei der Häufigkeit der chronischen Rhinitis kann es wohl leicht zur Verwechslung zwischen polypösen Wucherungen, die bereits vor der luetischen Infection zugegen waren, und Wulstungen auf syphilitischer Grundlage kommen, aber es dürfte auch die syphilitische Rhinitis ähnliche Producte erzeugen. Nimmt die kleinzellige Infiltration zu wie im späteren Stadium, so zeigt die Schleimhaut eine unebene Beschaffenheit, die sich wesentlich von der bei der gewöhnlichen Rhinitis unterscheidet. Bei dieser findet man doch eine gleichmässige Wulstung der Schleimhaut, während bei der Lues die Wulstungen von sehr ungleicher Grösse sind. Die Infiltrate der Schleimhaut sind überdies sehr weich, leicht zerreisslich, wodurch sie sich von jenen beim gewöhnlichen chronischen Katarrhe unterscheiden. Diese Eigenschaft scheint die Folge der hochgradigen, kleinzelligen Infiltration zu sein, gegen welche das faserige Gerüste in den Hintergrund tritt. Die zellige Infiltration greift offenbar schon sehr früh bis an die periostale Schichte in die Tiefe, diese erkrankt mit, und die Folge davon sind Veränderungen, die an den unterliegenden Knochentheilen beobachtet werden, deren Oberfläche rareficirt und rauh erscheint, und deren Gefüge als Ganzes eine Lockerung zeigt. Ich glaube daher, dass bei einiger Intensität des Processes in der Schleimhaut Periost und Knochengewebe gleichzeitig mit afficirt sind, ohne damit leugnen zu wollen, dass die luetische Affection auch primär im Knochen beginnen kann. Bei der Ausheilung der Affection tritt dann an Stelle der Infiltrate Narbengewebe. Es kommt vielfach neben hypertrophischen Stellen vor. Man findet inselweise die Schleimhaut verdünnt, nicht mehr den Charakter einer Mucosa zeigend, weiss, dicht, sehnig, und es kann wie im Falle 7 die Auskleidung der Nasenhöhle ihrer ganzen Ausdehnung nach in Narbengewebe umgewandelt sein. Die Narbenbildung in der Umgebung der knorpeligen Nase nach

---
[1]) l. c.

Septumdefecten trägt wesentlich dazu bei, dass die äussere Nase sammt dem knöchernen Rücken einsinkt und sich abflacht. Moldenhauer[1]) meint, dass die Nasenbeine ein Gewölbe bilden, welches am Stirnbein und am Oberkiefer so feste Stützpunkte findet, dass es der Tragkraft der Scheidewand nicht bedarf und führt aus, dass das Einsinken der Nase nur dann auftritt, wenn das Bindegewebe, welches die knorpelige Nase an das Nasenbein anfügt, mit in den entzündlichen Process hineingezogen wird.

Mikroskopisch untersucht besteht die narbige Mucosa vorwiegend aus Bindegewebe, in welchem die typischen Elemente fast gänzlich zu Grunde gegangen sind. Wie sich die Narbenentartung zur Geschwürbildung verhält, kann ich nach meinen Präparaten nicht behandeln, denn ich habe Fälle, wo Beides in den verschiedenen Stadien der Entwickelung vorhanden gewesen wäre, nicht gesehen. Wahrscheinlich ist aber, dass in den Fällen, wo Muscheln oder die äussere Nasenwand mit dem Siebbeine grösstentheils oder ganz fehlen, und an ihrer Stelle sich fibröses Gewebe findet, Geschwürsbildung in der Schleimhaut und Knochennekrose mit im Spiele waren. Sehr häufig findet man bei Nasensyphilis Muschelatrophie. Eine Gattung derselben habe ich eben erwähnt, diese ist durch Setzung von Narbengewebe charakterisirt. Ausser dieser begegnet man einer zweiten **Form, bei welcher Geschwüre oder ihre Residuen nicht zu sehen sind. Die Binnenorgane der Nasenhöhle verhalten sich wie bei der genuinen Muschelatrophie, und ich bin überzeugt, dass es sich bei ihnen um eine Rhinitis syphilitica handelt, die primär ohne nekrotische Processe zu Muschelatrophie führt.**

Synechien kommen bei Nasensyphilis sehr häufig vor. Sie entstehen zumeist an Stellen, wo Septumreste mit den Muscheln in Berührung gerathen und unterscheiden sich von den nicht auf luetischen Ursprung beziehbaren durch ihre grosse Ausbreitung.

An den Schleimhäuten der pneumatischen Anhänge beobachtet man ähnliche Veränderungen wie in der Mucosa narium.

---

[1]) l. c.

## Zwölftes Capitel.

## Tuberculose.

Ueber die Tuberculose der Nasenhöhle liegen bisher, wie aus einer Schrift von M. Hajek[1]) zu ersehen ist, nur wenige Befunde vor. Im Ganzen sind 27 Fälle publicirt worden, aus denen sich entnehmen lässt, dass die Tuberculosis nasi in Form von Geschwüren, miliaren Knötchen und grösseren Granulationsgeschwülsten der Schleimhaut auftritt. Die Granulationsgeschwülste befinden sich gewöhnlich an der Nasenscheidewand, greifen leicht in die Tiefe und perforiren nicht selten das Septum. Die miliaren Knötchen der Nasenschleimhaut, welche zuerst von Weichselbaum beschrieben wurden, bestehen an der Peripherie aus Lymphzellen und einem interstitiellen, bindegewebigen Stroma; Riesenzellen wurden auch gefunden. Die Knötchen waren theilweise verkäst. Die Geschwüre zeigen einen stark aufgeworfenen Rand, dessen Stroma in grosser Menge mit kleinen Rundzellen infiltrirt ist. Geschwüre und grössere Granulationsgeschwülste combiniren sich häufig; dies ist begreiflich, da ja die Granulationsgeschwülste im späteren Verlaufe ulcerös zerfallen. Die diffuse, tuberculöse Infiltration, die auf ausgedehnte Strecken hin die Schleimhaut zerstört, entsteht auf die Weise, dass zu gleicher Zeit Gruppen von Knötchen aufschiessen, die zusammenfliessen und bald zerfallen.

Mir ist bisher nur ein unzweifelhafter Fall von Tuberculose der Nasenschleimhaut vorgekommen. Er betraf einen 19jährigen Mann, der an Tuberculosis universalis gelitten hatte. Bei der Section der Nasenhöhle zeigte sich der Riechspalt der linken Seite von einer krümligen, käsigen Masse ganz verstopft, nach deren Entfernung ein Geschwür am Septum und eine Veränderung gerade gegenüber an der oberen Muschel zum Vorscheine kam. Das über bohnengrosse Geschwür am Septum hat seinen Sitz am knöchernen Antheile nicht weit vom Nasendache und hatte bereits eine Perforation veranlasst. An der Muschel ist die dem Septumgeschwüre gegenüberliegende Muschelschleimhaut verdünnt, einzelne Drüsenmündungen erweitert, zwischen welchen sich kleine, hirsekorngrosse, mit zackigen Rändern

---

[1]) Die Tuberculose der Nasenschleimhaut. Internat. klin. Rundschau. Wien 1889.

versehene Defecte zeigen, die wohl als kleine Geschwüre bezeichnet werden dürfen.

An dieser Stelle möchte ich die Bemerkung machen, dass Geschwüre der Nasenschleimhaut überhaupt selten sind. Das Material unserer Secirsäle besteht doch zum grösseren Theile aus an Tuberculose Verstorbenen, und doch habe ich bisher nur zweimal Geschwüre der Nasenschleimhaut angetroffen, die nicht auf Syphilis bezogen werden konnten und zwar den eben beschriebenen Fall, ferner einen zweiten an einem sonst intacten Nasengerüste, das auf Taf. 7, Fig. 2 abgebildet ist. Es betraf dies eine männliche Person, die nach den Angaben der Spitalärzte an Morbus Brightii starb.

## Dreizehntes Capitel.

### Rhinolithen.[1]

Ich habe in den letzten Jahren zwei Fälle von Nasensteinen beobachtet, von welchen insbesondere der zweite wegen seiner Consequenzen von Interesse ist. Im ersten Falle, eine Frau betreffend, handelte es sich um einen incrustirten Kirschkern, der im unteren Nasengange zwischen Nasenboden und dem Rande der wahren Nasenmuschel fest eingekeilt steckte und eine grubige, durch Atrophie entstandene Vertiefung an derselben erzeugt hatte.

Im zweiten Falle (Taf. 18, Fig. 1 bis 6) fand sich in der Leiche eines 63 Jahre alten Mannes ein grosser Rhinolith, der keinen Fremdkörper enthielt. Nach E. Schmiegelow[2] soll dies die Regel sein, und dürfte in einem solchen Falle, wie Voltolini vermuthet, ein Schleimklümpchen oder ein Blutcoagulum die Stelle des Fremdkörpers vertreten.

Bei Besichtigung der Nasenhöhle durch die Choanen zeigt sich ein grosser, gelblich gefärbter und oberflächlich teigig weicher Körper, welcher die untere Hälfte beider Nasenhöhlen ausfüllt und rechts bis

---

[1] Literaturangaben enthält: O. Chiaris Rhinol. Casuistik. Wien. Med. Wochenschr. 1885. Nr. 45 bis 48. Jüngst hat auch Dr. Rohrer einen Fall von Rhinolithenbildung in der Wien. klin. Wochenschr. 1890, Nr. 2 beschrieben; ferner ist einzusehen A. Jurasz l. c.

[2] Ueber Nasensteine. Med.-chir. Rundschau 1885. Ref.

an die mittlere, links nur bis an die untere Muschel emporreicht. Entsprechend dieser Masse besitzt die Nasenscheidewand ein vom Foramen incisivum bis nahe an den hinteren Septumrand reichendes, knapp über dem Nasenboden gelegenes oval geformtes Loch, dessen Länge 40 mm., dessen grösste Breite 15 mm. beträgt, und welches theils dem knorpeligen theils dem knöchernen Theile der Scheidewand angehört. Der Rand der Oeffnung ist mit einer gewulsteten, warzig aussehenden Schleimhaut überzogen. In der Oeffnung steckt ein Theil des geschilderten Körpers, der in seinem Innern einen Rhinolithen mit einer Länge von 50 mm. und einer grössten Breite von 25 mm. enthält. Dieser Nasenstein bildet ein unregelmässig geformtes, convex-concaves, an der Oberfläche drusigstacheliges Concrement, dessen eine mit einer Rinne versehene Seite den oberen Rand des Septumdefectes umgreift, während die convexe Fläche den Nasenboden, die unteren Muscheln und linkerseits auch noch die mittlere Muschel tangirt.

Nach Herausnahme des Steines präsentirt sich die Nasenhöhle, insbesondere die Respirationsspalte sehr geräumig.

Im Gefolge des Rhinolithen sind Veränderungen des Naseninneren aufgetreten, die theils atrophischer Natur sind (Druckatrophie), theils die Zeichen eines lange andauernden chronischen Katarrhs zeigen. In der linken Nasenhöhle findet man Folgendes:

Die untere Muschel ist sehr defect, es fehlt nämlich die Ansatzpartie, und die beiden Muschelenden ausgenommen, der grössere Antheil dieses Gebildes; sie ist in ihrem mittleren Antheile zu einer concaven Leiste atrophirt.

Die Muschelschleimhaut ist am vorderen Ende stark gewulstet und hypertrophirt, am hinteren Ende papillär, an der leistenartigen Partie gleich der Unterseite der Muschel von warziger Beschaffenheit und mit zahlreichen bis 1 cm. langen polypenartigen Geschwülsten versehen, die zumeist mit dünnen Stielen aufsitzen. Solcher Geschwülste zähle ich 17 auf dieser Seite.

Die Oberfläche der Auswüchse ist warzig oder papillär. Bei Lupenvergrösserung sieht man an den mit Carmin gefärbten Schnitten eine centrale, schwächer tingirte Kernzone, die von einer breiten, intensiv roth gefärbten Rindenschichte umgeben wird. Die Präparate sind ferner mit Gefässdurchschnitten ausnehmend reichlich versehen.

Bei stärkerer Vergrösserung zeigt sich Folgendes:

Das Epithel ist abgefallen, nur stellenweise sind die Ersatzzellen noch erhalten. Die centrale Partie der Auswüchse besteht aus einem zarten, aber groblückigen Faserwerke, in welches, der Längsachse der Geschwülste folgend, die grösseren Blutgefässe (Arterien und Venen) eingetragen sind. Ueberdies finden sich in dieser Zone zahlreiche ausgetretene rothe Blutkörperchen.

Die Rindenschichte der Geschwülste entspricht der subepithelialen Schleimhautpartie, die eine enorme Verbreiterung erfahren hat und, eine schmale oberflächliche Zone ausgenommen, so reichlich mit Rundzellen infiltrirt ist, dass sie den Eindruck von Granulationsgewebe hinterlässt. Die Capillaren dieser Schichte sind sehr zahlreich, stark ausgeweitet und bis an die Oberfläche verlaufend.

Drüsen fehlen vollständig.

Wir haben es demnach in diesen Auswüchsen mit durch besonderen Gefässreichthum ausgezeichneten Bindegewebsneubildungen zu thun, die, wie schon die Zelleninfiltration beweist, entzündlicher Natur sind.

Am Nasenboden und im unteren Nasengange ist die Schleimhaut verdickt, gewulstet mit Ausnahme einer Stelle knapp vor dem hinteren Muschelende, wo die Schleimhaut sehr dünn, weisslich gefärbt und atrophisch erscheint. Die gewulsteten Theile der Schleimhaut tragen lappige, stellenweise kleine pilzförmige polypöse Auswüchse, die hinsichtlich ihres Baues mit den langen, papillären Fortsätzen der Muschel übereinstimmen.

Die Schwellung der Nasenschleimhaut hat auch an der Mündung des Thränennasenganges einen solchen Grad erreicht, dass die bezeichnete Oeffnung von gewulsteten Schleimhautpartien verlegt erscheint. Die Schleimhaut des Thränennasenganges selbst ist stark verdickt, mit zahlreichen warzigen Erhabenheiten und einigen kleinen polypenartigen Auswüchsen besetzt. An mikroskopischen Querschnitten (Taf. 18, Fig. 6) des Ganges zeigt sich das Schleimhautstroma stark verdickt, gelockert und sammt den Drüsen so dicht mit Rundzellen versehen, dass stellenweise das Stroma ganz verdeckt ist. Hier und da haben sich die Rundzellenmassen zu follikelartigen Bildungen gruppirt. Die auf die Schleimhaut folgende gefässhältige Schichte des Ductus lacrymalis ist wohl in ihrem Gefüge gelockert, aber frei von Rundzellen.

Die mittlere Nasenmuschel ist ab origine gross, plump gebaut und in der Fortsetzung des Defectes der unteren Muschel gleichfalls in Folge von Druckatrophie ausgehöhlt. Ihr Schleimhautüberzug ist polypös entartet und mit zahlreichen warzenförmigen Auswüchsen besetzt. Auch im mittleren Nasengange und im Bereiche des Hiatus semilunaris findet sich die Schleimhaut in hypertrophischem Zustande.

Die Schleimhaut der Kieferhöhle ist etwas verdickt, oberflächlich papillär, die Drüsen mit Rundzellen stark infiltrirt und stellenweise cystös erweitert.

In der rechten Nasenhöhle finden sich mit geringen Abweichungen ganz ähnliche Veränderungen. Die untere Muschel bildet wie auf der Gegenseite eine gebogene Leiste. Die Schleimhaut ist an der Druckstelle glatt, im übrigen gewulstet und mit zahlreichen (gegen 20) kleinen polypösen Auswüchsen versehen, die zumeist gestielt aufsitzen. Am Nasenboden und im unteren Nasengange wechseln glatte, dünne, durchscheinende, einer Serosa ähnliche Stellen mit hypertrophischen ab, an welchen polypöse Excrescenzen, die selbst die Länge von 1 cm. erreichen, vorkommen.

Die mittlere Muschel ist intact. Die Schleimhaut der Highmorshöhle leicht geschwellt.

Die Untersuchung des Nasensteines, der vorwiegend aus phosphorsaurem Kalk und phosphorsaurer Magnesia zusammengesetzt ist, ergab keinen Fremdkörper im Inneren.

Der beschriebene Fall ist in mehrfacher Beziehung bemerkenswerth.

Wir sehen zunächst an jenen Stellen, wo der Rhinolith continuirlich oder nur zeitweise mit breiter Fläche oder einzelnen stacheligen Verlängerungen den Gebilden der Nasenhöhle fest angelagert war, Atrophie auftreten. In diese Kategorie von Defecten gehört der Schwund der Nasenmuscheln, das Loch im Septum und die narbig aussehenden atrophischen Stellen der Mucosa narium. An anderen Stellen ist die Nasenschleimhaut hypertrophisch, und man konnte genau verfolgen, dass dort, wo stachelige Fortsätze der Schleimhaut nicht fest anlagen, polypöse Excrescenzen sich entwickelten.

Die Schleimhaut befand sich demnach im Zustande eines chronischen Katarrhs, der auch auf den Thränennasengang übergegangen war und hier dieselben Veränderungen wie an der Nasenschleimhaut hervorgerufen hatte.

Diese Schilderung stimmt mit der überein, die C. Störk[1]) von der Rhinolithiasis entwirft, nach welcher einzelne Fälle symptomlos

---

[1]) l. c.

verlaufen, während in anderen sich Entzündungen in der Umgebung des Steines einstellen und hochgradige Beschwerden, wie Schmerz, Anschwellung der Nase, oft stinkende Secretion auftreten. Mein Fall gleicht im Uebrigen einigermassen dem von Störk beobachteten. Es bestand in demselben ein höchst übelriechender Nasenfluss, die Scheidewand war verdrängt, die linke Nasenhöhle, die einen grossen eingekeilten Rhinolithen enthielt, erweitert, die untere und mittlere Nasenmuschel dieser Seite durch Usur zu Grunde gegangen.

## Vierzehntes Capitel.

## Osteoporose der Muscheln und der Nasenscheidewand.

Ich verfüge über zwei Beobachtungen, die lehren, dass bei ausgebreiteter Osteoporose des Schädels und des Gesichtes die Binnenknochen der Nasenhöhle sich an dem Processe betheiligen.

Fall 1. Die Osteoporose findet sich am Schädelgewölbe, ferner am Kiefergerüste und am Siebbeine derselben Seite (siehe Taf. 19, Fig. 1). Bei Besichtigung der Nasenhöhle fällt vor Allem die mittlere Nasenmuschel auf, welche in allen Durchmessern vergrössert (verdickt) ist und ein plumpes Aussehen zur Schau trägt; sie reicht bis an den Ansatz der Concha inferior herab und springt abnorm weit gegen die Mitte der Nasenhöhle vor. Die Folge davon ist, dass die Nasenscheidewand nach der Gegenseite hin ausgewichen ist. Es liegt demnach ein Fall von compensatorischer Deviation des Septum vor.

Die mittlere und obere Siebbeinmuschel ist gleichfalls hyperostotisch und springt ziemlich stark gegen die Nasenhöhle vor.

Auf der linken Seite zeigt das Siebbein ein entgegengesetztes Verhalten, die mittlere Nasenmuschel ist nämlich in Folge des Druckes von Seite des deviirten Septum atrophisch.

Fall 2. (Taf. 19, Fig. 2.) Auch in diesem Falle ist die rechte Schädel- und Gesichtshälfte osteoporotisch. Der Körper des rechten Oberkieferbeines an der facialen Seite stark verdickt, und die Verdickung des Oberkiefer-Stirnfortsatzes wölbt sich (am vorderen Ansatze der unteren Nasenmuschel) gegen die Nasenhöhle vor. Die Nasenmuscheln selbst verhalten sich ganz normal. Dagegen ist die Lamina perpendicularis ossis ethmoidei in ähnlicher Weise wie der Oberkiefer verdickt. Sie ist in ihrer vorderen Partie in eine plumpe, symmetrisch ausgebildete, seitlich stark gerundete Knochengeschwulst umgewandelt, die den Riechspalt wesentlich verengt und durch Druck die vordere Partie der Concha nasalis media zur Atrophie zwang. Vomer ganz normal.

Bei Berücksichtigung der an der Kopfoberfläche zu Tage getretenen Knochentumoren wäre es in diesen Fällen nicht schwer gewesen, die Geschwülste der Nasenhöhle richtig zu deuten.

# Fünfzehntes Capitel.

## Ueber in die Nasenhöhle hineingewachsene Zähne und Zahngeschwülste.

Es ist schon mehrere Male beobachtet worden, dass die unmittelbar unter dem Nasenboden sich entwickelnden Schneidezähne der Norm entgegen mit ihren Kronen voraus in die Nasenhöhle hineinwuchsen. Diese Anomalie ist nur unter der Voraussetzung möglich, dass der Zahnkeim förmlich eine Rotation um 180° erfährt, und der Schmelzkeim, statt dem Zahnfleische zugekehrt zu sein, seinen Scheitel gegen die Nasenhöhle wendet. Es wird nun der Zahn verkehrt lagern, und die Folge ist, dass die am Nasenboden gelegene Zahnkrone gegen die Nasenhöhle durchbricht. Salter, der, wie ich aus Sternbergs[1]) Zusammenstellung entnehme, beobachtet hat, dass ein Zahnkeim vollkommen verkehrt gelagert war, so dass die Krone sich dort bildete, wo sich gewöhnlich die Wurzel entwickelt und umgekehrt die Wurzel an Stelle der Krone, bezeichnet diese Anomalie als Inversion. Er beobachtete solche Inversionen an den oberen Schneidezähnen, und zwar erschienen die Kronen derselben in den Nasenlöchern, aus welchen die Zähne extrahirt werden mussten. Einen schönen Fall dieser Sorte, in welchem es sich um eine Anomalie des centralen Schneidezahnes handelt, habe ich auf Taf. 19, Fig. 3 u. 4 abbilden lassen.

Es findet sich an dem Präparat ein vollständig invertirter 14 mm. langer Zapfenzahn, schräg in der Naht zwischen den beiden

---

[1]) Handbuch der Zahnheilkunde. Herausgegeben von J. Scheff.

Oberkieferbeinen steckend, dessen Krone in die linke Nasenhöhle hinein vorragt. Dieser Zapfenzahn repräsentirt nicht einen überzähligen Zahn, sondern den verlagerten rudimentären centralen Incisivus der rechten Seite. Der rechte Zahnfortsatz ist um die Breite der Alveole des Mittelschneidezahnes verkürzt, und der laterale Incisivus ist gegen die Mittellinie vorgerückt.

Am Kiefergerüste desselben Kopfes fanden sich noch nachstehende Anomalien. Die Nasenbeine fehlen, die verbreiterten Stirnfortsätze begrenzen einen schmalen Spalt, der im oberen Theile von einem Fortsatze des Stirnbeines, im unteren von der Lamina perpendicularis ausgefüllt wird.

Auch ein Eckzahn kann unter den angegebenen Verhältnissen in die Nasenhöhle zu liegen kommen, wie beispielsweise in einem im Correspondenzblatte für Zahnärzte (Bd. XII, Berlin 1883) beschriebenen Falle, in welchem bei einem Manne, der längere Zeit über Verstopfung der linken Nasenhöhle klagte, 2·5 cm. von der Nasenöffnung entfernt ein beweglicher Eckzahn, der leicht extrahirt werden konnte, in der Nasenhöhle gefunden wurde. Eckzähne, die total verkehrt lagen, nämlich mit der Krone am Infraorbitalrand, hat S. Albini[1]) beschrieben und abgebildet.

Das Hineinwachsen eines Backenzahnes in die Nasenhöhle ist in der Literatur unbekannt. Das Extremste in dieser Beziehung ist der von J. F. Meckel in den Tabulae anat. path., Fasc. III, Tab. XVII, Fig. 7 beschriebene und abgebildete Fall, in welchem es sich um einen Bicuspis handelt, dessen Krone aufwärts gegen die Orbita und dessen Spitze nach unten gerichtet ist.

Der Text lautet:

„In maxilla superiore dextra dens bicuspis omnino extra seriem positus et simul omnino inversus invenitur, ut corona sursum, radix deorsum spectet. Rarissimae hujus abnormitatis aliud exemplum Albinus (annot. acad. Lib. I. cap. XIII, Taf. 4, Fig. 1) delineavit, ubi caninus permanens uterque invertebatur. Initium eiusdem sistitur a Tesmero ubi bicuspidis inferioris sinistri, fere horizonti paralleli, in facie maxillae inferioris antica corona extrorsum protrudebatur."

Ich habe einen in der Nasenhöhle steckenden Backenzahn gefunden (Taf. 19, Fig. 5 u. 6), dessen Beschreibung ich folgen lasse:

---

[1]) Acad. Annotat. Leidae 1754.

Bei der Zergliederung einer Nasenhöhle stiess ich im unteren Nasengange auf einen harten Körper, der oberflächlich mit einer schmierigen Masse überzogen war, und der den unteren Muschelrand kreuzend bis nahe an die Scheidewand heranreichte. Seine Umgebung war geschwellt, geröthet, stellenweise eiterig infiltrirt. Anfänglich glaubte ich es mit einem Rhinolithen und einem Fremdkörper zu thun zu haben. Da es mir nicht möglich war, den Körper zu bewegen oder ihn herauszuholen, so ging ich daran, ihn zu reinigen, was allerdings erst nach langem Bemühen gelang, worauf sich der Körper als eine Zahnkrone entpuppte, die quer durch die Kieferwand in die Nasenhöhle hineingewachsen war.

Beschreibung. Linke Nasenhälfte. Schleimhaut ziemlich normal, bis auf eine stärkere Wulstung in der nächsten Umgebung des Zahnes und am Boden unter dem Zahne. Die Mucosa ist dünn, weil die schmierige Masse hier gedrückt hat.

Der Zahn befindet sich 2 cm. entfernt von der Apertura pyriformis im unteren Nasengange. Er ist 25 mm. lang, von welchen 11 auf die Nasenhöhle entfallen. Die Krone besitzt eine Länge von 7 mm. Der Zahn, ein Bicuspis, ist so gelagert, dass der linguale Höcker gerade nach oben, der buccale nach unten gegen den Nasenboden gerichtet ist, ohne diesen jedoch zu berühren. Zwischen Zahn- und Nasenboden ist vielmehr ein Zwischenraum von etwa 3 mm. vorhanden. Die Schleimhaut an der lateralen Wand des unteren Nasenganges besitzt für den Zahn ein Loch, dessen Rand lose der Zahnwurzel anliegt. Die knöcherne Umgebung des Zahnes ist cariös und zwar in Folge einer erkrankten Mahlzahnwurzel.

Wie sieht nun das Gebiss aus? Die Unterkieferzähne sind mit Ausnahme des Weisheitszahnes alle vorhanden, und in einer regelmässig gebildeten Reihe gelagert, stark abgekaut, so dass die Frontzähne breite Kauflächen tragen.

Am rechten Oberkiefer sind nur die zwei Schneide-, der Eck- und der erste Backenzahn vorhanden, die übrigen fehlen. An ihrer Stelle ist der Alveolarfortsatz atrophisch, eine breite, dicke Leiste bildend. Die Zähne sind abgerieben, an dem centralen Incisivus ist sogar der Pulpacanal eröffnet.

Im linken Oberkiefer zeigen sich grosse Unregelmässigkeiten in der Stellung der Zähne.

a) Incisivi. Beide vorhanden, gesund, bis an den Alveolarfortsatzrand abgerieben und die Pulpacanäle eröffnet.

b) **Eckzahn.** Der Eckzahn ist retinirt. Er liegt schräg im Alveolarfortsatze und zwar so, dass die Spitze des Kronenhöckers hinter dem medialen Schneidezahn am Gaumen zum Vorschein kommt, während die Wurzelspitze lateral und etwa 8 mm. unter dem Foramen infraorbitale in der vorderen Kieferwand lagert (Fig. 6).

c) **Backenzähne.** Einer der Backenzähne fehlt, ob der erste oder zweite will ich nicht bestimmt sagen, nach meiner Meinung jedoch der zweite. Vom ersten steckt, wie schon beschrieben, die Krone mit einem Theile der Wurzel in der Nasenhöhle; ein 12 mm. langes Stück der Wurzel liegt in der facialen Kieferwand, diese stark vorwölbend, **quer**, hoch oben, beinahe dort, wo der folgende Mahlzahn die Spitze hat (Fig. 6).

Krone intact. Denkt man sich einen Zahn um 90° von seiner normalen Stellung medialwärts gedreht, so erscheint eine Position, die der abnorme Zahn innehat.

d) **Molares:** Der erste ist schräg, um 45° gedreht und im Alveolarfortsatze so steckend, dass die Krone vorne und die Wurzel mehr hinten lagert. Die Krone ist cariös. Zweiter Molar durch Caries bis auf die Gaumenwurzel vollständig consumirt. Dritter Molar klein und stark abgerieben.

**Kieferhöhle** linkerseits verkümmert, nicht tief genug herabgewachsen, weil die beiden retinirten Zähne dies verhinderten.

Das Sinuswachsthum ist von der Zahnbildung abhängig. Rückt einer von den Zähnen, der am kindlichen Schädel zum Sinusboden in Beziehung steht, nicht herab, so unterbleibt auch der Descensus des Sinus.

Diesem seltenen Falle von Zahninversion schliesse ich die Beschreibung eines Odontom (Taf. 19, Fig. 7, 8, 9 u. 10) an, **welches offenbar aus einem retinirten Eckzahne hervorging und die äussere Nasenwand gegen den unteren Nasengang vorgewölbt hatte.**[1])

Es handelt sich um den Schädel einer erwachsenen Person. Zähne intact. Gebiss atypisch. Es finden sich rechterseits 7, linkerseits blos 6 Zähne. Es fehlt beiderseits der dritte Molar, der nicht zur Entwickelung gelangte, linkerseits auch noch der Eckzahn, der allem Anscheine nach nicht zum Durchbruche kam. Auf der linken Seite

---

[1]) Ueber Odontome enthält R. v. Metnitz Lehrb. d. Zahnheilk., Wien 1891 ausführliche Angaben. Siehe auch M. Schlenker. Handb. d. Zahnheilk., herausg. von J. Scheff, pag. 531.

schliesst sich dem lateralen Incisivus der erste Buccalis an, der distalwärts gedreht ist. Zwischen diesem Zahne und seinen Nachbarn sind die Zahnlücken ziemlich breit, und dies ist begreiflich, da ja der Platz für den nicht durchgebrochenen Eckzahn zur Verfügung steht.

Vordere Kieferwand an Stelle der Fossa canina links tief, rechts vorgewölbt, da sich hier das Odontom befindet. Die geschwulstartige Vorwölbung reicht der Höhe nach vom Alveolarfortsatze (den Alveolenkuppeln) bis an das Foramen infraorbitale, der Quere nach vom Incisivus lateralis bis an den zweiten Mahlzahn und war sicherlich durch die Wange zu fühlen.

Odontom: Das den Kiefertumor veranlassende Odontom besitzt eine Länge von 27, eine grösste Breite von 13, eine Tiefe von 19 mm. Die faciale Kieferwand war an dieser Stelle defect; dies schliesse ich aus dem Verhalten der Nasenwand, welche dehiscirt und atrophisch ist, trotzdem der nasale Vorsprung des Odontom geringer ist. Genaue Angaben über das Verhalten der facialen Kieferwand zum Tumor vermag ich aus dem Grunde nicht zu geben, da ich das Object erst im präparirten Zustande zu Gesichte bekam.

Die Form der Geschwulst ist unregelmässig viereckig, ihre faciale Fläche mit Vertiefungen und Erhabenheiten versehen, welch letztere an einzelnen Stellen gerundete, in Bogen verlaufende, leistenartige Verdickungen darstellen. Die Farbe stimmt mit der des gewöhnlichen Dentins überein und wird nur dort blendend weiss, wo der Tumor mit Schmelztropfen oder Schmelzleisten besetzt ist. An der facialen Fläche finden sich drei Schmelztropfen, von welchen der grösste in einer Vertiefung steckt.

Die untere, auf dem Alveolarfortsatze liegende Fläche des Odontom ist gewulstet, zeigt eine grössere, aus mehreren Knollen bestehende Auflagerung von Schmelz und in einiger Entfernung von dieser einen hirsekorngrossen Schmelztropfen. Eine zapfenförmige Verlängerung dieser Fläche (Fig. 8, z) steckt in einer ziemlich tiefen Grube des Alveolarfortsatzes.

Die obere, dem Sinus maxillaris zugekehrte Fläche des Tumor zeigt eine grosse, kraterförmige Vertiefung, deren wulstiger Rand mit einer Schmelzschichte bedeckt ist (Fig. 8).

Hinten ist das Odontom gerundet und nicht breitflächig.

Lateral verjüngt es sich und median zeigt es wieder eine breite, gewulstete Fläche, die an einer Stelle eine Schmelzschichte trägt.

**Beziehung des Odontom zu den nachbarlichen Höhlen.** Das Odontom liegt in einer entsprechend geräumigen Cavität des Oberkieferkörpers mit der Längsachse frontal eingestellt. Nach Herausnahme des Odontom aus dem Kiefer bleibt in demselben eine tiefe Grube zurück, die innen an die äussere Nasenwand, oben an den Sinus maxillaris, unten an den Alveolarfortsatz und aussen an den Processus zygomaticus reicht. Das Odontom zeigt eine gewisse Beziehung zur **Nasen-** und zur **Kieferhöhle.** Die innere Partie der Geschwulst grenzt unmittelbar an jene Partie der **äusseren Nasenwand,** die dem unteren Nasengange entspricht. Dieser **Wandtheil** der Nasenhöhle erscheint gegen den bezeichneten Nasengang ausgebaucht und springt hier in Form eines den Gang verengenden Wulstes vor. Die dünne Wand ist an einer schmalen, etwa 1 cm. langen Stelle usurirt. In der Usur ist ein Stück des Odontom sichtbar, welches im unversehrten Zustande mit der Nasenschleimhaut in Berührung war. Die obere Partie des Odontom liegt unmittelbar am dünnen und mit einigen Dehiscenzen versehenen Boden des Sinus maxillaris.

Das Odontom ist schuld an der mangelhaften **Entwickelung** der Kieferhöhle, die durch das Eingeschobensein eines grossen Tumor in der Höhenentfaltung wesentlich gehindert wurde. Unter dem Orbitalboden, welchen das Odontom nicht erreicht, hat sich der Sinus in normaler Breite ausgebildet. Wir haben hier wieder ein glänzendes Beispiel vor uns, welches lehrt, wie abhängig die Grösse der Kieferhöhle von dem Verhalten der nächsten Umgebung ist.

**Mikroskopischer Bau des Odontom.** Behufs der mikroskopischen Untersuchung wurde eine Schichte von der Oberfläche des Odontom abgetragen und dünn geschliffen. Es zeigt sich nun, dass die Geschwulst sich aus den typischen Zahnsubstanzen aufbaut (Taf. 19, Fig. 9 u. 10). An der Oberfläche befindet sich eine Schichte von Cement und stellenweise Email, in den tieferen Partien Dentin, dessen Canälchen einen geschlängelten Verlauf nehmen. Die Cementschichte ist nicht überall von gleicher Dicke und an den besonders schön ausgebildeten Stellen mit vielen Knochenzellen versehen, deren Fortsätze lang und vielfach verzweigt sind (Taf. 19, Fig. 10). Die oberflächliche Partie des Cementes enthält keine Knochenkörperchen.

## Sechzehntes Capitel.

## Zahncysten. Empyem der Kieferhöhle. Hydrops antri Highmori.

Den im Titel aufgezählten krankhaften Processen, unter welchen auch der hypothetische Hydrops antri Highmori eine Stelle findet, ist die Eigenthümlichkeit gemeinsam, dass auf Grundlage von Vorwölbungen (Auftreibungen) einzelner Kieferwände geschwulstartige Bildungen am Oberkiefer entstehen. Die Differentialdiagnose derselben ist nicht immer leicht zu stellen, und Verwechslungen der Affectionen unter einander sind schon häufig vorgekommen; dies ist begreiflich, wenn man erwägt, dass ein und dieselbe Kieferwand bei verschiedenen Krankheiten des Oberkiefers in ausgebauchtem Zustande angetroffen wird. Aus diesen Gründen herrscht auch hinsichtlich der Diagnose der in Rede stehenden Processe keine völlige Klarheit. Am besten charakterisirt dies die Anführung der einschlägigen Stelle aus E. Alberts bekanntem Lehrbuche der Chirurgie. Es heisst da:

„Als Hydrops antri Highmori wird in der Praxis mancher Zustand aufgefasst und bezeichnet, der diesen Namen nicht verdient. Die hergebrachte Vorstellung geht davon aus, dass sich das Ausführungsloch der Oberkieferhöhle durch irgend einen krankhaften Process (Polyp und dergleichen) verschliesst, und dass dann eine allmälige Ansammlung des Secretes die Kieferhöhle ausfüllt und mit der Zeit auch ausdehnt. Das klinische Bild, welches zu dieser Vorstellung führt, scheint dafür zu sprechen. Man findet eine Vorwölbung der Wange in der Gegend der Fossa canina; führt man den Finger in die vordere Mundhöhle ein, so nimmt man sofort wahr, dass es die vordere Oberkieferwand selbst ist, welche die Vorwölbung bedingt, denn gleich oberhalb des Alveolarfortsatzes bildet die vordere Kieferwand eine rundliche, nach vorn convexe Vorbauchung; der auf dieselbe drückende Finger kann Elasticität fühlen, und während man die Kieferwand eindrückt, hat man dasselbe Gefühl, als ob man eine Pergamentplatte eindrücken würde (Pergamentknittern). Die älteren Chirurgen, welche die Geschwulst an dieser Stelle eröffneten, fanden dann, dass sich eine grössere Menge Schleim, zuweilen mit Eiter gemengt, nach aussen entleerte. Allein es werden dagegen ganz gewichtige Bedenken erhoben. Die Vorschlusstheorie wurde verworfen, und dafür die cystöse Degeneration der Kieferhöhlenschleimhaut als Hydrops bezeichnet. Es degeneriren die Schleimdrüsen derselben, die in seltenen Fällen sich in grosse, dünnwandige Cysten umwandeln, und diese sollen es nun sein, die die Höhle ganz ausfüllen, auftreiben und das oben geschilderte Bild des Hydrops antri Highmori liefern. Man kann diesen Process, der also das äussere Bild des Hydrops antri Highmori gibt, auch als Cystenpolypenbildung bezeichnen.

Ein ander Mal liegt Folgendes vor: Es entsteht ein chronischer, subperiostaler Abscess in Folge der Caries eines Zahnes. Wenn das Periost, welches die vordere Wand des Abscesses bildet, Knochenlamellen producirt, so entsteht genau das Gefühl des Pergamentknitterns, und zieht man den kranken Zahn aus, so stürzt Eiter heraus, genau so, wie es manchmal bei dem angenommenen Hydrops der Kieferhöhle geschieht. Ein dritter Fall endlich ist der folgende: Bei abnormer Entwickelung der Zähne, sei es, dass ein Zahn an seiner richtigen Stelle zurückgehalten wurde und nicht zum Durchbruche kommen konnte, sei es, dass der Zahnkeim sich verirrt hat, kann sich von dem Schmelzsäckchen des abnorm wachsenden Zahnes eine Zahncyste entwickeln, welche im Zahnfache liegt, eine schleimige Flüssigkeit enthält und die Grösse einer Wallnuss, ja mitunter die einer Orange erreicht. Da derlei gerade an den oberen Eckzähnen und vorderen Backenzähnen vorkommt, und der die Cyste umgebende Knochen eine dünne Wand um dieselbe bildet, so kann abermals das klinische Bild eines Hydrops antri Highmori entstehen. Einige Autoren sind mithin so weit gegangen, das Vorhandensein eines Hydrops antri Highmori gänzlich zu leugnen, sie erklärten, dass alle Fälle sich auf einen der genannten Zustände — cystöser Polyp der Kieferhöhle, subperiostaler Abscess, Zahncysten — reduciren lassen. In der That steht jetzt die Sache so, dass Derjenige, der die Existenz des Hydrops antri Highmori annimmt, den Beweis antreten muss, dass der Zustand existirt. Die Existenz der übrigen Zustände ist nachgewiesen. Indessen könnte man sich auf jene Fälle berufen, wo das Secret aus der Nase abfloss. Man hat thatsächlich beobachtet, dass das klinische Bild des Hydrops antri Highmori vorhanden war, dass eine Erkrankung der Zähne vorhanden war, und gleichwohl bei passender Lage das schleimig-eiterige Secret bei der Nase abfloss. Es kann aber daraus die Existenz der Krankheit nicht nachgewiesen werden, denn wie Wernher ausführt, kann auch eine Cyste, wenn sie die Höhle ganz ausfüllt, platzen und den Inhalt in die Nase ergiessen. In einzelnen Fällen hat man beobachtet, dass sich später Knochenstückchen abgestossen haben, so dass es wahrscheinlich ist, dass in diesen Fällen eine Periostitis an der Wandung der Kieferhöhle der Ausgangspunkt der Krankheit war. Die diagnostische Unterscheidung der oben angeführten Fälle ist eine schwierige. Auf eine Ansammlung von Flüssigkeit im Antro Highmori, die wir doch immer als möglich zugeben, oder auf eine geplatzte Cyste kann man unbedingt schliessen, wenn das schleimig-eiterige Secret bei passender Lage aus der Nase ausfliesst; auf eine Zahncyste, wenn ein Zahn fehlt, wenn eine strenger kugelige Gestalt der Geschwulst vorliegen sollte; jedenfalls wird man aber nach der Eröffnung sich von der Existenz der Zahncyste überzeugt haben, sobald in der Höhle der Zahn frei oder in der Wandung vorgefunden wird."

Indem ich nun auf meine eigenen Untersuchungen übergehe, möchte ich zunächst die Ursachen besprechen, die zur Ektasie der Sinuswände führen, und die Frage des Hydrops antri Highmori erledigen. Die Ektasie des Sinus maxillaris ist gerade kein gewöhnlicher Befund, und ich habe aus diesem Grunde im ersten Bande dieses Werkes die Frage, welche der Kieferwände bei Ansammlungen von Flüssigkeiten im Sinus maxillaris am ehesten vorgebaucht werde, blos theoretisch erörtern können. Ich fasste damals meine Anschauungen in dem Satze zusammen: Die innere Wand der Highmorshöhle ist in der Projection des mittleren Nasenganges am schwächsten, und man sollte daher meinen, dass die Ektasien der Fossa canina und der inneren Wand im Bereiche des unteren Nasenganges durch Exsudate der Highmorshöhle schwerer zu Stande kommen sollten als die Buchtungen des oberen Bezirkes der inneren Wand; die Erfahrungen der praktischen Aerzte lehren aber im Gegentheile, dass Buchtungen der nasalen Kieferwand sich nicht so leicht einstellen wie die der facialen.

Ektasien der Kieferwände bei Ansammlung seröser Flüssigkeiten entziehen sich der Discussion, da es einen Hydrops antri Highmori im wahren Sinne des Wortes nicht gibt. Der flüssige Inhalt dieser Höhle zeigt zumeist eine eiterige, schleimige oder serös-schleimige Beschaffenheit und ist stets das Product eines entzündlichen oder katarrhalischen Processes. Die zahlreichen Angaben über Hydrops antri Highmori beziehen sich insgesammt auf falsch gedeutete Fälle, und es fragt sich nur, welche Affectionen des Oberkiefers zur Verwechselung Anlass geboten haben. Man könnte zunächst an hydropische

172  Zahncysten. Empyem der Kieferhöhle. Hydrops antri Highmori.

Anschwellungen der Sinusschleimhaut, wie sie im Gefolge von entzündlichen Affectionen vorzukommen pflegen, und ferner an grössere Zahncysten denken. Erstere anlangend, habe ich immer wieder erfahren, dass die so häufig vorkommende enorme Anschwellung der Kieferhöhlenschleimhaut mit Bildung grosser, sulzartig aussehender Schleimhauttumoren, die dem Sinus einen hydropischen Habitus verleihen, niemals zu Sinus-Ektasie führen. Sie können aus diesem Grunde kein Object für eine Verwechselung bieten, denn der Hydrops der Kieferhöhle soll ja, wie ausdrücklich hervorgehoben wird, eine Auftreibung an der vorderen Kieferwand erzeugen. Hierzu kommt noch, dass die katarrhalische Schwellung der Kieferhöhlenschleimhaut klinisch überhaupt noch gar nicht studirt ist. Dagegen ist es leicht möglich, dass Zahncysten für Hydrops antri Highmori gehalten wurden, denn die Kiefercysten geben κατ' ἐξοχήν Anlass zu Ektasien von Kieferwänden und enthalten nicht selten einen schleimigserösen Inhalt.

Betrachten wir nun etwas genauer die Anatomie der Kiefercysten. Jede Zahncyste bildet anfänglich ein kleines Säckchen, das an der Wurzelspitze fest haftet und eine Flüssigkeit enthält. Die Wurzelspitze ragt in den Cystenraum hinein und ist pathologisch verändert, so dass ein Causalnexus zwischen beiden sehr wahrscheinlich wird. Der kleine aus Weichtheilen aufgebaute Cystenbalg liegt in einer Knochenhöhlung des Alveolarfortsatzes und zwar distal von der erkrankten Zahnwurzel, demnach im Oberkiefer oberhalb, am Unterkiefer unterhalb des Zahnes.[1]) Am macerirten Schädel findet man im Alveolarfortsatz eine Cavität, deren labiale, beziehungsweise buccale Wand gewöhnlich dehiscirt ist, und in deren Lichtung selbstverständlich die Spitze der erkrankten Zahnwurzel angetroffen wird. Fehlt der Zahn, so communicirt häufig die betreffende Zahnalveole mit der Knochencyste. Kleine Cysten beschränken sich auf den Alveolarfortsatz, die grossen greifen über denselben hinaus, wölben die Platten des bezeichneten Fortsatzes mehr oder minder vor und verdrängen selbst die in der Umgebung befindlichen pneumatischen Räume.

Zahncysten kommen an allen Zahnsorten vor, und ihre Topik ist abhängig von dem anatomischen Verhalten des Zahnfortsatzes, sowie von den Beziehungen des letzteren zu den nachbarlichen

---

[1]) Ich beschäftige mich in diesem Capitel ausschliesslich mit den Zahncysten des Oberkiefers.

Höhlen. Die Cysten der unmittelbar unter dem Nasenboden liegenden Schneidezähne sind wegen der Structur des Zwischenkiefers anfänglich von dicken Spongiosaschichten umgeben und nähern sich bei Vergrösserung dem Gaumen oder der Nasenhöhle. Die Eckzähne liegen lateralwärts von der Nasenhöhle und zumeist ziemlich entfernt vom Sinus maxillaris, ihre Cysten wachsen gerne gegen den Gaumen. Die Cysten der dem Sinus maxillaris nahe liegenden Backenzähne (namentlich die des zweiten Buccalis) rücken bei einiger Grösse gegen den Boden der Kieferhöhle empor, bauchen die faciale Wand des Alveolarfortsatzes aus und bilden Tumoren, die an der Wange und im Vestibulum oris prominiren. Das Empordrängen des Bodens der Highmorshöhle wird bei den Cysten der Backenzähne selten beobachtet, häufiger ereignet sich dies aber an den Molaren. Ihre Cysten wölben je nach dem Sitze bald die faciale, bald die hintere Kieferwand, im Falle, dass mehrere Molaren erkrankt sind, sogar beide Wände geschwulstartig vor. Ob dabei der Boden der Kieferhöhle in Mitleidenschaft gezogen wird, hängt vorwiegend von der Grösse des Tumor ab.

Auch wenn die Alveolenkuppeln nicht unmittelbar an den Sinusboden stossen, wird dieser bald nach oben verschoben, und es vergrössert sich nun die Cyste auch auf Kosten der Kieferhöhle.

Die an den Gaumenwurzeln der Mahlzähne auftretenden Cysten wuchern mit Leichtigkeit gegen die Mundhöhle vor, wo sie am Gaumen Geschwülste bilden.

Die faciale Wand grösserer Kiefercysten knistert am frischen Objecte oder in vivo untersucht unter dem Fingerdrucke, eine Erscheinung, die durch die Bewegung der verdünnten, defecten Knochenschale der Cyste zu erklären ist. Eine ähnliche Verdünnung an der dem Sinus maxillaris zugekehrten Wand habe ich nicht immer gesehen, im Gegentheile, diese Knochenwand war in einzelnen Fällen verdickt.

Hinsichtlich der Aetiologie der Zahncysten stehen sich zwei Anschauungen gegenüber, als deren Vertreter E. Magitot[1]) und L. Mallasez[2]) zu nennen sind. Magitot hält die Kiefercysten für periostitischen Ursprunges. Er schreibt:

[1]) Die Cysten des Oberkiefers etc. Zahnärztl. Abhandl. ausländ. Autorit. Heft 3. Berlin 1888.
[2]) Compt. rend. u. Mém. de la Soc. d. Biol. 1887.

174  Zahncysten. Empyem der Kieferhöhle. Hydrops antri Highmori.

„Nach einer von uns bei zahlreichen Gelegenheiten vertheidigten Theorie ist jede sogenannte periostitische Cyste — hervorgerufen durch eine Anschwellung der Gewebe, die das Periost und das Alveolarligament bilden und zwar an einem unveränderlichen und constanten Punkte, dem Höhepunkt einer Zahnwurzel. Um noch schärfer zu sein, sagen wir, dass die Extremität selbst der genaue Entstehungsort des Wurzelcanals ist. Thatsächlich ist es auf diesem gewissermassen mathematischen Punkte, wo der pathologische Process, indem er dem Gang des Canals folgt, an der Knochenhaut des Höhepunktes sich niederlässt. Welche auch die Epoche sein mag, in der man eine dieser Cysten beobachtete, ob sie das Volumen eines Hirsekörnchens oder dasjenige einer Apfelsine hat, ihr Ursprungspunkt und Sitz sind absolut unleugbar." Ueber die Beziehung von Zahncysten zur Kieferhöhle lässt sich Magitot in folgender Weise aus: „Thatsächlich sieht man, dass in gewissen Fällen der Cystensack sich mit einer ausserordentlichen Langsamkeit entwickelt, die Knochenwand des Sinus emporhebt und im Innern des letzteren einen Raum bildet, welcher sich genau zusammensetzt aus einer mehr oder weniger dichten, mehr oder weniger vollständigen Knochenplatte und aus zwei membranösen Hüllen: einer obern, gebildet von der Schleimhaut des Sinus, und einer untern, der Cystenwand. In einem der Präparate ist der Sinus vollständig beseitigt, und deshalb konnte man so lange die Cystencavitäten als den Sinus selbst einnehmend ansehen, während man bei einer genaueren Prüfung immer die Spur desselben auf einem mehr oder weniger entfernten Punkte des Kiefers wiederfindet. In einem anderen Präparate war die durch eine unvollständige knöcherne Schale schlecht geschützte Cystenwand dem Zerbrechen ausgesetzt und der Cysteninhalt stürzte in den Sinus."

Mallasez dagegen misst bei der Entwickelung der Zahncysten epithelialen (paradentären) Ueberresten des Schmelzkeimes eine grosse Wichtigkeit bei, und seine Angaben sind in jüngster Zeit durch eine sorgfältige Untersuchung G. Scheffs[1]) bestätigt worden. An der Wurzelspitze erkrankter Zähne findet man nicht selten kleine cystische Geschwülste, in deren Hohlraume die vom Periost befreite Wurzelspitze hineinragt. Die Cystenwand besteht aus einem bindegewebigen Balg, der an der Innenfläche geschichtetes Plattenpithel trägt, welches in Form von Strängen in die Wand des Balges hineinwuchert. Das

---

[1]) Ueber das Empyem der Kieferhöhle etc. Wien 1891.

Plattenepithel des Balges ist nun ein Derivat der epithelialen Reste des Schmelzkeimes, die offenbar durch den entzündlichen Reiz zur Proliferation angeregt wurden.

Zur Illustration grösserer Kiefercysten lasse ich nun die Beschreibung einiger exquisiter Fälle folgen.

### Fall 1. Ueber haselnussgrosse Cyste im Bereiche des zweiten Bicuspis. (Taf. 20, Fig. 1.)

Faciale Platte des Alveolarfortsatzes in Form einer halbkugelförmigen Geschwulst an der Wange und im Vestibulum oris vorspringend. Ihre Knochenwand sehr defect und mit der Highmorshöhle in Communication stehend. Ob auch der Cystensack gegen die Kieferhöhle eröffnet gewesen, kann ich, da das Präparat von einem macerirten Schädel herrührt, nicht behaupten.

### Fall 2. Aehnliche Geschwulst am Tuber maxillare. (Taf. 20, Fig. 2.)

Die etwa haselnussgrosse Knochencyste springt stark vor, und die dünne Knochenschale ist sowohl an der Oberfläche als auch gegen die Kieferhöhle eröffnet. Der Weisheitszahn, dessen Erkrankung die Cyste veranlasst hat, ist ausgefallen.

### Fall 3. Ueber taubeneigrosse Zahncyste an der vorderen Kieferwand. (Taf. 20, Fig. 3 u. 4.)

Die Geschwulst reicht von der Apertura pyriformis bis gegen den Jochfortsatz und vom Alveolarrande bis an das Foramen infraorbitale empor. Die faciale Wand der grossen Cyste wölbt sich gegen die Wange und das Vestibulum oris mächtig vor und ist an zwei Stellen defect (Fig. 3), dagegen zeigt die hintere Wand der Cyste keine Communication mit der Kieferhöhle. In den Hohlraum ragen die Wurzelspitzen der beiden Backenzähne hinein. Fig. 4 präsentirt dasselbe Präparat so gewendet, dass auch die Nasenhöhle der Besichtigung zugänglich ist. Man sieht, dass die äussere Nasenwand in ihrer vorderen Hälfte sich stark ausbaucht, und die Grenzkante zwischen Apertura pyriformis und der Nasenhöhle verstrichen ist.

**Fall 4. Grosser Alveolarabscess in der vorderen Hälfte des Zahnfortsatzes.** (Taf. 20, Fig. 5 u. 6.)

Die hintere Hälfte des Zahnfortsatzes atrophisch. Die Alveolen der Schneide-, der Eck-, der Backenzähne und des 1. Mahlzahnes fehlen, die linguale Wand und die Alveolen confluiren und münden in eine grosse, am Gaumen befindliche Höhle, deren verdünnter Grund vielfach gegen die Nasenhöhle durchbrochen ist (Fig. 5).

Fig. 6 zeigt dasselbe Präparat in der Ansicht von vorne; man sieht, dass entsprechend dem Abscesse die rechte Hälfte des Nasenbodens höher lagert als die linke.

**Fall 5. Alveolarabscess im Bereiche des 1. Mahlzahnes.**
(Taf. 20, Fig. 7.)

Der Process ging offenbar von der Gaumenwurzel des Zahnes aus, Gaumen in hohem Grade durch Caries defect und gegen die Nasenhöhle weit eröffnet.

**Fall 6. Durchbruch einer Mahlzahn-Alveole gegen die Highmorshöhle.**

Die Alveole des zweiten Mahlzahnes ist ausgeweitet, die Kuppel fehlt, und dadurch communicirt die Alveole mit der Highmorshöhle.

**Fall 7. Aehnliches an der Alveole eines Weisheitszahnes.**

**Fall 8. Haselnussgrosse Kiefercyste.**

Der linke Oberkiefer gegen das Vestibulum oris und den Gaumen vorspringend. Die Cyste reicht oben bis an den Boden der Kieferhöhle und innen bis an den Nasenboden, die Gaumenfläche und die vordere Wand der Cyste besitzen keine knöcherne Schale, sondern werden nur durch Weichtheile (Gaumenfleisch und Kieferperiost) abgeschlossen. Innenwand der Cyste mit weichem, höckerigen Ueberzuge versehen. Im Hohlraume stecken drei von einer käsig-krümligen Masse umgebene Wurzelstümpfe des 1. Molar.

Highmorshöhle intact.

**Fall 9. Grosse Zahncyste mit hochgradiger Verdrängung des Sinus maxillaris.** (Taf. 20, Fig. 8.)

Die Cyste bildet eine über taubeneigrosse Geschwulst, die weniger an der Wange als an der hinteren Kieferwand vorspringt. Sie reicht von einer vom Foramen infraorbitale gegen den ersten Backenzahn herabgezogenen Linie bis an den Flügelfortsatz des Keilbeines nach hinten. Vordere Wand der Geschwulst weich, fluctuirend. Auskleidung der Cyste eine bis 2 mm. dicke glattwandige Haut. Inhalt eine schleimig- eiterige Masse. In den Hohlraum der Cyste ragen die cariösen Wurzeln des zweiten Backenzahnes und des ersten Molar hinein, und es ist nicht daran zu zweifeln, dass die Erkrankung der bezeichneten Zähne die Cyste erzeugt hat.

Die Beziehung der Cyste zu der nachbarlichen Nasen- und Kieferhöhle stellt sich in folgender Weise dar: Die innere Wand der Cyste ist gegen den unteren Nasengang, die obere Wand gegen die Kieferhöhle vorgewölbt, die Zwischenwand der Cavitäten verdickt und nirgends durchbrochen. Die Einengung des unteren Nasenganges ist nicht bedeutend, wohl aber die des Sinus maxillaris, dessen Boden (obere Cystenwand) ganz nahe an die untere Wand der Augenhöhle herangerückt ist (siehe die Abbildung). Ein Sinus maxillaris findet sich überhaupt nur in der Projection des mittleren Nasenganges. Die Wand der Kieferhöhle ist verdickt, gewulstet, innig mit der Auskleidung verwachsen. Nasenschleimhaut wohl stark gewulstet, aber nirgends geschwulstartige Hypertrophien zeigend. Ein causaler Zusammenhang zwischen der Cyste und den entzündlichen Processen der Kiefer- und der Nasenhöhle ist denkbar, aber anatomisch nicht nachzuweisen.

Wie hat man sich nun die Verdrängung der Kieferhöhle durch die grosse Cyste vorzustellen? Von einer Verdrängung im strengen Sinne des Wortes kann nicht die Rede sein. Diese Erscheinung tritt vielmehr dadurch auf, dass die anfänglich im Alveolarfortsatze steckende Cyste, um sich vergrössern zu können, eine Resorption der Knochensubstanz an der äusseren Peripherie der weichen Cystenwandung anregt, der entsprechend an der periostalen Schichte der Kieferhöhlenschleimhaut immer wieder neue Knochenschichten producirt werden. Dasselbe geht an der Buchtung gegen den unteren Nasengang vor sich, und auf diese Weise weitet sich auf Kosten der nachbarlichen pneumatischen Räume die Cyste aus, ohne dass es zwischen ihnen zu einer Communication käme.

In die gleiche Kategorie von Geschwülsten dürfte der auf Taf. 19, Fig. 82 des I. Bandes abgebildete Fall gehören, den ich an einem macerirten Schädel fand. Ich versuchte damals das Zustandekommen des Abscesses, der sicherlich vorhanden war, auf den erschwerten Durchbruch des zweiten Mahlzahnes zu beziehen, eine Anschauung, die ich nicht mehr aufrecht erhalten möchte.

### Fall 10. Knochenblase in der Kieferhöhle.

Die Alveolenkuppel des zweiten Backenzahnes ist zu einer kirschgrossen, dünnwandigen Knochenblase ausgeweitet, die in der Kieferhöhle steckt. Auf Taf. 18, Fig. 79 des I. Bandes findet sich ein ähnlicher Fall abgebildet.

### Fall 11. Hohle Knochengeschwulst des rechten Alveolarfortsatzes, die in die Kieferhöhle hineinragt. (Taf. 21, Fig. 1.)

Dieser Fall gelangte im frischen Zustande zur Untersuchung.

Mahlzähne und zweiter Backenzahn cariös. Alveolarfortsatz im Bereiche der cariösen Zähne äusserst defect. Ueber dem Processus alveolaris erhebt sich, einer Exostose gleichend, eine gegen 2 cm. lange und über 10 mm. breite hohle Knochengeschwulst, deren Lichtung eine bindegewebige Ausfüllung zeigt und mit den cariösen Lücken des Zahnfortsatzes in Communication steht. Oberfläche der Geschwulst mit einigen stacheligen Auswüchsen besetzt und von der Kieferhöhlenschleimhaut überzogen.

Der eben beschriebene Fall schliesst sich dem im I. Bande auf Taf. 13, Fig. 80 und 81 abgebildeten an.

### Fall 12. Solide Exostose des Alveolarfortsatzes in die Kieferhöhle vorragend. (Taf. 21, Fig. 2.)

Das Präparat gehört zu dem auf pag. 149 beschriebenen Fall von Lues. Der Alveolarfortsatz ist total atrophisch, und von seiner der Kieferhöhle zugewendeten Seite geht mit breiter Basis aufsitzend eine etwa $2^1/_2$ cm. lange Knochengeschwulst aus, die in den Sinus vorspringt und sich von den beiden früheren Fällen durch den Mangel einer Höhle unterscheidet. Ich zweifle nicht, dass es sich um eine Knochengeschwulst handelt, die in Folge einer Periostitis der Alveolarfortsätze entstanden ist.

### Resumé.

Die Kiefercysten gruppiren sich in äussere und innere; die äusseren Kiefercysten liegen oberflächlich, wölben, wenn sie eine gewisse Grösse erreicht haben, die vordere, die hintere Kieferwand, beziehungsweise den Gaumen vor und bilden im Vestibulum oder im Cavum oris protuberirende Geschwülste. Den Inhalt der Cysten bildet eine serös-schleimige oder krümlige, zuweilen eiterige Masse.

Die Zahncysten am Zwischenkiefer wachsen gegen den Nasenboden empor, verdünnen ihn und es kann sogar zur Perforation gegen die Nasenhöhle kommen. Die gegen den harten Gaumen wachsenden Cysten excaviren und perforiren gleichfalls den Nasenboden, und es gelangt durch Fortleitung des Processes auch die Nasenschleimhaut zu eiteriger Entzündung.

Schreitet eine grosse und im Wachsthum begriffene Cyste bis zum Boden der Kieferhöhle vor, so drängt sie diesen gegen die Orbita empor und engt den Sinus ein. Der Oberkiefer enthält diesfalls zwei Höhlen: eine grosse untere, von der Cyste gebildete und eine kleine obere, welche den eingeengten Sinus maxillaris repräsentirt. In dem auf Taf. 20, Fig. 8 abgebildeten Falle beträgt die grösste Höhe des Sinus maxillaris nicht mehr als 9 mm. An demselben Objecte sieht man, dass der untere Nasengang seine Tiefe verliert, wenn, wie dies bei sehr grossen Cysten nicht anders möglich, die Cyste auch gegen die Nasenhöhle wächst. Die faciale Wand solcher Cysten ist stark vorgebaucht und leicht eindrückbar, bei grösseren Cystengeschwülsten biegsam und unter dem Fingerdrucke knisternd (Pergamentknittern).

Die Erscheinung des Pergamentknitterns lässt mit Sicherheit die Diagnose auf Zahncyste stellen. Der Umstand, dass manche der Cysten einen dünnflüssigen Inhalt führen, und man die Flüssigkeit auch in die Nasenhöhle einströmen sah, mag den Anlass geboten haben Kiefercysten für Hydrops antri Highmori zu halten und das Pergamentknittern für ein Charakteristicum des eben bezeichneten Hydrops auszugeben. Es liegt aber in solchen Fällen einfach eine Kiefercyste mit Durchbruch gegen den Sinus maxillaris vor.

Die inneren Zahncysten stecken in der Kieferhöhle und verrathen sich durch kein Zeichen an der Oberfläche des Gesichtes. Sie entwickeln sich offenbar in den Fällen, wo die Alveolenkuppel der erkrankten Zahnwurzel direct den Kieferhöhlenboden bildet, sei es, dass die Alveole (wie häufig bei den letzten Molaren) dem Sinusboden nahe liegt, oder dass in Folge tiefen Herabreichens des Sinus dasselbe Verhalten an jenen Zähnen sich bemerkbar macht, die sonst mehr entfernt vom Kieferhöhlenboden lagern.

## Empyem der Kieferhöhle.

Unter Empyem versteht der pathologische Anatom eine Eiteransammlung in einer der abgeschlossenen Körperhöhlen. In diesem Sinne aufgefasst gibt es kein Empyem des Sinus maxillaris; denn hier erfolgt die Eiterung in eine nach aussen hin offene Cavität, deren Communicationsöffnung unter dem Einflusse des krankhaften Processes sich nur zuweilen schliesst. Die Bezeichnung „Empyem" für Eiteransammlungen der Kieferhöhle hat sich aber eingebürgert und mag aus diesem Grunde auch beibehalten werden.

Die nächste Ursache des Empyem der Kieferhöhle ist in einer eiterigen Entzündung der Schleimhaut zu suchen, für welche die Anregung in einer Affection der Schleimhaut selbst oder in einer Erkrankung der dem Sinus nachbarlichen Theile zu suchen ist. Es gibt demnach ein **primäres** und ein **secundäres** Empyem, von welchen das primäre Empyem ungleich seltener als das secundäre auftritt.

Ich werde nun zunächst wie in einigen früheren Capiteln mein Beobachtungsmateriale vorführen und im Anhange an die Casuistik ein ausführliches Resumé folgen lassen.

Fall 1. **Empyem der rechten Kieferhöhle mit polypösen Wucherungen im mittleren Nasengange.** (Taf. 21, Fig. 3 bis 7.)

Nasenhöhle weder Schleim noch Eiter enthaltend. Schleimhaut der Nasenmuscheln normal.

Mittlerer Nasengang. Die äussere Wand dieses Ganges (innere Wand der Kieferhöhle) namentlich im Bereiche ihrer Fontanellen gegen den Gang vorgewölbt. Schleimhautüberzug der Bulla, des Processus uncinatus und des Infundibulum stark verdickt und in kleine Geschwülste (polypöse Hypertrophie) umgewandelt, die insbesondere am Rande des Ostium maxillare sich mit ihren freien Flächen aneinanderlagern und dadurch diese Communicationsöffnung verschliessen. Man muss mit der Sonde die kleinen Geschwülste abheben, ehe man das verengte Loch findet. Am Processus uncinatus ein dicker, hahnenkammartiger Polyp, dessen Basis die ganze Länge des bezeichneten Knochenfortsatzes einnimmt, demnach vom Ostium frontale bis an das Gaumenbein (verticale Lamelle) reicht. Dem Baue nach setzt sich der Polyp aus einem feinfaserigen, areolirten Bindegewebe zusammen, welches durch seinen grossen Reichthum an Drüsen imponirt. Besonders auffallend ist ferner die starke Infiltration der Schleimhaut mit Rundzellen (Taf. 21, Fig. 5).

Hiatus semilunaris stark erweitert, so dass man das Infundibulum seiner ganzen Ausdehnung nach übersieht. Der Processus uncinatus erscheint herabgezogen, und die Bulla ethmoidalis ist wie flachgedrückt. Diese Veränderungen haben zur Dilatation des Infundibulum geführt. Im Centrum des Polypen steckt eine dünne, erweichte Knochenplatte, welche den bedeutend verlängerten und abwärts gezogenen Processus uncinatus darstellt (Taf. 21, Fig. 5, k).

Sinus maxillaris der linken Seite. Die Schleimhaut desselben ist aufgequollen, von sulzartiger Beschaffenheit, zu weingelben, schlaffen, hydropischen Tumoren verdickt.

Sinus maxillaris der rechten Seite. Das Ostium maxillare in Folge von Schwellung der Kieferschleimhaut verschlossen. Schleimhaut in ihrem Gefüge gelockert, an der Oberfläche warzig, mit vielen Lücken (Taf. 4, Fig. 6) und einzelnen kleinen Cysten besetzt. Rundzelleninfiltration stark, Gefässe erweitert, Drüsen zu Grunde gegangen oder cystös degenerirt (Taf. 21, Fig. 6 u. 7). In die Kieferhöhle ist eine ziemliche Menge dicklichen Eiters ergossen.

Gebiss ziemlich gut erhalten. Rechterseits fehlt der zweite Molaris ganz und vom Weisheitszahn die durch Caries zerstörte Krone. Die Wurzeln desselben in ihren Alveolen steckend und gleich der Wurzelhaut normal.

Ein krankhafter Process des Alveolarfortsatzes ist nirgends zu bemerken, die Knochenplatte zwischen den Alveolen und der Kieferhöhle das gewöhnliche Aussehen darbietend, aus welchen Gründen ich auch nicht zu behaupten wage, dass es sich im vorliegenden Falle um ein dentales Empyem handelt.

Sinus frontalis. Schleimhaut leicht geschwellt.

Sinus sphenoidalis. Die Auskleidung verhält sich normal.

Fall 2. **Empyem mit Verwachsung des Ostium maxillare an dem rechten Oberkiefer einer senilen Person.** (Taf. 22, Fig. 1.)

Die Nasenhöhle enthält viel Schleim.

Nasenschleimhaut im Zustande des chronischen Katarrhs. Die äussere Wand des mittleren Nasenganges gegen die Nasenhöhle vorgebaucht, insbesondere stark im Bereiche der beiden Fontanellen. Hiatus semilunaris normal aussehend. Das Infundibulum hingegen wesentlich verändert. Die Schleimhaut des Processus uncinatus ohne Unterbrechung auf die Bulla ethmoidalis übergehend; ein Ostium maxillare fehlt. Es liegt hier ein Fall von Verwachsung der bezeichneten Scheimhautantheile mit Verschluss des Ostium maxillare vor. Ein Ostium maxillare accessorium ist nicht vorhanden.

Kieferhöhle eine grössere Menge eines dickflüssigen Eiters enthaltend, ihre Schleimhaut geschwellt, gelockert, an der Oberfläche papillär und gleich den stellenweise cystös degenerirten Drüsen stark mit Rundzellen infiltrirt; von einem Ostium maxillare ist keine Spur.

Sinus frontalis normal.
Sinus sphenoidalis normal.
Kieferhöhle der linken Seite normale Verhältnisse darbietend.

Zähne bis auf den rechten, intacten Caninus ausgefallen. Alveolarfortsätze vollständig atrophisch, dicken Knochenleisten gleichend.

Auch in diesem Falle ist es trotz des hochgradigen Empyem kaum mehr möglich zu entscheiden, ob ein dentales oder nasales Empyem vorliegt. Das Aussehen des Zahnfortsatzes könnte auf senile Veränderungen bezogen werden, aber es ist nicht ausgeschlossen, dass abgelaufene krankhafte Processe zur Zerstörung des Processus alveolaris und zu Empyem der Kieferhöhle Veranlassung geboten haben.

**Fall 3. Empyem der rechten Kieferhöhle mit hochgradigen Veränderungen in der Nasenhöhle.** (Taf. 22, Fig. 2 u. 3.)

Der Fall ist leider in einem so stark verwesten Zustande zur Section gelangt, dass ich über einige Punkte: wie die Beschaffenheit der Nasenschleimhaut, das Aussehen des Hiatus semilunaris keine verlässlichen Daten zu geben vermag.

Rechte Nasenhöhle: Die untere Nasenmuschel verschmälert, etwas atrophisch. Die mittlere Nasenmuschel ist weich, biegsam, atrophisch und macht den Eindruck, als enthielte sie keine Knochensubstanz. Diese Veränderungen repräsentiren die Folgeerscheinungen des Druckes, den eine an der äusseren Wand des mittleren Nasenganges aufsitzende, weit über nussgrosse, weiche fluctuirende Geschwulst auf die Muschel ausgeübt hat. Die Geschwulst drängte die Muschel an das Septum an, so dass von einem Riechspalte nichts zu bemerken war. Der bezeichnete Tumor entpuppt sich bei genauerer Untersuchung als die hügelartig in die Nasenhöhle vorgewölbte äussere Nasenwand. Der untere Theil des Tumor liegt auf der unteren Nasenmuschel; oben und innen ist die Geschwulst mit dem Siebbeine in Contact, welches sie sammt der mittleren Muschel an die Nasenscheidewand herangeschoben hat.

Aehnlich wie im mittleren springt auch im unteren Nasengange die ausgebauchte, äussere Wand geschwulstartig vor.

Hiatus semilunaris. Bei dem schlechten Zustande des Präparates ist es nicht möglich, über dessen Beschaffenheit verwerthbare Angaben zu machen. Sehr wahrscheinlich ist aber, dass das Ostium maxillare verschlossen war, denn nur ein solcher Zustand des Sinus vermag die enorme Ektasie der äusseren Nasenwand zu erklären.

Nach ausgeführter Spaltung der Geschwulst ergoss sich aus der Kieferhöhle eine missfärbige, dickliche Flüssigkeit, und mit derselben kam ein grösseres, einem Rhinolithen ähnliches Concrement (Taf. 22, Fig. 3) zum Vorscheine, auf welches ich noch später zurückkommen werde. Schleimhaut der Kieferhöhle missfärbig, verdickt, fest an der Knochenwand haftend, was mit Sicherheit auf einen entzündlichen Process schliessen lässt.

Um die Veränderungen zu überblicken, die die krankhafte Affection angerichtet, liess ich das Präparat maceriren, worauf sich folgende Details ergaben:

Die untere Nasenmuschel um die Hälfte niedriger als sonst und an ihrer Anheftungsstelle vielfach durchlöchert.

Die mittlere Nasenmuschel verdünnt, reichlich durchlöchert, stark gewölbt und in ihrer mittleren Portion äusserst defect. Zwischen den beiden Muscheln findet sich an der gewölbten äusseren Nasenwand eine 27 mm. lange (sagittale Richtung) und 23 mm. hohe Oeffnung, durch welche die Kiefer- und Nasenhöhle in weiter Communication stehen. Die Ränder dieser Oeffnung sind gegen die Nasenhöhle umgekrempt, insbesondere deutlich jene Partien des Randes, die von der unteren Muschel und der verticalen Platte des Gaumenbeines beigestellt werden.

Im unteren Nasengange ist die äussere Wand wulstartig vorspringend, dünner als sonst und an einer Stelle durchlöchert.

Siebbein. Am Siebbeine finden sich nachstehende Alterationen:

a) Vom Processus uncinatus ist nur ein vorderes Stückchen vorhanden, der übrige grössere Antheil fehlt in Folge von Atrophie.

b) Die Bulla ethmoidalis hochgradig atrophisch, zu einer ganz dünnen Leiste herabgekommen. Der Abstand zwischen Bulla und Processus uncinatus beträgt in Folge dessen über 1 cm. Die Siebbeinzellen im Bereiche der mittleren Muschel atrophisch; sie fliessen in eine Cavität zusammen, von welcher aus grössere Buchtungen in die pneumatischen Zellen der Pars orbitalis ossis frontis hineinführen.

Highmorshöhle: Knöcherne Wand verdickt und namentlich hinten mit dicken, vielfach durchlöcherten Osteophytenschichten bedeckt.

Concrement: Das in der Kieferhöhle enthalten gewesene Concrement zeigt eine braunschwarze Farbe, ist haselnussgross und in seiner Structur mit den in der Nasenhöhle vorkommenden Rhinolithen übereinstimmend.

Zähne: Die Zähne fehlen mit Ausnahme eines Molaris auf jeder Seite, die intact sind.

Zahnfortsatz aufgetrieben, dick. Zeichen von Caries und Residuen von heftigen Entzündungen sind in Form von Lücken, Grübchen und Osteophyten vorhanden.

Sinus frontalis normal.

Sinus sphenoidalis gleichfalls.

Wir haben es in diesem Falle offenbar mit einem Empyem dentalen Ursprunges zu thun, das zu bedeutenden Veränderungen einzelner Skelettheile geführt hat. Für die Intensität und lange Dauer des Processes spricht die Grösse der Geschwulst an der äusseren Wand des mittleren Ganges, ferner die Vorwölbung der nasalen Kieferwand gegen den unteren Nasengang. Durch dieses Moment unterscheidet sich Fall 3 von den vorher beschriebenen zwei Fällen.

**Fall 4. Recente Eiterbildung in beiden Kieferhöhlen bei einer senilen Person.**

Nasenhöhle: In beiden Nasenhöhlen dicklicher, eiteriger Schleim enthalten, der stellenweise von frischen Blutaustritten roth gefärbt ist.

Nasenschleimhaut geröthet, geschwellt.

Kieferhöhle: Beiderseits eiterigen Schleim enthaltend; Schleimhaut leicht geschwellt.

Zahnfortsatz vollständig atrophisch, nur einen Zahn enthaltend, der gesund ist.

Pharynxtonsille enorm vergrössert.

Fall 5. Aehnlich, nur sind sämmtliche Nebenhöhlen miterkrankt.

Schleimhaut der Kieferhöhle kaum geschwellt, ecchymosirt. Kieferhöhlen Eiter enthaltend.

Zahnfortsatz: Complete senile Atrophie.

In diesen beiden Fällen sehen wir Eiteransammlungen der Kieferhöhle, die von einer im Gefolge von Rhinitis aufgetretenen Entzündung der Kieferhöhlenschleimhaut herrühren. Dass es sich um recente Processe handelt, beweisen die Ecchymosen.

Ich hätte die Casuistik durch die Anführung von Fällen der letzteren Kategorie wesentlich vermehren können.

### Fall 6. Dentales Empyem der rechten Kieferhöhle.

Nasenhöhle und Nasenschleimhaut normal aussehend. Kleiner Polyp am Processus uncinatus.

Rechte Kieferhöhle. An den Wänden mit dicklichem Eiter beschlagen.

Schleimhaut verdickt.

Zähne: Caries und eiterige Wurzelhautentzündung eines hinteren Zahnes der rechten Seite.

Linkerseits. Schlaffe, hydropische Tumoren an der Schleimhaut der Kieferhöhle.

### Fall 7. Empyem der Kieferhöhle nach Caries des Zahnfortsatzes.

Lippen mit dem Alveolarfortsatze nicht mehr in Verbindung. Die Uebergangsfalte der Schleimhaut fehlt nämlich, und die Wange ist durch einen eiterigen Process vollständig unterminirt. Aus diesem Grunde lässt sich die Oberlippe bis an den Margo infraorbitalis von dem Oberkiefer abheben. Das Vestibulum oris erweitert und mit einer schmierig-eiterigen Masse bedeckt.

Alveolen. Die labiale Platte des Alveolarfortsatzes fehlt grösstentheils, die linguale Platte nur stellenweise. In Folge dessen liegen die Zahnwurzeln der ganzen Länge nach frei zu Tage, und die Zähne sind äusserst beweglich. Cariös sind die centralen Schneidezähne und ein Molar. An den beiden Backenzähnen der linken Seite sind die Kronen intact, die Wurzeln dagegen derart defect, dass der Pulpacanal eröffnet ist, und die Kronen der zwei letzten Molaren dislocirt und nur an einzelnen Gewebsfetzen hängend erscheinen. Der blossliegende Zahnfortsatz dünn, rauh, locker.

Kieferkörper beiderseits erweicht und defect, so dass die Sinusschleimhaut blossliegt.

Die linke Highmorshöhle besitzt eine cariöse Stelle am hinteren, oberen Winkel, so dass die Weichtheile der Fossa infratemporalis mit der Sinusschleimhaut in Contact sind.

Kieferhöhle Eiter enthaltend. Ihre Schleimhaut 15—20fach verdickt, stark adhärent und mit Cysten besetzt.

Nasenschleimhaut in mässigem Grade entzündet.

Zweifelsohne liegt hier ein periostitischer Process des Alveolarfortsatzes vor, der zu Caries und Nekrose der Kiefer, zur Erkrankung des Zahnapparates und zu Empyem der Kieferhöhle führte.

## Resumé.

Verhalten der Sinusschleimhaut beim Empyem. Es wurde bereits in einem früheren Capitel hervorgehoben, dass beim Empyem des Sinus maxillaris die Schleimhaut sich lockert, anschwillt, häufig eine papilläre Beschaffenheit zeigt, und dass das Stroma seiner ganzen Dicke nach mit Rundzellen infiltrirt ist. In einzelnen Fällen erstrecken sich die Rundzellen bis in die periostale Schichte, und besonders massenhaft pflegt diese Infiltration um die erweiterten Gefässe und um die Drüsen herum aufzutreten. Die zellige Infiltration leitet den Zerfall der Drüsen ein, von welchen man im späteren Stadium des Processes nur mehr Reste antrifft. Stellenweise findet man die Drüsenacini und die Ausführungsgänge cystös degenerirt.

Verhalten des Ostium maxillare und des Hiatus semilunaris bei Empyem. Die Communicationsöffnung der Kieferhöhle bietet nach dem Grade der Entzündung und der Dauer des Processes ein verschiedenes Aussehen dar. Bei unbedeutender Schwellung der Kieferhöhlenschleimhaut ist das Ostium maxillare frei und das Infundibulum so wie auch der Hiatus semilunaris verhalten sich normal. Bei stärkerer Wulstung der Sinusschleimhaut findet man zuweilen die Communication gegen die Nasenhöhle allerdings offen, den Hiatus semilunaris unverändert, aber das Ostium maxillare verengt. Bei Untersuchung der Kieferhöhle zeigt sich der Rand dieser Oeffnung verdickt, während die Betrachtung der Nasenhöhle in der Gegend des Hiatus semilunaris noch normale Verhältnisse erkennen lässt. In hochgradigen Fällen von Empyem kann das Ostium maxillare in Folge der starken Schleimhautschwellung verschlossen sein, während der Hiatus semilunaris sich normal verhält oder wie im Falle 1, durch polypöse Hypertrophie am Processus uncinatus erweitert ist.

Endlich kann durch **Verwachsung** der wulstigen Schleimhautränder ein bleibender Abschluss des Sinus maxillaris hervorgerufen werden.

**Ausbauchung der nasalen Kieferwand nach innen.** Bei geringer Ansammlung von Eiter in der Kieferhöhle und bei offener Communicationsöffnung bemerkt man **keine** Veränderung an den Wänden der Kieferhöhle. **Bei grösseren Ergüssen hingegen, namentlich bei solchen, die mit Verwachsung oder Schwellungsverschluss des Ostium maxillare einhergehen, buchtet sich unter dem Drucke des gestauten Exsudates die nasale Kieferwand im Bereiche des mittleren Nasenganges in Form einer Geschwulst gegen die Nasenhöhle vor, während die übrigen Wände des Oberkiefers ein normales Aussehen zeigen.** Die ektatische Kieferwand rückt gegen die Mittelebene des Cavum nasi vor und kann bei besonderer Grösse sogar mit der Nasenscheidewand in Berührung gerathen. Darüber, ob bei jahrelangem Bestehen eines Empyem auch an der vorderen Kieferwand Auftreibungen sich einstellen, kann ich aus eigener Erfahrung nicht berichten, möchte mich aber Ziem[1]) anschliessen, der dies bestreitet. Ich habe dies seinerzeit aus dem anatomischen Baue des Kiefergerüstes erschlossen und mich dadurch zu den Anschauungen der Praktiker in Gegensatz gestellt. In jüngster Zeit wurde auch von den Rhinologen das richtige Verhalten erkannt, und A. Hartmann[2]) will sogar in der Hälfte seiner Fälle eine Vorwölbung der nasalen Wand des Sinus maxillaris gegen die mittlere Muschel beobachtet haben.

Man muss wohl zwischen der Vorwölbung der ausgebauchten Nasenwand des Oberkiefers und den Geschwülsten im Bereiche des Hiatus semilunaris, die unabhängig vom Empyem oder in seinem Gefolge sich entwickeln, einen Unterschied machen.

Der Grund, warum gerade die Nasenwand der Kieferhöhle sich beim Empyem ausbaucht, ist leicht einzusehen, wenn man berücksichtigt, dass diese Partie die einzige Stelle der Sinuswandung darstellt, die sich nicht ausschliesslich aus Knochen, sondern theilweise auch aus Weichtheilen aufbaut. Es sind bekanntlich zwischen Processus uncinatus und Gaumenbein einerseits und zwischen dem genannten Fortsatz und der unteren Nasenmuschel andererseits Lücken im Skelete

---

[1]) Ueber die Bedeutung u. Behandl. d. Naseneiterungen. Monatsschr. f. Ohrenheilk. Berlin 1886.

[2]) Verhandl. d. otiat. Sect. d. Versamml. deutscher Naturf. in Köln 1888.

vorhanden, welche von der vorüberstreichenden Schleimhaut verschlossen werden, und die ich in einer früheren Schrift [1]) Nasenfontanellen genannt habe. Speciell wurde die erstere als hintere, die letztere als untere oder vordere Nasenfontanelle bezeichnet. Diese Fontanellen sind nachgiebig und buchten sich leicht aus. Dazu kommt noch, dass der Processus uncinatus selbst, der vermöge seiner zarten Beschaffenheit und der geringen Fixation seines hinteren Endes zu Verbiegungen und Dislocationen inclinirt, einem von der Kieferhöhle aus einwirkenden Drucke gegenüber leicht nachgeben wird. Aus diesem Grunde sind in einzelnen Fällen die anatomischen Zeichen eines Empyema antri Highmori im mittleren Nasengange sehr deutlich ausgesprochen, ein Umstand, der für die Stellung der Diagnose wohl in Betracht kommt, zumal beim Empyem nur ausnahmsweise auch im unteren Nasengange eine Vorwölbung der äusseren Nasenwand beobachtet wird. An den übrigen Kieferwänden ist, wie schon bemerkt, Aehnliches nicht gefunden worden, ja sie sollen, wie Ziem angibt, sogar flacher werden. Der geschätzte Autor stellt sich vor, dass durch die in späteren Lebensjahren aufgetretene Verschwellung der Nase bei herabgesetzter Ventilation des Sinus die Kieferhöhle durch Schrumpfung verkleinert werde. Ich besitze leider zu wenig Phantasie, um mir vorstellen zu können, wie der mit starren Wandungen versehene Sinus eines Erwachsenen schrumpfen könnte.

Differentialdiagnose zwischen Empyem und Zahncysten. Vergleicht man die Veränderungen, die bei Empyem und Zahncysten am Kiefergerüste sich bemerkbar machen, so ergeben sich für die Differentialdiagnose folgende anatomische Anhaltspunkte:

a) Vorwölbung der labialen Platte des Alveolarfortsatzes, beziehungsweise der facialen Kieferwand sowie Pergamentknittern bei Druck auf die Geschwulst sprechen für das Vorhandensein einer Kiefercyste. Grössere Zahncysten greifen aber auf die Nase über und erzeugen an der äusseren Wand geschwulstartige Vorwölbungen, in welchem Falle jedoch eine Verwechslung mit Empyem des Antrum Highmori nicht gut denkbar ist, da sich grosse Zahncysten auch an der Wange bemerkbar machen müssen.

b) Vorwölbung der nasalen Kieferwand gegen den mittleren Nasengang (zuweilen nur in der Gegend des Hiatus semilunaris) ist charakteristisch für das Empyem der Kieferhöhle. Vor Verwechslung

---

[1]) Artikel: „Nasenhöhle", in Eulenburgs Real-Encyklopädie.

mit Kiefercysten wird uns der Umstand bewahren, dass die Geschwulst im Falle einer Cyste hart, beim Empyem dagegen elastisch und fluctuirend ist. Zuweilen findet man an der hinteren Fontanelle eine Vorwölbung ohne Flüssigkeitsansammlung. Auch der Processus uncinatus springt in einzelnen Fällen gegen die Nasenhöhle vor. Die Kleinheit dieser Vorsprünge und ihre umschriebene Localisirung werden der Verwechslung mit Ektasien in Folge von Empyem vorbeugen.

c) Vorwölbung der nasalen Kieferwand im unteren Nasengange tritt seltenenfalls bei grossen Zahncysten und bei hochgradigem Empyem des Sinus maxillaris auf. Findet sich daneben auch eine weiche, geschwulstartige Ektasie der nasalen Kieferwand im mittleren Nasengange, so liegt Empyem vor, im gegentheiligen Falle dürfte die Diagnose auf Zahncyste zu stellen sein. Sie wird um so leichter fallen, als Zahncysten, die sich im unteren Nasengange vorwölben, bereits eine solche Grösse erreicht haben müssen, dass sie auch im Gesichte eine Deformität veranlassen.

d) Ausbauchung der nasalen Kieferwand vor dem mittleren Nasengange (der Concha media) kann Verschiedenes bedeuten, und ich muss, um den Gegenstand zu erschöpfen, darauf hinweisen, dass grössere Thränensack- und Thränennasengangcysten umfangreiche Ektasien der Thränengruben und des Ductus naso-lacrymalis hervorrufen. Diese Ektasien wölben die nasale Kieferwand anfänglich nur im Verlaufe des Thränennasenganges, später im grösseren Umfange vor und erzeugen, wie ich in zwei Fällen sah, entsprechend dem Stirnfortsatze des Oberkiefers, grössere Tumoren in der Nasenhöhle (Taf. 22, Fig. 4, c). Die Differentialdiagnose zwischen Geschwülsten dieser Art, Zahncysten und Empyem wird sich leicht stellen lassen, denn einerseits bilden grössere Zahncysten, die eine ähnliche Lage an der äusseren Nasenwand haben (siehe Taf. 20, Fig. 3 u. 4), auch an der Wange Geschwülste, und andererseits wird die Ektasie des Thränensackes einen guten Anhaltspunkt bieten. Vom Empyem unterscheiden sich die Zahncysten und Ektasien des Thränennasenganges durch ihre Härte und ihre Lage vor dem mittleren Nasengange.

Grössere Osteome der nasalen Kieferwand werden schon durch den Ausfall einer Reihe von Erscheinungen sich leicht von den aufgezählten pathologischen Bildungen unterscheiden lassen.

Aus den geschilderten Verhältnissen geht hervor, dass die nasale Kieferwand bei verschiedenen Affectionen sich in ähnlicher Weise verhalten kann, und der Arzt wird namentlich bei Verdacht auf Empyem dieser Wand der Nasenhöhle sein Augenmerk zuwenden.

Empyem und Rhinitis. Rhinitis ruft zuweilen Eiterbildung in der Kieferhöhle hervor, und umgekehrt kann ein Empyem der Kieferhöhle zu Rhinitis führen. Nicht selten treten in seinem Gefolge alle jene Formen von Schleimhauthypertrophie auf, die wir bei der primären Rhinitis beobachtet haben. Dass sich bei der Rhinitis ex empyemate antri Highmori Schleimhauthypertrophien zunächst im Bereiche des Hiatus semilunaris entwickeln, erklärt sich aus der topischen Beziehung des Hiatus und der äusseren Nasenwand zur Kieferhöhle. So stelle ich mir das Uebergreifen der Sinuserkrankung auf die Nasenschleimhaut vor. E. Kaufmann[1]) ist anderer Meinung; er schreibt: „Was nun die eigentliche Entstehungsursache des lateralen Schleimhautwulstes und die näheren Vorgänge bei der Bildung desselben anbelangt, so müssen mechanische Reize, insofern sie von Seite anderer Schleimhautgeschwülste der Nasenhöhle auf die äussere Wand statthaben könnten, unbedingt ausgeschlossen werden, einfach deshalb, weil der Schleimhautwulst bei Polypenbildung allein, ohne gleichzeitiges Empyem der Kieferhöhle nie vorkommt. Ebensowenig oder nur zum geringsten Theile möchten wir das sich aus der Kieferhöhle entleerende Secret, respective den Reiz, welchen es in Folge einer bestimmten Beschaffenheit auf die Schleimhautbekleidung der äusseren Nasenhöhlenwand ausübt, für die Entstehung des Wulstes verantwortlich machen; einmal wegen der nicht unbedeutenden Entfernung zwischen Wulst und Ostium maxillare, besonders mit Rücksichtnahme auf die ziemlich inconstante Lage des letzteren, einmal wegen des auffallenden Missverhältnisses, welches bei uncomplicirtem Empyeme zwischen dem mächtig entwickelten Wulste und den winzigen, polypösen Schleimhautwucherungen hinsichtlich ihrer Grösse an den vom Secrete zunächst betroffenen Stellen zu Tage tritt.

Die wahre Ursache der Wulstbildung muss vielmehr auf andere Factoren, und zwar auf solche, die in Einem mit der eiterigen Entzündung der Kieferhöhle einhergehen, zurückgeführt werden, vor Allem auf Circulations- und Ernährungsstörungen in dem dem Eiterherde benachbarten Schleimhautüberzuge der äusseren Nasenhöhlenwand, welch letzterer mit der Kieferhöhlenschleimhaut theils durch Lückenbildung in der Zwischenwand, theils durch zahlreiche Gefässana-

---

[1]) l. c.

stomosen direct in Verbindung steht. Die nächsten Folgen der Störungen sind wie immer Hyperämie, entzündliche Schwellung, bei längerer Dauer Gefäss- und Bindegewebsneubildung in der Schleimhaut, Hypertrophie derselben und das Endproduct — der laterale Schleimhautwulst. Dagegen nehme ich keinen Anstand, die polypösen Wucherungen an den Rändern des Ostium vorwiegend durch dauernden Reiz des Schleimhautgewebes von Seiten des Secretes entstehen zu lassen."

E. Kaufmann[1]) hält die Hypertrophie an der äusseren Wand des mittleren Nasenganges für ein untrügliches Zeichen eines Empyem der Kieferhöhle, eine einseitige Auffassung, der mit Entschiedenheit entgegenzutreten ist. In keinem der früher angeführten Fälle von Hypertrophie neben Muschelatrophie konnte eine Beziehung zur Eiterung der Kieferhöhle nachgewiesen werden, und a priori ist klar, dass, wenn eine secundäre Rhinitis einen Schleimhautwulst erzeugen kann, dies wohl auch einer primären Rhinitis gelingen wird. Dies beweisen klar und deutlich Fälle, die von J. M. Jeanty[2]) sowie von E. Kaufmann selbst veröffentlicht wurden. Jeanty fand unter 22 Fällen von Empyem 10 combinirt mit Hypertrophie und Polypen der Nasenschleimhaut, darunter 4 mit doppelseitiger Polypenbildung, während das Empyem nur auf einer Seite vorhanden war.

Unter den von Kaufmann angeführten 37 Fällen befinden sich 12, wo die Zähne ganz gesund waren, demnach das Empyem nicht von den Zähnen ausgegangen sein konnte. Für diese Fälle dürfen wir mit grösster Wahrscheinlichkeit eine primäre Rhinitis annehmen, die umgekehrt zunächst zur Bildung des lateralen Schleimhautwulstes und dann erst zu Empyem geführt hat. Ferner verzeichnet Kaufmann einen Fall von doppelseitigem, lateralem Schleimhautwulst ohne anderweitige Erkrankung, ein Fall, der sich also ohne Intervention eines Empyem entwickelt hat.

Man muss demnach bei Beurtheilung der Schleimhauthypertrophie auf ihre Provenienz kritisch zu Werke gehen, und es ist gefährlich, aus einigen Beobachtungen allgemeine Schlüsse ziehen zu wollen.

---

[1]) „Nun wissen wir ..., dass der laterale Schleimhautwulst seine Entstehung ausschliesslich einem etwa bestehenden oder vorangegangenen Antrumempyeme verdankt."

[2]) De l'empyème latent de l'antre d'Highmore. Bordeaux 1891.

**Empyem und Muschelatrophie.** Die Beziehungen zwischen Rhinitis atrophicans und den entzündlichen Affectionen der Kieferhöhle wurden bereits im I. Bande dieses Werkes erörtert, und es hat sich gezeigt, dass die Ozaena entweder auf die Nasenhöhle beschränkt bleibt oder auf eine oder die andere der Nebenhöhlen übergreift. In jüngster Zeit ist die bereits von Michel aufgestellte Hypothese, dass die Rhinitis atrophicans in den Nebenhöhlen ihren Anfang nehme, von E. Kaufmann wieder aufgenommen worden. Kaufmann sieht allerdings vorläufig seine Folgerungen nicht als sichergestellt an, spricht sich aber doch so decidirt aus, dass eine Kritik seiner Mittheilungen wohl angezeigt ist. Kaufmann findet unter 8 Fällen von Ozaena simplex constant das Vorkommen des „lateralen Schleimhautwulstes", und es scheint ihm, dass diese Coincidenz ein Streiflicht auf die bislang so dunkle Aetiologie dieses Leidens werfe. Zahncaries führt zu eiteriger Affection der Kieferhöhle, und diese soll in zahlreichen Fällen Ozaena hervorrufen. Der Umstand, dass in der Mehrzahl der bisher angeführten Sectionen von Ozaenafällen die Nebenhöhlen intact gefunden wurden, beweist nach Kaufmann nur, dass ausser den Erkrankungen dieser letzteren auch andere Ursachen für Ozaena geltend gemacht werden müssen.

Ich bin zu wenig befangen, um nicht zuzugeben, dass auch eine durch Empyem angeregte Rhinitis zu Muschelatrophie führen könnte; ich gebe dies umso eher zu, als ich glaube, dass für die Entwickelung der Ozaena eine individuelle Disposition vorhanden sein muss, und diesfalls eine Rhinitis, mag sie wie immer entstanden sein, Muschelatrophie hervorruft. Dies darf aber nicht verallgemeinert werden, denn eigentlich hat es zu heissen: Für die meisten Fälle führt eine primäre Form der Rhinitis zu Muschelatrophie, insoferne aber Rhinitis auch ein Folgezustand des Empyema antri Highmori ist, kann Muschelatrophie indirect durch Empyem erzeugt werden.

Im Gegensatze zu Kaufmann behauptet Jeanty,[1]) dass die Ozaena sich häufig mit Affectionen des Sinus maxillaris combinirt, dass aber die Sinusaffection Folge und nicht Ursache der Rhinitis atrophicans sei. Jeanty hat Fälle beobachtet, in welchen wohl Empyem, aber keine Rhinitis atrophicans vorhanden war; in einem anderen Falle fand er bei einem Patienten die atrophische Rhinitis links, das Empyem dagegen rechts.

---

[1]) l. c.

## Resumé.

Eine Relation zwischen Muschelatrophie und Empyem ist überhaupt nur für 7 der von Kaufmann angeführten Fälle zulässig, in 18 Fällen mit Atrophie der mittleren Muschel ist der Schwund auf Druck zu beziehen, den die Schleimhauthypertrophien der äusseren Nasenwand auf die Concha media ausgeübt haben, und Kaufmann hätte diese Angabe nicht durch ein anderes, auf sehr schwachen Füssen stehendes Moment abschwächen sollen.

E. Kaufmann schreibt: „Unter den 28 tabellarisch verzeichneten Fällen theils einfachen, theils mit Nasenpolypen complicirten Kieferhöhlenempyem kam es kaum ein einziges Mal vor, dass die der Empyemseite angehörige mittlere Muschel gesund befunden worden wäre. In der Regel war sie mehr oder weniger atrophisch verfallen, verkleinert, namentlich aber verschmälert, 5 Mal sogar völlig zu Grunde gegangen. Ungleich seltener erschien neben der mittleren auch die untere Muschel und dann nur in geringerem Grade afficirt. Ob der atrophische Schwund der mittleren Muschel allein nur dem von Seiten des Wulstes auf dieselbe ausgeübten Drucke oder nebstdem der Einwirkung der besonderen Beschaffenheit des Kieferhöhlensecretes auf die zunächst betroffene mittlere Muschel zugeschrieben werden soll, wollen wir vor der Hand unentschieden lassen, blos bemerkend, dass der letzteren Annahme im Wesentlichen nichts widerspricht." Im Wesentlichen spricht aber dagegen, dass das Kieferhöhlensecret, welches am Hiatus die Bildung von polypösen Wucherungen erzeugt oder zum Mindesten nicht hindert, gerade an der mittleren Muschel Atrophie hervorrufen sollte, und wir werden daher mit mehr Recht diese Sorte von Atrophie in die Kategorie der durch Druck erzeugten einreihen. Hiefür spricht auch, dass erfahrungsgemäss unter 26 Fällen von genuiner Atrophie die untere Muschel häufiger oder stärker atrophisch ist als die mittlere.

Aetiologie des Empyem. Eiteransammlungen der Kieferhöhle kommen auf verschiedene Weise zu Stande. Nach unserer Casuistik geben Erkrankungen der Nasenschleimhaut, der Zähne und des Kiefers Anlass zu eiterigen Entzündungen der Kieferhöhlenschleimhaut.

Die Discussion über die Ursachen des Kieferhöhlenempyem, die in letzterer Zeit sehr lebhaft geführt wurde, ist theilweise dadurch in ein falsches Geleise gerathen, dass man eines der ätiologischen Momente, nämlich den dentalen Ursprung urgirend, die Sache so darstellt, als spielten der nasale Ursprung sowie andere Momente bei der

Kieferhöhleneiterung keine oder nur eine nebensächliche Rolle. „Es handelt sich ... darum, auf Grund genauer Untersuchungen zu eruiren, welche der beiden Annahmen die berechtigtere ist", schreibt G. Scheff¹) in seiner vor Kurzem erschienenen Arbeit hinsichtlich der Aetiologie des Empyem der Kieferhöhle, eine Auffassung, die nicht richtig ist; denn man hat zunächst festzustellen, welche Ursachen Empyem des Sinus maxillaris erzeugen und dann nach den statistischen Resultaten die ätiologischen Momente zu gruppiren. Man wird auf diese Weise jedenfalls zu verlässlicheren Ergebnissen gelangen als bisher.

Wie einseitig von Manchen der Gegenstand aufgefasst wird, beweist am besten die Auffassung Magitots,²) der sich zu folgenden Aussprüchen hinreissen lässt:

„Was die Pathogenese des Sinuskatarrhs betrifft, so bildet der Alveolarursprung desselben keinen Gegenstand des Zweifels für den modernen Beobachter. Mit Ausnahme der Fälle des Traumatismus oder der fremden Körper findet sich thatsächlich der von uns angegebene (dentale) Ursprung in allen Beobachtungen. Immerhin behält eine andere Entstehung, die Nasalentstehung, zwei Parteigänger in den Herren Krause und Hartmann,³) aber diese beiden Vertreter bieten nicht genug evidente Beweise für ihre Anschauungen." Den Mechanismus des Ueberganges des krankhaften Processes von den Zähnen auf die Kieferhöhlenschleimhaut stellt sich Magitot in folgender Weise vor. Der entzündlichen Anschwellung des Wurzelperiostes und der Gewebe, die das Alveolarligament zusammensetzen, folgt die Ansammlung von Flüssigkeit in der Nachbarschaft der Sinuswand, diese reisst endlich ein, worauf sich der Katarrh in der Kieferhöhle entwickelt.

Wenn auch Zahncaries sehr oft die Ursache des Kieferhöhlenempyem abgibt, so sollte doch jeder Fall nach allen Richtungen hin untersucht werden, denn nur wenige Menschen sind so glücklich, niemals an Zahnschmerzen gelitten zu haben, und intacte Gebisse sind nicht häufig. Nun acquirirt, um ein Beispiel anzuführen, eine Person eine Rhinitis mit nachfolgender eiteriger Entzündung der Sinusschleimhaut und zwar einseitig oder doppelseitig, das variirt. Der Patient besitzt cariöse Zähne oder gibt auf Befragen an, vor Jahren einen cariösen

---

¹) l. c.
²) Die Cysten des Oberkiefers in ihrer Beziehung zum Sinus max. Deutsch von B. Massasewitsch. Berlin 1888.
³) Magitot l. c.

Buccalis oder Molaris verloren zu haben. Nun wird ohne Weiteres die Diagnose auf dentales Empyem gestellt. Vorsicht in der Beurtheilung der Fälle ist aber schon aus dem Grunde angezeigt, weil neben nasalem Empyem Zahncaries vorkommt, und selbst die Combination beider Formen nicht ausgeschlossen werden kann.

H. Walb,[1] der auch für den dentalen Ursprung des Kieferhöhleuempyem eintritt, schreibt: „Hier muss natürlich eine genaue Anamnese unterstützend wirken; finden wir cariöse Zähne, haben diese bereits zur Bildung von Wurzelentzündungen geführt, ist bereits die Backe einmal oder wiederholt dick gewesen, so erscheint der Fall von vornehcrein verdächtig. Man muss aber nur nicht glauben, dass der Befund von noch cariösen Zähnen durchaus nöthig sei, im Gegentheil, viel häufiger finden wir .... einen oder mehrere Backenzähne plombirt, oder bereits ganz verloren gegangen, und doch sind diese die Ursache der Eiterbildung. Namentlich längere Zeit plombirte Zähne, oder solche, die noch ohne antiseptische Cautelen plombirt wurden, erzeugen häufig die Eiterung .... Ebenso kann, wie gesagt, der Zahn, der zur Entstehung des Empyem Veranlassung gegeben hat, längst verloren gegangen sein. Eine genaue Anamnese, die sich namentlich auf die Zeit bezieht, wo der Zahn noch da war und krank war, ergibt hier oft bestimmte Anhaltspunkte."

Ich stimme Walb vollkommen bei, aber ich kann die Bemerkung nicht unterdrücken, dass seine Angaben bei einer gewissen Voreingenommenheit leicht zu Trugschlüssen Anlass geben können.

Auch G. Scheff[2] tritt für den dentalen Ursprung des Empyema antri Highmori ein, und die Rhinitiden scheinen ihm wie einzelnen anderen Autoren eher Folgezustände als die Ursache des Empyem zu sein. Scheff meint auch, dass die acuten entzündlichen Nasenkrankheiten niemals Empyem der Kieferhöhle im Gefolge hätten. „Wie sollte auch der Eiter, wenn ein solcher in der Nase in grösserer Menge sich ansammelt, wie etwa bei purulenter Rhinitis, sich den unbequemen und engen Weg des Hiatus semilunaris mit dem Infundibulum als Abflussstelle aussuchen? Ist doch sowohl nach aussen als auch durch die Choanen der Abfluss ein viel leichterer .... ferner, warum sollte bei entzündlicher Schwellung der Nasenschleimhaut die geschwellte Schleimhaut des der Nase näher gelegenen Hiatus dem

---

[1] Erfahrungen auf dem Gebiete der Nasen- und Rachenkrankheiten. Bonn 1888.

[2] l. c.

Einfliessen des Eiters weniger hinderlich sein als umgekehrt.... Leichter würde sich die Theorie des Uebergreifens der eiterigen Erkrankung der Nasenschleimhaut auf die Kieferhöhlenschleimhaut erklären lassen, wenn ein Foramen accessorium vorhanden ist.... Auch der Annahme, dass im Wege der Fortpflanzung von der Nasen- auf die Kieferschleimhaut ein eiteriger Katarrh der Schleimhaut erzeugt wird.... widersprechen die meisten Befunde ex analogia am Lebenden..... nur selten finden wir eine einfache katarrhalische Schleimhautentzündung auf eine nachbarliche, durch Umbiegung oder Knickung isolirte Schleimhautpartie übertragen. Wie oft ist die Nasenschleimhaut katarrhalisch entzündet, während die andere selbst bei langem Bestande der Entzündung vollkommen intact bleibt? Auch die nächstgelegene Tubenschleimhaut zeigt bei chronischem Nasenkatarrhe in der Regel keine Veränderung."

Ich halte diese Angaben für unrichtig. Das Ueberfliessen des Eiters aus der Nasen- in die Kieferhöhle hat meines Wissens Niemand behauptet, und was die Fortpflanzung des Processes von einer Höhle auf die andere anlangt, hinsichtlich welcher Scheff auf die Eustachische Röhre verweist, so lehrt doch das nächstbeste Lehrbuch der Ohrenheilkunde, dass gerade das Gegentheil zutrifft. Sowohl der Katarrh wie auch die eiterige Entzündung des Mittelohres werden zumeist durch Krankheiten der Rachenschleimhaut hervorgerufen, deren Affection sich ex continuo durch die Tuba auf die Mittelohrschleimhaut fortsetzt.

Mit wie wenigen anatomischen Kenntnissen von Einzelnen der Gegenstand behandelt wird, beweist eine Schrift von Schneider,[1]) die nachstehende Angaben enthält. Schneider sagt: „Die Nasenhöhlenentzündung ist die seltenste Ursache des Empyem, denn erstens begünstigt der Bau der Kieferhöhlenschleimhaut eine solche Erkrankung nur sehr wenig, da diese äusserst dünn und dabei sehr arm an Drüsen ist, zweitens haben die anatomischen Untersuchungen von Wernher ergeben, dass die Communication zwischen dem Antrum maxillare und der Nasenhöhle sehr häufig geschlossen ist, woraus sich das immerhin seltene Vorkommen des Uebergreifens der Entzündung von der Nase zur Kieferhöhle erklärt." — Sapienti sat.

Wohlthuend heben sich gegenüber der einseitigen Auffassung der meisten Autoren die Angaben J. M. Jeanty's[2]) ab, der in einer

---

[1]) Monatsschr. f. Zahnheilk. 1887.
[2]) l. c.

auch die Literatur erschöpfenden Monographie in objectiver Weise den Gegenstand behandelt. Jeanty kennt einen traumatischen, nasalen, dentalen und maxillaren Ursprung des Empyema antri Highmori, von welchen der nasale und dentale Ursprung hinsichtlich der Häufigkeit des Vorkommens obenan zu stellen sind.

Ueber die Beziehung zwischen Zahncaries und Kieferhöhlenempyem äussert sich Jeanty in vorsichtiger Weise. Er schreibt: „Les vingt-deux malades, qui font l'objet de nos observations présentaient tous, à l'exception du No. III, une mauvaise dentition, ce sont surtout les molaires du maxillaire supérieure correspondantes à l'autre affecté, qui etaient cariées. Mais de là à conclure que les dents sont seules cause serait téméraire. Dans presque aucune observation les antécédents ne nous ont permis d'établir si l'affection dentaire avait précédé ou suivi la suppuration du sinus."

Ich stimme betreffs der ätiologischen Momente vollständig mit Jeanty überein, die Ursache ist zumeist in einer Erkrankung der Zähne oder der Nasenschleimhaut zu suchen und der dentale Ursprung scheint häufiger zu sein, denn unter den in der Literatur verzeichneten Fällen von Empyema antri Highmori konnte, vorausgesetzt dass Irrungen nicht mit unterlaufen sind, nur in 25% der nasale Ursprung sichergestellt werden.

Den Gegnern des nasalen Ursprunges der Kieferhöhleneiterung erlaube ich mir nochmals entgegenzuhalten: a) die Fälle von eiteriger Entzündung der Kieferhöhlenschleimhaut bei gesundem Gebisse; b) die Thatsache, dass bei Rhinitis zuweilen blos die Mucosa der Keilbeinhöhle eiterig entzündet ist, zum Beweise, dass ein Sinusempyem ohne Zahncaries, ohne Erkrankung der Kiefer und lediglich im Anschluss an eine Entzündung der Nasenschleimhaut auftreten kann; endlich c) die eiterige Entzündung der Nasenschleimhaut bei völlig normalen Nebenhöhlen zum Beweise dafür, dass es eine primäre eiterige Entzündung der Nasenschleimhaut gibt.

Ich habe seinerzeit angegeben, dass die meisten entzündlichen Affectionen der Kieferhöhle ex continuo von der Nasenschleimhaut fortgeleitete Processe sind. An dieser Behauptung ist nichts zu ändern, denn es wurde dabei nicht speciell das Empyema antri Highmori, sondern die Entzündung der Sinusschleimhaut im Allgemeinen ins Auge gefasst, von welcher die secretorische Form allein gegen 70% der Fälle beträgt. Dass den Aerzten die eiterige·Form mit foudroyanten Erscheinungen besser bekannt ist als die anderen Entzündungen der Kieferhöhlenschleimhaut, ist begreiflich, zumal die Diagnose der secretorischen Form brach liegt.

Ich glaube hiemit meinen Standpunkt genügend deutlich gekennzeichnet zu haben und hoffe künftighin vor Missdeutung meiner Angaben bewahrt zu sein.[1]) Es ist mir niemals in den Sinn gekommen den dentalen Ursprung des Empyem zu bestreiten.[2]) Es wäre dies auch lächerlich gewesen, da a priori schon die nahe Beziehung zwischen dem Zahnapparat und dem Sinus maxillaris darauf hinweist und ja seit Highmor Fälle genug vorliegen, die unwiderleglich den dentalen Ursprung vieler Kieferhöhlenempyeme erkennen lassen. Ich habe im ersten Bande nur auf das Empyem nasalen Ursprunges Rücksicht genommen, weil ich neben vielen solchen nur über einen sichergestellten Fall von dentalem Empyem verfügte.

## Siebzehntes Capitel.

## Polypen der Kieferhöhle.

In der Kieferhöhle finden sich alle jene Formen der Schleimhauthypertrophie wieder, denen wir in der Nasenhöhle begegnet sind. Es tritt die diffuse warzige Hypertrophie auf, von welcher ich auf Taf. 4, Fig. 6, und Taf. 12, Fig. 5 Abbildungen gegeben habe. Die Schleimhaut ist diesfalls geschwellt, an der Oberfläche mit warzigen oder papillären Fortsätzen versehen, die gleich der subepithelialen Schleimhautschichte häufig eine dichte Rundzelleninfiltration zeigen. Die Drüsenmündungen sind stark erweitert. Diese Hypertrophie entwickelt sich, wie wir gesehen haben, auf Grundlage einer der beiden Entzündungsformen der Schleimhaut.

Die Polypen der Kieferhöhlen, deren Grösse mannigfach variirt, bilden bald platte, bald rundliche Geschwülste und kommen mit Vorliebe im Gefolge der serösen Entzündung vor. Die Schleim-

---

[1]) So imputirt mir beispielsweise B. Fränkel, behauptet zu haben, dass die Zahncaries ein Folgezustand einer Affection der Kieferhöhle sei. Dies ist mir nie in den Sinn gekommen, ich habe diese Krankheitsform nicht als etwas Gewöhnliches, sondern es blos als möglich hingestellt, dass bei Dehiscenz der Nervencanäle des Oberkiefers die Erkrankung sich auf die Zahnnerven fortsetzen könne.

[2]) Siehe Bd. I. dieses Werkes pag. 137 und 140.

haut schwillt hiebei zu grossen geschwulstartigen Vorsprüngen an, die anfänglich grösstentheils aus Exsudat bestehen und später, wenn Gewebshypertrophie dazutritt und das Exsudat ganz oder theilweise schwindet, fest gefügte, mit dicken Stielen an der Sinusauskleidung haftende Geschwülste formiren. Es mag auch vorkommen, dass hier und da dem stark gedehnten Gerüste der entzündlichen Tumoren die Fähigkeit verloren ging, sich zu retrahiren. Man findet dann nach Resorption des Exsudates platte, schmal aufsitzende, hahnenkammartige Polypen.

Die Polypen der Kieferhöhle sind hinsichtlich der Bildung von Schleimhauthypertrophien sehr interessant, denn sie zeigen eclatant, wie die nachfolgende Beschreibung der Fälle lehrt, wie ihre Structur von der Beschaffenheit jener Stelle abhängig ist, aus der sie hervorgehen.

**Fall 1. Cystöse und gewöhnliche Polypen der Kieferhöhlen.**

A. Nasenhöhle der rechten Seite. (Taf. 22, Fig. 5.)

Die mittlere Nasenmuschel sehr hoch, tief herabreichend, stark gewölbt, ihre Pars opercularis atrophisch, verlängert. Die Atrophie der bezeichneten Muschelpartie ist höchstwahrscheinlich durch Polypen im mittleren Nasengange entstanden, die auf die Muschel drückten. Polypen finden sich:

1. An der Ecke der Pars opercularis der mittleren Muschel ein über 1 cm. langer Gallertpolyp, in welchem bis gegen das untere Drittel der Geschwulst eine dornartige Verlängerung der knöchernen Muschel steckt.

2. Ein kleiner, dünner, nur wenige Millimeter langer Polyp, der auf einer Leiste an der lateralen Fläche der Muschel breit aufsitzt und in die Fissura ethmoidalis hineinragt.

3. An der Bulla ethmoidalis, die enorm vergrössert, aufgebläht und verlängert ist und den Hiatus semilunaris deckend bis an die untere Muschel herabreicht, ein grosser Cystenpolyp, dessen hintere Partie mit einem verjüngten Antheile den Nasenboden erreicht. An der Stelle, wo der Bullapolyp mit der Wandung des mittleren Nasenganges in Berührung steht, ist die Schleimhaut hypertrophirt und an der Oberfläche mit zahlreichen kleinen Warzen besetzt.

4. Ein kleiner hahnenkammartiger Gallertpolyp am Processus uncinatus.

5. Vor dem mittleren Nasengange unterhalb des Agger nasi ein über Centimeter langer, schmal gestielter Polyp.

6. Ein kleiner mit langer Basis aufsitzender Polyp vorne im oberen Nasengange; endlich ist

7. die Schleimhaut am freien Rande der mittleren Muschel stark hypertrophirt.

Das Ostium maxillare ist, von der Kieferhöhle aus besehen, enorm erweitert und zwar in Folge einer kleinhaselnussgrossen Cyste, die aus der Schleimhaut an der lateralen Seite der Bulla hervorgegangen und durch diese Oeffnung in die Kieferhöhle hineingewuchert ist (Taf. 23, Fig. 1 c).

Eine zweite, über wallnussgrosse Geschwulst haftet am unteren Rande des Ostium maxillare, füllt den grössten Theil der Kieferhöhle aus und ist mit zahlreichen Cysten besetzt, von welchen eine die Grösse einer kleinen Haselnuss erreicht (Taf. 23, Fig. 1). Diese Cysten sitzen an der ganzen Peripherie der Geschwulst und lassen nur die obere Hälfte frei, an der die Cystengeschwulst gleich wie an einem Stiele hängt. Die genauere Untersuchung ergibt, dass dieser Polyp grösstentheils von der Schleimhaut des Processus uncinatus ausgeht; es steckt nämlich in dem dicken Stiele der Geschwulst eine breite, verdickte Knochenplatte, die sich nach Ablösung des Tumor als verlängerter Processus uncinatus erweist. Die gleiche Veränderung zeigt sich am Skelete bei manchen Nasenpolypen, nur mit dem Unterschiede, dass hier die Knochenverlängerung in die Kieferhöhle vorragt und nicht erweicht ist. Der Umstand, dass ein am Hakenfortsatze des Siebbeines haftender Polyp in die Kieferhöhle hineinwächst, ist offenbar auf die Weise zu erklären, dass die Geschwulst an der der Kieferhöhle zugekehrten Fläche des Processus uncinatus den Ursprung nahm.

Schleimhaut der Kieferhöhle stellenweise normal aussehend, an anderen Stellen ein wenig verdickt und mit zahlreichen hanfkorn- bis bohnengrossen Cysten besetzt.

Die Untersuchung des Cystenpolypen ergibt nachstehende Details: Schon bei Lupenvergrösserung lässt sich wahrnehmen, dass die proximale, dem Stiele angeschlossene Partie des Polypen ein drüsenreiches Stroma beherbergt und kleine Cysten enthält, während die distale Hälfte der Geschwulst lediglich aus Cysten besteht, von welchen sich namentlich eine durch besondere Grösse auszeichnet (Taf. 23, Fig. 2). Bei stärkerer Vergrösserung zeigt sich die proximale Hälfte der Geschwulst (Stiel) aus einem feinfaserigen, mässig von Rundzellen durchsetzten Stroma aufgebaut, welches viele, zumeist in cystischer Umwandlung begriffene Drüsenhaufen enthält. Es finden sich einfach erweiterte Acini, ferner mehrere Acini, die dem äusseren Umrisse nach zu einem kleeblattartigen Hohlgebilde degenerirt sind, dann grössere, kugelige, an der Oberfläche vorspringende Cysten, alle mit einer gut erhaltenen Epithelschichte ausgekleidet. Der distale Theil besteht, wie schon bemerkt, aus grossen Cysten, die nur durch dünne Scheidewände von einander getrennt sind. Auf der Oberfläche ist die Cystenwand stellenweise äusserst dünn und aus dem typischen Schleimhautstroma der Kieferhöhle aufgebaut. An einzelnen Stellen, wo die Wand dicker ist, hat die Schleimhaut jene Form angenommen, die für den chronischen Katarrh der Kieferhöhlenauskleidung charakteristisch ist. Das Maschenwerk des Stroma ist wesentlich erweitert, äusserst groblückig, und in dasselbe ist ein seröses Exsudat ergossen.

Die übrige Schleimhaut der Kieferhöhle, die, wie bemerkt, makroskopisch die normale Dicke besitzt und nur an jenen Stellen eine geringe Verdickung aufweist, wo sich Cysten eingelagert haben, enthält Drüsen, und ihre Oberfläche ist mit zotten- und pilzförmigen Fortsätzen versehen. In der Umgebung der papillären Auswüchse beobachtet man an einzelnen Punkten jenen Process, der an der hypertrophirten Nasenschleimhaut und an den Polypen beobachtet wurde und wesentlich zur Verlängerung der Auswüchse beiträgt.

**Die Ausführungsgänge der Drüsen sind nämlich erweitert, sie gehen oberflächlich direct in die Schleimhautbuchten über und verlängern sich in die Schleimhaut hinein durch Confluenz mit degenerirenden Drüsenfollikeln. Diese weiten sich aus, bilden ihrerseits mehr geradlinig verlaufende, mit bedeutendem Querdurchmesser versehene Schläuche, die in die Verlängerung des Ausführungsganges zu liegen kommen.**

An Stellen, wo die Schleimhaut fast die normale Dicke zeigt, ist die Oberfläche gleichfalls papillär (wie auf Taf. 4, Fig. 3), ein Zeichen, dass auch sie von der Entzündung nicht verschont geblieben. Das Stroma besteht durchwegs aus welligem Bindegewebe, nur hier und da finden sich kleine, unregelmässig geformte Lücken, die von einem feinpunktirten Inhalte ausgefüllt werden, oder in welche stellenweise zerrissene Bindegewebsbalken hineinragen. An den etwas dickeren Stellen der Schleimhaut nimmt man mehrere, nur etwas grössere Hohlräume wahr, oder es findet sich gar nur ein einziger Spalt im Stroma, der auf eine lange Strecke hin die Schleimhaut unterminirt und sich hinsichtlich des Inhaltes und der Bindegewebsbalken gerade so wie die kleinen Lücken an den äusseren Partien verhält. Offenbar war ehemals die Schleimhaut in Folge von Katarrh in der auf pag. 69 bis 72 beschriebenen Weise alterirt, und wir haben es in diesem Falle mit dem beinahe schon vollständig rückgebildeten, hydropischen Stroma zu thun.

Nasenschleimhaut. An derselben ist nichts Auffallendes zu bemerken; denn mit Ausnahme der Stellen, wo Polypen aufsitzen, zeigt sie mikroskopisch ein fast normales Aussehen.

B. Nasenhöhle der linken Seite. (Taf. 22, Fig. 6 u. Taf. 23, Fig. 3.)

Die Nasenschleimhaut verhält sich wie auf der Gegenseite, indem sie, jene Partien ausgenommen, wo Polypen vorkommen, eine normale Beschaffenheit zeigt.

Die Polypen und polypösen Hypertrophien concentriren sich in dieser Nasenhälfte am Randtheile der mittleren Muschel, von wo sie auf die Bulla übergreifen.

Am Processus uncinatus ist die Schleimhaut nur ein wenig gewulstet.

Kieferhöhle: Schleimhaut nicht verdickt, mit vielen kleinen und einigen grösseren Cysten besetzt, welch letztere am Boden der Höhle sitzen. In dem unteren Abschnitte der Cavität befindet sich noch eine etwa $1^1/_2$ cm. grosse, gleich einer Linse plattgedrückte, an einem fadendünnen, kurzen Stiele aufsitzende solide Geschwulst (Polyp), welche sehr beweglich ist (Taf. 23, Fig. 4).

Mikroskopischer Bau der Polypen: Dieser Polyp zeigt unter dem Mikroskope eine dünne, spärlich von Rundzellen durchsetzte Schale und als Kern ein Gerüst mit stark, stellenweise enorm erweiterten Bindegewebsmaschen, in welche eine fein granulirte Masse ergossen ist. Der dünne Stiel ist leicht papillär, im Centrum deutlich faserig und stellenweise einen granulirten Inhalt zeigend, als Beweis dafür, dass ehemals auch dieser Theil gleich dem Polyp mehr Exsudat enthielt. Oberflächlich dagegen ist ein breiter, mehr homogener Saum vorhanden, der hier und da noch Zellen enthält. Das Bild gleicht in jeder Beziehung dem der drüsenlosen Gallertpolypen, wie sie mit Vorliebe an den Rändern des Hiatus semilunaris entspringen.

Ich stelle mir nun vor, dass vorher an Stelle des Polypen eine grosse buckelartige Anschwellung der Schleimhaut gewesen, die an dem distalen Theile besonders gequollen, gleich einem Pilze auf einem

Stiele aufsass und dadurch eine gewisse Beweglichkeit acquirirte. Bei Veränderungen der Körperstellung wurde im Laufe der Zeit der Stiel gedreht und in Folge der hiedurch erzeugten Ernährungsstörung dünner. Es ist nicht ausgeschlossen, dass in einem solchen Falle wie der vorliegende sich die Geschwulst ganz abschnürt und frei in der Kieferhöhle lagert.

Tumor des Keilbeinkörpers. Die Keilbeinhöhle dieses Falles enthält eine etwa nussgrosse, scheinbar von der Decke des Raumes ausgehende Geschwulst, die bis an den Boden desselben herabreicht, auch die vordere Wand des Sinus erreicht und sich hier angelöthet hat. Die Oberfläche des Tumor ist glatt, sein Parenchym weich. Die Präparation ergibt, dass es sich nicht um eine Geschwulst der Sinusschleimhaut, sondern um einen Tumor der Hypophysis cerebri handelt, der in die Keilbeinhöhle hineingewuchert ist. Dieses Organ ist vergrössert und aus der ausgeweiteten Sella turcica leicht ausschälbar. Die Decke des Sinus sphenoidalis ist defect, rauh, porös, stachelig wie beim Carcinom und grösstentheils in die Aftermasse aufgegangen.

Schleimhaut der Kieferhöhle dünn, an einer Stelle zu einem kleinen Polypen hypertrophirt und ihrer ganzen Ausdehnung nach innig mit der gewulsteten Knochenoberfläche der Höhle verwachsen.

Den Bau dieses Tumor anlangend ist zu bemerken, dass sich derselbe, wie schon die Lupenvergrösserung zeigt, aus verzweigten, vielfach untereinander anastomosirenden Strängen zusammensetzt, was insbesondere für die centralen Antheile der Geschwulst Geltung hat. Je näher der Oberfläche, desto undeutlicher wird diese Structur, und unmittelbar an der Bindegewebskapsel, welche den Tumor umschliesst, ist von der bezeichneten Architektur des Parenchyms überhaupt keine Spur mehr. Die Stränge (demnach die ganze Geschwulst), zwischen welchen Capillaren in reichlicher Menge vorhanden sind, bauen sich aus ganz kleinen, runden Zellen auf, die einen granulirten Körper enthalten. Es liegt demnach ein Fall von Adenom des Hirnanhanges vor.[1])

Die Combination von Nasen- und Kieferhöhlenpolypen und Adenom der Keilbeinhöhle ist eine zufällige. Nur die ersteren stehen in einem ursächlichen Verhältnisse zu einander, insoferne ein chronischer Katarrh

---

[1]) Literaturangaben über Hypophysentumoren enthält eine in Virch. Arch. Bd. 93 publicirte Schrift von E. Breitner.

der Nasenschleimhaut die Nasenpolypen erzeugte, und der von hier auf die Kieferhöhle übergegangene Katarrh auch in dieser Localität zur Geschwulstbildung Anlass bot.

**Fall 2. Dünne blattförmige Polypen der Kieferhöhlenschleimhaut.** (Taf. 23, Fig. 5.)

Kieferhöhlenschleimhaut nur wenig verdickt und an mehreren Stellen mit dünnen, blattförmigen, breitgestielten Polypen versehen. An der für die mikroskopische Untersuchung ausgewählten Geschwulst war die Mucosa drüsenlos und enthielt in der periostalen Schichte neugebildete Knochenschüppchen. Der Polyp setzt sich aus einem bindegewebigen Stroma zusammen, welches an der Peripherie dichter gefügt ist, als im Centrum.

**Fall 3. Ueber bohnengrosse, gelappte Geschwulst am hinteren Rande des Ostium maxillare aufsitzend.** (Taf. 24, Fig. 1.)

Die Geschwulst verbindet sich vermittelst eines dünnen Stieles mit der inneren Kieferwand. Am Boden der linken Kieferhöhle findet sich eine grössere Schleimhautcyste.

**Fall 4. Grosse cystöse Geschwülste in beiden Kieferhöhlen.** (Taf. 24, Fig. 2.)

Rechterseits findet sich eine kleinnussgrosse, mit einem kurzen, dicken Stiele an der äusseren Kieferwand aufsitzende Geschwulst, die, den Stiel ausgenommen, aus einer einzigen grossen Cyste besteht. Linkerseits handelt es sich blos um ein Conglomerat von Cysten, die mit breiter Basis am Boden und an der inneren Wand der Kieferhöhle haften.

Im mittleren Nasengange der linken Seite steckt ein grosser Polyp.

———

Wir finden demnach in der Kieferhöhle drüsenlose und drüsenhältige Polypen. Die ersteren bestehen lediglich aus dem bindegewebigen Stroma der Mucosa, die letzteren aus diesem und Drüsen, die vielfach cystös degenerirt sein können. An einzelnen der Geschwülste ist diese Degeneration so hervorstechend, dass man sie wohl als Cystenpolypen ansprechen darf. Die Verschiedenheit der Bilder, die die Polypen des Sinus maxillaris darbieten, ist leicht zu erklären, wenn man die Drüsenvertheilung der Kieferhöhlenschleimhaut berücksichtigt. Es sind nämlich ihre Drüsen nicht so regelmässig angeordnet, wie in den meisten anderen Schleimhäuten, sondern es wechseln vielfach drüsenlose Stellen mit drüsenhältigen ab. Entwickelt sich nun ein Polyp an einem drüsenlosen Punkte, so besteht er begreiflicherweise ausschliesslich aus faserigem Gewebe, während er im gegentheiligen Falle auch Drüsensubstanz enthält.

Das ursächliche Moment anlangend, hebe ich nochmals hervor, dass gerade wie bei den Nasenpolypen entzündlichen Processen eine grosse Rolle zugeschrieben werden darf, und in der That sind in den meisten Fällen sichere, theils recente, theils ältere Zeichen von Entzündungen vorhanden.

## Achtzehntes Capitel.

### Das Empyem des Siebbeinlabyrinthes.

Das Empyem der Siebbeinzellen scheint sehr selten zu sein. Mir selbst ist bisher nur ein Fall untergekommen, und auch die Literatur weiss nur von wenigen Fällen zu erzählen. E. Berger und J. Tyrnau,[1]) welche die Literatur über diesen Gegenstand zusammengestellt haben, konnten im Ganzen nur über sieben Fälle von Erweiterung des Siebbeinlabyrinthes berichten, wobei es zur Atrophie der zwischen den Zellen gelegenen Scheidewände und zur Umwandlung des Labyrinthes in eine einkämmerige Cyste kam. Diese Fälle sind:

1. Fall Hulke. Ektasie der linksseitigen Siebbeinzellen durch Schleimansammlung mit acutem Abscesse des rechten Stirnsinus.

2. Fall Brainard. Aehnlich wie 1.

3. Fall Schuh. Das linke Auge protrudirt. Der Geruch auf derselben Seite aufgehoben und die linke Nasenhöhle für Luft weniger durchgängig. Am inneren Augenwinkel bemerkt man eine wenig vorspringende Geschwulst. Auf Einschnitt entleert sie eine milchrahmähnliche Flüssigkeit. Schuh konnte mit dem Finger in die Höhle bis an das Foramen opticum vordringen. Aehnliche Fälle (4 bis 6) beschrieben Knapp, de Vicentiis und Evetzky. Letzterer beobachtete bei einem 27 Jahre alten Manne eine halbkugelige, fluctuirende Geschwulst oberhalb des Ligamentum palpebrae internum, bei

---

[1]) Die Krankheiten der Keilbeinhöhle und des Siebbeinlabyrinthes. Wiesbaden 1886.

deren Incision sich eine zähe, fadenziehende Flüssigkeit entleerte. Die Höhle zeigte die Begrenzung des Siebbeinlabyrinthes; die Lamina papyracea fehlte. Evetzky stellte auf Grund der makro- und mikroskopischen Untersuchung die Diagnose: Mucokele des Siebbeinlabyrinthes.

7. Fall Langenbeck. Ektasie der Siebbeinzellen und des Stirnsinus, die mit einander communiciren, nach einem Trauma der linken Nasenhälfte und des linken Auges. Zwei Jahre später entwickelte sich eine fluctuirende Geschwulst am inneren Augenwinkel; der linke Bulbus protrudirt. Sprache wie bei einem Menschen, dessen Nase durch Polypen verstopft ist.

Nach Incision der Geschwulst entleerte sich eine weissgrauliche Masse, vom Sinus frontalis fühlte man deutlich die innere Wand der Augenhöhle, die gegen die Orbita gedrückt war.

Die Ektasie der Siebbeinzellen kann auch nach der Nasenhöhle hin allein stattfinden. M. Mackenzie erwähnt, dass sich im Museum des St. Thomas-Hospitales Präparate von Fällen befinden, deren Aussehen während des Lebens dem von Schleimpolypen vollständig glich. Spencer Watson sagt von diesen Präparaten, dass in solchen Fällen die harte Beschaffenheit der Wandung sowie das Ausfliessen von schleimiger Flüssigkeit nach der Punction leicht Aufschluss geben müssen.

Zu diesen von Berger und Tyrnau zusammengestellten älteren Fällen kommt noch ein von L. Bayer[1]) in der jüngsten Zeit beschriebener Fall. Es handelt sich um eine vollständige Obstruction der Nasenhöhle, hervorgerufen durch eine nussgrosse, solide Geschwulst der rechten, mittleren Nasenmuschel mit Verschiebung der Scheidewand nach links. Die hintere Rhinoskopie zeigt nichts Auffallendes. Diagnose: Multiloculäre Knochencyste der mittleren Nasenmuschel. Es wird die Punction der Geschwulst gemacht und eine Cauterisation vorgenommen, woraufhin sich eine visqueuse Flüssigkeit entleert, die Geschwulst sich verkleinert und die Nasenhöhle wieder frei wird. Es tritt nun Exophthalmus des rechten Auges auf, die Nasenhöhlen verstopfen sich von Neuem und man sieht rechterseits zwei Tumoren, einen in der Gegend des mittleren, einen zweiten kleineren im Bereiche der oberen Nasenmuschel, bei deren Punction sich eine schleimige Flüssigkeit ergiesst. Als Ursache des Exophthalmus fand sich eine mit

---

[1]) Des Kystes osseux de la cavité nasale. Paris 1885.

Schleim gefüllte Cyste am Boden der Orbita, die mit der Kieferhöhle communicirte. Der Exophthalmus verschwand mit der Rückbildung dieses Tumor.

Bayer resumirt: „Je ne crois pas, que le cas ait besoin d'une longue explication, après ce que j'ai dit dans mon introduction. Il s'agit, purement et simplement, des Kystes osseux, qui se sont formés d'abord dans le tissu osseux des cornets, et après dans l'ethmoïde et dans le maxillaire même, avec lequel les cornets sont articulés."

Der von mir beobachtete Fall (Taf. 24, Fig. 3 u. 4) schliesst sich den Fällen des St. Thomas-Hospitales an, indem die ektatische Siebbeinpartie nur gegen die Nasenhöhle vorspringt. Die Augenhöhle, sowie das Gesichtsskelet verhalten sich ganz normal. Ich fand diese Anomalie an dem macerirten Schädel einer senilen, weiblichen Person, und ich bemerke, dass die Schädelknochen an vielen Stellen atrophisch sind. Es ist vielleicht wichtig, zu bemerken, dass links Caries des Felsenbeines mit Perforation gegen die mittlere Schädelgrube vorhanden war und die ganze hintere Gehörgangswand fehlte.

Bei Besichtigung der Nasenhöhle durch die Apertura pyriformis springt auf der rechten Seite das Siebbein geschwulstartig vor und hat, die Mittelebene überragend, das Septum nach links verdrängt. Auf der linken Seite presst sich der verdickte vordere Antheil des Siebbeins gleichfalls an die Scheidewand an, aber dasselbe ist nicht geschwulstartig entwickelt (Taf. 24, Fig. 3). Die zwischen den beiden Hälften des Siebbeinlabyrinthes eingezwängte Partie des Septum ist dünn, atrophisch und durchlöchert.

Bei der Untersuchung durch die Choanen erscheint ein ähnliches Bild. Man gewahrt, dass von der rechten Hälfte des Siebbeinlabyrinthes auch die hinteren Antheile zum Unterschiede von der sich normal verhaltenden correspondirenden Partie linkerseits geschwulstartig entwickelt sind und zwar in dem Maasse, dass sie bis an die Flügel des Vomer heranreichen. Es ist demnach die rechte Hälfte des Siebbeinlabyrinthes ihrer ganzen Ausdehnung nach wesentlich vergrössert.

Der Schädel wurde nun durch einen medianen Sagittalschnitt in zwei Hälften getheilt, worauf sich folgende Details ergaben. Rechterseits: Die untere Muschel klein, aber normal und an dem seiner ganzen Ausdehnung nach ausgeweiteten Labyrinthe die Modellirung der Muschel nicht mehr zu erkennen; die Fissura ethmoidalis geschwunden, nur hinten in der Projection des Foramen spheno-palatinum ein Rudiment derselben noch eben zu erkennen. Besonders stark aufgetrieben erweist sich das Gebiet der unteren Siebbeinmuschel, und der grössere Antheil des Siebbeinlabyrinthes erscheint in eine grosse, mehrkämmerige Knochenblase umgewandelt, deren mediale Wand von den metamorphosirten Siebbeinmuscheln gebildet wird, und die nach unten gegen den mittleren Nasengang geschwulstartig vorspringt. Lateral von der Knochenblase lagern einige Siebbeinzellen, die sich der normalen Lamina papyracea anschliessen. Am vorderen Ende der Knochenblase befindet sich medialwärts, da, wo sie dem Septum anliegt, eine etwa bohnengrosse, plattgedrückte, poröse Knochenverdickung. Eine ähnliche, nur kleinere Verdickung sitzt auf der unteren, dem mittleren Nasengange zugekehrten Fläche der Blase, welcher sich in der Nachbarschaft eine gestielte, stachelige Exostose anschliesst.

Die Bulla ethmoidalis durch Druck von Seite der Knochenblase zu einer schmalen Platte reducirt.

Der Processus uncinatus verdickt, insbesondere vorne im Anschlusse an die Verdickung des Siebbeinlabyrinthes; Innenwand der Knochenblase glatt, die Sinus von normaler Bildung.

Linkerseits: Die untere Muschel klein, aber von normaler Modellirung. Es sind drei Siebbeinmuscheln vorhanden, die untere Siebbeinmuschel ist etwas atrophisch und gleich der correspondirenden auf der Gegenseite am vorderen Ende mit geschwulstartigen Knochenverdickungen (2 Stücke) versehen, von welchen die vordere der Scheidewand anliegt und sich in eine der Siebbeinzellen fortsetzt.

Die Bulla ethmoidalis ist nicht frei, sondern mit der unteren Siebbeinmuschel verwachsen.

Die Sinus normal gestaltet.

Wir finden demnach eine cystöse Degeneration des rechtsseitigen Siebbeinlabyrinthes mit Verdickungen und Exostosen auf der freien Fläche und Verdickungen an der sonst normal geformten Siebbeinhälfte der linken Seite.

## Resumé.

Wir haben es in diesem Falle mit einer Erkrankung des rechten Siebbeinlabyrinthes zu thun, während es sich links um einen secundär von rechts her fortgeleiteten Process handelt.

Welcher Art mag nun die Krankheit gewesen sein? Cysten der Siebbeinschleimhaut habe ich oft gesehen, diese rufen aber selbst im Falle von grösseren Cystenpolypen ähnliche Ausweitungen nicht hervor. Schleimansammlung in Folge eines chronischen Katarrhes wäre schon eher möglich. Sehr wahrscheinlich ist es aber, dass ein dem Empyem der Highmorshöhle analoger Zustand vorlag oder vielleicht ein Katarrh, der später in Eiterung überging. Die Verdickungen und Exostosen des Siebbeines sind entweder primär auf das Empyem zu beziehen oder secundär durch den Druck entstanden, der auf die Friction zwischen Siebbein und Septum zurückgeführt werden könnte.

In vivo hätte die Ektasie des Siebbeinlabyrinthes mit Muschelwülsten, einer blasig aufgetriebenen Concha media (Taf. 14, Fig. 3 u. 4) und mit Neubildungen des Siebbeines verwechselt werden können. Die Muschelwülste sind aber zumeist umschrieben, und das hintere Muschelende zeigt hiebei die typische Einrollung. Von der blasigen Umwandlung der mittleren Muschel unterscheidet sich der Tumor dadurch, dass er weit medialwärts gewachsen ist und auch die hintere Partie des Siebbeines einnimmt. Endlich wird die Punction der Siebbeinektasie die Differentialdiagnose wesentlich erleichtern.

## Neunzehntes Capitel.

### Ueber einen in die Rachenhöhle hineinragenden geschwulstartigen Vorsprung der oberen Halswirbel.

Ich beschliesse diesen Band mit der Beschreibung eines Falles von Verengerung der Rachenhöhle durch einen Vorsprung der Halswirbelsäule. Solche Fälle sind für die Rhinologie von Bedeutung, weil sie die Untersuchung der Nasenhöhle von Seite der Choanen erschweren, wenn nicht gar unmöglich machen.

Der erwähnte Vorsprung der Wirbelsäule sitzt unbeweglich an den oberen zwei Wirbeln und tritt nur von der hinteren Rachenwand, die sich an der Prominenz leicht verschieben lässt, bedeckt, im Bereiche des Gaumensegels gegen das Cavum pharyngis vor, und zwar in der Weise, dass die eine Hälfte über, die andere unter der Gaumenklappe sich befindet.

Die geschwulstartige Erhabenheit der Wirbelsäule zeigt die Form eines flachen, 3 cm. langen, 14 mm. breiten und 12 mm. tiefen Hügels, dessen Längendurchmesser vertical gestellt ist. Drängt man das Gaumensegel empor, so bemerkt man, dass die Geschwulst am oberen Ende zugespitzt ausläuft und sich seitlich durch je eine 7 mm. von der Mittellinie entfernt liegende Rinne begrenzt. Die obere Hälfte des Vorsprunges ist knochenhart, während die untere bei genauer Betastung eine gewisse Elasticität erkennen lässt.

Die Zergliederung des Objectes ergibt, dass der bezeichnete Vorsprung physiologischer Provenienz ist, und es erscheint daher nothwendig, die Anatomie der oberen zwei Halswirbel zu berücksichtigen. Der Atlas wie der Epistropheus besitzen eine scharf ausgeprägte Modellirung an ihren Vorderflächen. Der Atlas trägt in der Mitte seiner Vorderfläche das ein Höckerchen darstellende **Tuberculum anterius**, an welchem sich der Longus atlantis inserirt.

Der Epistropheus zeigt unter allen Halswirbeln die grösste Höhe. An seiner Vorderfläche zieht median von der Zahnfortsatzbasis zum unteren Rand des Körpers eine nach abwärts hin an Breite zunehmende Leiste, die H. Luschka[1]) Crista epistrophei genannt hat. „Ueber sie hinweg geht ein vom Tuberculum atlantis anticum entspringendes, schmales und kielartig vorspringendes Bändchen, welches an dem unteren breiten Ende jener Leiste befestigt ist ... Auf jeder Seite der vorderen Fläche des Epistropheus .... findet sich hart neben jener Crista eine grubenartige .... Fovea epistrophei. In diese grubenartige Vertiefung erstreckt sich das obere Ende der geraden Portion des Longus colli. Die Sehnen beider Seiten convergiren gegen die Mitte und verbinden sich zum Theil mit jenem über die Crista epistrophei hinweggespannten Bändchen, zum Theil verschmelzen sie mit dem die Fovea epistrophei überziehenden Periosteum."

Ich habe dieser Beschreibung nur das Eine beizufügen, dass sowohl das Tuberculum anticum atlantis als auch die Crista epistrophei variiren, bald mächtig ausgebildet bald eben nur angedeutet sind.

An unserem Präparate zeigen nun die obersten zwei Halswirbel folgende Details: das **Tuberculum anticum atlantis** ist von seltener Grösse. Es springt gleich einem kurzen Dorne vor und besitzt eine Länge von 16 mm., wenn man vom oberen Rande, und eine Länge von 10 mm., wenn man vom unteren Rande des vorderen Atlasbogens misst.

Die Crista epistrophei zeigt sich gut ausgebildet und die Seitentheile der vorderen Epistropheusfläche sind tief gekehlt. Zwischen dem

---

[1]) Der lange Halsmuskel des Menschen. Müller's Archiv 1854.

Tuberculum anticum atlantis und der Basis der Crista epistrophei ist das von Luschka erwähnte Bändchen ausgespannt, neben welchem sich der Musculus rectus colli inserirt. In Folge der mächtigen Entwickelung des bezeichneten Höckers am Atlas springt das Bändchen und seine nächste Umgebung als ein Wulst stark vor, der sich seitlich gegen den Rectus capitis major durch eine Rinne begrenzt. Der Vorsprung an der hinteren Rachenwand wird demnach von dieser selbst, ferner von dem überaus grossen Tuberculum anticum atlantis und von dem Bändchen gebildet. Nun erklärt sich auch die Elasticität, die an der unteren Hälfte des Vorsprunges beobachtet wurde.

Es können also physiologische Gebilde einen Tumor an der hinteren Rachenwand vortäuschen, und man wird künftighin, wenn Vorsprünge an den oberen zwei Wirbeln vorkommen sollten, die den Typus des beschriebenen Falles zeigen und sich nicht vergrössern, an einen physiologischen, wenn auch abnormen Zustand der Halswirbelsäule denken müssen.

In der Literatur habe ich bisher keinen ähnlichen Fall gefunden.

Am meisten würde noch ein von G. Scheff[1]) publicirter Fall stimmen, in welchem an einem Patienten nachstehender Befund constatirt wurde. „Die Geschwulst sitzt auf dem Körper des zweiten Halswirbels auf, hat einen Querdurchmesser von 13 mm., einen Längsdurchmesser von 2½ cm. und 6 mm. Höhe, ist steinhart anzufühlen, die Oberfläche glatt, die Neubildung hat eine konische Form, geht in den Mutterknochen ohne sichtbare oder fühlbare Grenze über und hat an ihrer gegen das Schlunddach sehenden Fläche eine leichte Einkerbung. Die Schleimhaut ist glatt glänzend." Eine Volumszunahme der Geschwulst wurde nicht beobachtet.

---

[1]) Retropharyngeal-Exostose. Allg. Wien. Med. Zeitung 1881, Nr. 23.

# Erklärung der Abbildungen.

### Tafel 1.

Fig. 1. Nasenscheidewand nach Abtragung ihres Schleimhautüberzuges.
L. Lamina perpendicularis ossis ethmoidei.
V. Vomer.
Q. Cartilago quadrangularis.
v. Vorderer ⎫
h. Hinterer ⎬ Rand des Septumknorpels.
o. Oberer ⎪
u. Unterer ⎭
s. Spina nasalis ossis frontis.
c. Crista nasalis der Gaumenplatte.

Fig. 2. Die knorpelige Nase ist abgetragen; man sieht von vorne her die Nasenhöhle; von der Nasenscheidewand hebt sich linkerseits unter rechtem Winkel eine breite Leiste ab.
h. Huschkescher Knorpel.

Fig. 3. Ansicht der Muscheln der linken Nasenhälfte. Das Septum ist zurückgeschlagen. Man sieht auf der unteren Muschel einen tiefen rinnenartigen Eindruck, herrührend von einer breiten Crista lateralis, die am zurückgeschlagenen Septum gezeichnet ist. Ueber derselben findet sich eine schmale Schleimhautleiste als Begrenzung einer Abplattung der hier stark gewölbten mittleren Nasenmuschel.

Fig. 4. Querschnitt durch die atrophische Nasenschleimhaut der in Fig. 3 gezeichneten Rinne. Die Schleimhaut ist sehr dünn und frei von Drüsen und cavernösem Gewebe. Vergr. Hartn. 4, Oc. 2.

Fig. 5. Ausgeheilter Nasenbeinbruch. Das knorpelige Septum ist hochgradig verbogen und mit der linken äusseren Nasenwand in Berührung.

Fig. 6. Geheilter Nasenbeinbruch. Luxation des Nasenscheidewandknorpels an der Articulation mit dem Pflugscharbein.

Fig. 7. Ausgeheilte Fractur der Nasenbeine. Bruch des Nasenscheidenwandknorpels im unteren Antheile.

Fig. 8. Ausgeheilte Fractur der Nasenbeine mit starker Depression der fracturirten Stücke. Bruch des Nasenscheidewandknorpels im oberen Antheile und Verschiebung der Bruchstücke aneinander.

Fig. 9. Ausgeheilte Fractur der Nasenbeine. Doppelbruch der knorpeligen Nasenscheidewand im oberen Antheile.

Fig. 10. Bruch der knorpeligen Nasenscheidewand mit Verlegung der äusseren Nasenöffnungen.

Erklärung der Abbildungen.

## Tafel 2.

Fig. 1. Querbruch der knorpeligen Scheidewand. Es findet sich ein vorderes und ein hinteres Bruchstück.

Fig. 2. Dasselbe Object. Die Bruchstelle ist quer durchtrennt. Man sieht, wie sich die Schleimhaut auf Seite der Knickung verdickt, auf der Gegenseite verdünnt hat.

Fig. 3. Querbruch des knorpeligen Septum im oberen Theile.

Fig. 4. Dasselbe Präparat, eine tiefer gelegene Stelle der Cartilago quadrangularis darstellend, wo der Knorpel einen Doppelbruch zeigt. Lupenvergrösserung.

Fig. 5. Dasselbe Präparat. Mikroskopisches Bild der Bruchstelle. Vergr. Hartn. Obj. 4, Oc. 2.

*k k*. Die gegenüberliegenden Knorpelstücke; zwischen denselben ein feinfaseriges Gewebe, welches oberflächlich (bei *o*) in das Perichondrium übergeht. Man sieht deutlich, wie sich die Knorpelgrundsubstanz auffasert.

Fig. 6. Dasselbe Präparat. Hartn. Obj. 4, Oc. 2.

*k k*. Bruchstücke des Knorpels.

*o*. Oberfläche des Knorpels mit Perichondrium. Das zwischen den Bruchstücken eingeschobene Fasergewebe enthält im Zugrundegehen begriffene Knorpelzellen.

Fig. 7. Aeussere Nasenöffnung mit seitlich abgewichenem vorderen Rand der Cartilago quadrangularis; zu dem auf Taf. 1, Fig. 10 abgebildeten Falle gehörend.

Fig. 8. Bullöse mittlere Muschel mit compensatorischer Verschiebung der Nasenscheidewand.

## Tafel 3.

Fig. 1. Durchschnitt durch die entzündete Schleimhaut des unteren Nasenganges. Vergr. Hartn. Obj. 4, Oc. 3.

*s*. Subepitheliale Schichte.

*d*. Drüsen; beide intensiv mit Rundzellen infiltrirt.

*g*. Stark ausgeweitete Venen.

Fig. 2. Querschnitt durch die entzündete Schleimhaut der unteren Muschel. Vergr. Hartn. Obj. 4, Oc. 3.

*s*. Subepitheliale Schichte mit Rundzelleninfiltration.

*g g g*. Die bis an die subepitheliale Schichte hinein erweiterten Venenräume.

Fig. 3. Nasenschleimhaut mit papillärer Oberfläche. Starke Rundzelleninfiltration und capillare Blutungen. Vergr. Hartn. Obj. 4, Oc. 3. Die dunkleren Punkte stellen hämatogenes Pigment, die blassen Rundzellen dar.

Fig. 4. Schleimhaut der unteren Nasenmuschel. Dieselbe ist atrophisch, fibrös und enthält eine dicke Schichte körnigen Pigmentes. Vergr. Hartn. Obj. 4, Oc. 3.

Fig. 5. Atrophie der knorpeligen Scheidewand. Man sieht wie die Knorpelgrundsubstanz *k. k. k.* sich auffasert (*f*) und nur mehr streckenweise vorhanden ist. Vergr. Hartn. Obj. 7, Oc. 3.

Fig. 6. Dasselbe, oberflächliche Stelle.
*kp.* Knorpel.
*k.* Verkalkte Schichte.
*p.* Perichondrium in ein feines Fasergewebe übergehend, welches aufgefaserte Knorpelbalken zeigt.

## Tafel 4.

Fig. 1. Kieferhöhlenschleimhaut eines drei Jahre alten Kindes. Secretorische (seröse) Form der Entzündung. Hartn. Obj. 4, Oc. 3. Subepitheliale Schichte mit reichlicher Rundzelleninfiltration. Das Stroma der tieferen Schleimhautschichte stark verdickt; die Gewebsspalten enorm ausgeweitet.

Fig. 2. Kieferhöhlenschleimhaut eines Erwachsenen bei hochgradiger seröser Entzündung. Lupenvergrösserung. Die Zeichnung stellt einen der geschwulstartigen Schleimhautvorsprünge dar, dessen Basis (*st*) bereits schmal geworden ist. Die Ausweitung der Gewebslücken erstreckt sich stellenweise in die subepitheliale Schichte hinein.

Fig. 3. Papilläre Auswüchse der Kieferhöhlenschleimhaut. Vergr. Hartn. Obj. 4, Oc. 3.

Fig. 4. Schleimhaut der Kieferhöhle. Secretorische Form der Entzündung. Cystenbildung an den Drüsen. Man sieht eine grosse Cyste mit ihrer Mündung und unterhalb derselben mehrere ausgeweitete Acini. Vergr. Hartn. Obj. 4, Oc. 3.

Fig. 5. Schleimhaut der Kieferhöhle bei eiterigem Exsudate, Schleimhaut wesentlich verdickt und stark mit Rundzellen infiltrirt. Vergr. Hartn. Obj. 4, Oc. 3.

Fig. 6. Oberfläche der Kieferhöhlenschleimhaut in einem Falle von Blennorrhöe der Kieferhöhle. Die Schleimhaut ist uneben und mit zahlreichen warzigen Vorsprüngen und erweiterten Drüsenmündungen versehen.

## Tafel 5.

Fig. 1. Linke Kieferhöhle von aussen geöffnet. Man sieht eine (basalwärts geöffnete) grosse Cyste, deren Kuppel mit der inneren Kieferwand (knapp unter dem Ostium maxillare) verwachsen ist. Die Cyste enthielt klares Serum. Es handelt sich wahrscheinlich um eine Erweichungscyste.

Fig. 2. Frontalschnitt durch die rechte Nasen- und Kieferhöhle; in der letzteren findet sich ein zwischen äusserer und innerer Wand ausgespannter Strang.

Fig. 3. Aeussere Nasenwand mit einem Polypen vor der mittleren Muschel.

Fig. 4. Aeussere Nasenwand mit einem Polypen, der bis an die obere Nasenwand emporreicht.

Fig. 5. Aeussere Nasenwand mit Polypen, die an einer Siebbeinzelle und an der oberen Wand der Kieferhöhle festsitzen.

Mangelhafte Entwickelung des Siebbeinlabyrinthes.

## Tafel 6.

Fig. 1. Aeussere Nasenwand. Polyp, der am Recessus spheno-ethmoidalis und in der Keilbeinhöhle den Ursprung nimmt. Vor der unteren und mittleren Muschel eine strahlige Narbe (Lues?).

Fig. 2. Nasenpolypen im mittleren Nasengang, darunter einer, der kranzförmig ein Ostium maxillare accessorium der hinteren Fontanelle umgibt.

Fig. 3. Aehnliches Präparat mit einem Polypen an einem Ostium maxillare accessorium der unteren Fontanelle.

Fig. 4. Cystenpolyp am Processus uncinatus und am Rande der mittleren Siebbeinmuschel.

### Tafel 7.

Fig. 1. Grosser Cystenpolyp, dessen Aussenfläche mit der äusseren Nasenwand verwachsen ist.

Fig. 2. Polyp am Agger nasi. Polypen an den Lefzen des Hiatus semilunaris, diesen vollständig verdeckend. Umschriebene Hypertrophie an der äusseren Nasenwand vor dem Agger nasi.

Fig. 3. Zwei grosse Gallertpolypen im mittleren Nasengange; der vordere entspringt an der mittleren Muschel, der hintere an der Bulla ethmoidalis.

Kleine Polypen in der Fissura ethmoidalis media und im Recessus spheno-ethmoidalis an der Mündung der Keilbeinhöhle.

Fig. 4. Hintere Hälfte einer rechten Nasenhöhle. Schleimhauterhabenheit (Tuberculum interturbinale) zwischen den hinteren Muschelenden.

Fig. 5. Dasselbe in einem anderen Falle.

Fig. 6. Tuberculum interturbinale eines 5monatlichen Embryo.

Fig. 7. Linke Nasenhälfte. Die mittlere Nasenmuschel wurde abgetragen. Man sieht den erweiterten Hiatus semilunaris, ferner einen am Processus uncinatus und einen an der Bulla ethmoidalis entspringenden Polypen. Am Polypen des Processus uncinatus ist der Stiel präparirt und man findet in demselben den wesentlich verbreiterten Processus uncinatus.

### Tafel 8.

Fig. 1. Gallertpolyp. Die Gewebslücken sind stellenweise stark ausgeweitet und enthalten seröses Exsudat. Rundzelleninfiltration in der subepithelialen Schichte, in den Strängen und um die in cystöser Degeneration begriffenen Drüsen. Hartn. Obj. 4, Oc. 3.

Fig. 2. Drüsenloser Gallertpolyp. Die Gewebslücken sind bis in die subepitheliale Schichte hinein ausgeweitet und mit serösem Exsudat gefüllt. Rundzelleninfiltration. Hartn. Obj. 4, Oc. 3.

Fig. 3. Stück eines Gallertpolypen mit vielen cystösen Drüsenfollikeln. Das Stroma ist nicht serös infiltrirt. Vergr. Hartn. Obj. 2, Oc. 3.

o o o. Oberfläche des Polypen.

Fig. 4. Durchschnitt durch den auf Taf. 7, Fig. 1 abgebildeten Cystenpolypen.

d d d. Drüsen, die sich noch ziemlich normal verhalten. An der mit d bezeichneten Fläche war der Polyp mit der Seitenwand der Nasenhöhle verwachsen. Lupenvergrösserung.

Fig. 5. Stück von der Oberfläche eines mit vielen cystösen Drüsenfollikeln ausgestatteten Gallertpolypen. Oberflächenepithel in vielschichtiges Plattenepithel umgewandelt. Hartn. Obj. 4, Oc. 3.

s s s. Stroma.

e e. Plattenepithel.

## Tafel 9.

Fig. 1. Eine andere Stelle des auf Taf. 8, Fig. 5 abgebildeten Polypen mit Faltung des Oberflächenepithels. Hartn. Obj. 7, Oc. 3.
*ss.* Stroma.
*ee.* Oberflächenepithel.
Fig. 2. Derselbe Polyp. Das Oberflächenepithel in Plattenepithel umgewandelt. Papillenbildung. Obj. 5, Oc. 3.
*ss.* Stroma.
*ee.* Oberflächenepithel.
An zwei Stellen gruppirt sich das Epithel zu Epithelperlen.
Fig. 3. Dasselbe Präparat. Epithel oberflächlich aus ganz plattgedrückten Zellen zusammengesetzt, Papillenbildung des Stroma. Hartn. Obj. 8, Oc. 2.
*ss.* Stroma.
*ee.* Oberflächenepithel.
Fig. 4. Stück eines drüsenlosen Gallertpolypen mit besonders langen Becherzellen. Hartn. Obj. 8, Oc. 3.
*s.* Stroma.
*e.* Epithel.
Fig. 5. Linke Nasenhöhle mit warziger Hypertrophie an der unteren Muschel und an der äusseren Nasenwand bis an den Nasenrücken empor.
Fig. 6. Dasselbe Präparat. Mikroskopischer Durchschnitt durch die papilläre Schleimhaut der äusseren Nasenwand. Vergr. Hartn. Obj. 2, Oc. 3.
*s.* Verdickte subepitheliale Schleimhautschichte.
*d.* Drüsen.
Fig. 7. Rechte Nasenhöhle mit Hypertrophie der unteren Muschel, insbesondere an den beiden Muschelenden.

## Tafel 10.

Fig. 1 *a*. Papilläre Hypertrophie der unteren Nasenmuschel. Cysten in der Keilbeinhöhle.
Fig. 1 *b*. Hinteres Stück der Muschelschleimhaut. Papilläre Beschaffenheit sehr kräftig ausgesprochen.
Fig. 2. Papillom der unteren Muschel. Lupenvergrösserung.
Fig. 3. Polypöse (papilläre) Hypertrophie der mittleren Muschel (Randtheil). Vergr. Hartn. Obj. 2, Oc. 2.
Fig. 4 *abc*. Durchschnitt durch einen Polypen, um darzulegen, dass durch cystische Degeneration der Drüsen und ihrer Ausführungsgänge die papilläre Beschaffenheit der Oberfläche erzeugt wird. Man sieht tiefe Kerbungen entstehen.
Fig. 5 *abcd*. Dasselbe an einer polypösen Hypertrophie der mittleren Muschel.

## Tafel 11.

Fig. 1. Diffuse warzige Hypertrophie am hinteren Antheile der Septumschleimhaut.
Fig. 2. Leistenartige Hypertrophie an der hinteren Partie der Nasenscheidewand.

Fig. 3. Choanenbild eines Falles mit Hypertrophie am Septum und an den hinteren Muschelenden. Die Hypertrophien am Septum erscheinen bei dieser Ansicht als scharf begrenzte Tumoren.

Fig. 4 u. 5. Aehnlicher Fall.

Fig. 4. Seitenansicht des Septum.

Fig. 5. Choanenbild.

## Tafel 12.

Fig. 1. Kleinhaselnussgrosse Schleimhauthypertrophie am Septum. Dieselbe sitzt gerade über einer Rinne, die einem auf der Gegenseite vorhandenen Hakenfortsatze entspricht.

Fig. 2, 3 und 4. Einseitige Hypertrophie der Septumschleimhaut.

Fig. 2. Frontalschnitt durch die Nasenhöhle. Die hypertrophirte Stelle ist mit der gleichfalls hypertrophirten Schleimhaut der unteren Muschel in Contact.

Fig. 3. Choanenbild desselben Falles.

Fig. 4. Die hypertrophische Stelle der Nasenscheidewand in der Ansicht von vorne.

Fig. 5. Frontalschnitt der Nasenhöhle. Warzige Hypertrophie auf einer Seite des Septum. Aehnliche Hypertrophien finden sich auch beiderseits an der Schleimhaut der Kieferhöhle.

## Tafel 13.

Fig. 1. Hypertrophische Septumschleimhaut am Querschnitt. Lupenvergrösserung. Die Venen der Schleimhaut zeigen cavernöse Beschaffenheit. Die weiss gehaltenen Lücken entsprechen Venenlichtungen, die kleinen, dunkel contourirten Ringe Drüsen.

Fig. 2. Linke Nasenhöhle mit Atrophie der mittleren Muschel in Folge von Druck des grossen, aus dem mittleren Nasengange herabgewucherten Polypen. Polypen am Rande der atrophischen Muschel und an der äusseren Nasenwand.

Fig. 3. Ozaena. Schleimhaut der mittleren Nasenmuschel. Atrophie gering. Anfangsstadium mit Rundzelleninfiltration. Vergr. Hartn. Obj. 5, Oc. 2.

Fig. 4. Ozaena. Hochgradige Muschelatrophie. Die Schleimhaut der unteren Muschel ist förmlich fibrös entartet; die Spalten repräsentiren die Reste des Schwellgewebes. Muschelknochen gezackt. Die schwarzen Punkte in den oberflächlichen Schichten stellen Pigment dar. Vergr. Hartn. Obj. 5, Oc. 2.

Fig. 5. Muschelknochen desselben Präparates. Man sieht die zahlreichen Resorptionslücken und die in denselben lagernden Osteoklasten. Hartn. Obj. 7, Oc. 3.

Fig. 6. Ozaena, hochgradige Atrophie, insbesondere an der unteren Muschel. Polypöse Hypertrophie an der äusseren Nasenwand.

## Tafel 14.

Fig. 1. Linke Nasenhöhle mit Muschelatrophie. Hochgradig atrophisch ist blos die untere Nasenmuschel. Schleimhaut im unteren Nasengange hypertrophisch.

Fig. 2. Rechte Nasenhöhle mit Muschelatrophie und einer glatten, gestielt aufsitzenden Geschwulst der unteren Muschel. Zwei Foramina accessoria der hinteren Nasenfontanelle.

Fig. 3. Rechte Nasenhöhle mit einer enorm grossen, weit über die untere Nasenmuschel herabgewucherten Concha media.

Fig. 4. Dasselbe. Die mediale Fläche wurde abgetragen, um die grossen Hohlräume der mittleren und oberen Muschel zu zeigen.

Fig. 5. Rechte Nasenhöhle mit einem vorderen und einem hinteren Muschelwulste, Hypertrophie am Operculum der mittleren Muschel, am Tuberculum conchae posticum und an den hinteren Muschelenden.

Fig. 6. Linke Nasenhöhle eines Neugeborenen mit den 3 Muschelhöckern. Einer am Operculum der mittleren Muschel, ein zweiter über dem vorderen Ende der Fissura ethmoidalis inferior, ein dritter über der Fissura ethmoidalis superior.

## Tafel 15.

Fig. 1. Frontalschnitt durch ein Kiefergerüste mit Synechie zwischen der rechten Muschelfläche des Siebbeines und der Nasenscheidewand.

Fig. 2. Linke Nasenhöhle. Synechie zwischen dem unteren Rande der Concha inferior und dem Nasenboden. Warzige Hypertrophie an der convexen Seite der Muschel. Polypenbildung.

Fig. 3. Frontalschnitt durch das Oberkiefergerüste mit einer kurzen strangartigen Synechie zwischen der unteren Muschel und der Nasenscheidewand.

Fig. 4. Linke Nasenhöhle mit den zwei typischen Muschelwülsten und mit Synechie zwischen dem hinteren Muschelwulste und der Nasenscheidewand.

Fig. 5. Querschnitt durch eine Synechie zwischen der Schleimhaut des hinteren Muschelwulstes und der Septumschleimhaut. Lupenvergrösserung. Man sieht in der Linie zwischen den beiden $s$ noch Reste der Riechspalte. Die dunklen Querschnitte ($n$) sowie der Strang in der unteren Hälfte sind quer und längsgetroffene Riechnerven.

Fig. 6. Eine Stelle desselben Präparates bei starker Vergrösserung. Obj. 7, Oc. 2.

$s\ s$. Reste des Riechspaltes, zwischen welchen ein Bindegewebsbalken beide Schleimhautflächen verbindet.

$n\ n$. Durchschnitte von Riechnerven.

## Tafel 16.

Fig. 1. Linke Nasenhöhle. Aeussere Nase eingesunken. Grosser Septumdefect. Schleimhauthypertrophie. Lues.

Fig. 2. Rechte Nasenhöhle. Grosser Septumdefect, Muschelperforation. Synechie zwischen der Muschelfläche des Siebbeines und der Nasenscheidewand. Lues.

Fig. 3. Rechte Nasenhöhle mit Defect der Scheidewand und der Muscheln; von der oberen Siebbeinmuschel sind noch Reste vorhanden. Von einem Hiatus semilunaris und einer Bulla ethmoidalis ist nichts zu sehen. Lues.

Fig. 4. Rechte Nasenhöhle mit Muscheldefect und einer grossen Oeffnung der äusseren Nasenwand, die in die Kieferhöhle hineinführt. Synechie zwischen Siebbein und Nasenscheidewand.

Erklärung der Abbildungen.

## Tafel 17.

Fig. 1. Rechte Nasenhöhle mit grossem Defecte am Septum und Verwachsung seines unteren Randes mit der unteren Nasenmuschel. Lues.

Fig. 2. Linke Nasenhöhle mit Geschwüren am Septum und an der äusseren Nasenwand.

Fig. 3. Nasenschleimhaut, zellig infiltrirt. Lues.

Fig. 4. Nasenschleimhaut bei ƒ in fibröser Entartung begriffen, bei z noch zellig infiltrirt. Lues. Vergr. Hartn. Obj. 5, Oc. 2.

Fig. 5. Schleimhaut der äusseren Nasenwand fibrös entartet. Lues.

$o$. Oberflächliche  
$p$. periostale $\Big\}$ Schichte der Schleimhaut. Vergr. Hartn. Obj. 5, Oc. 2.

Fig. 6. Schleimhaut der Kieferhöhle bei Lues, stark geschwellt und zellig infiltrirt. Vergr. Hartn. Obj. 4, Oc. 2.

## Tafel 18.

Fig. 1. Linke Nasenhöhle nach Entfernung eines Rhinolithen mit Druckatrophie der unteren Muschel und Hypertrophie der Schleimhaut in der Umgebung der Muschel. An einzelnen Stellen ist die Schleimhaut zu kleinen Polypen ausgewachsen.

Fig. 2. Rechte Nasenhöhle mit der Nasenscheidewand; die letztere zeigt knapp über dem Nasenboden eine grosse Oeffnung, durch welche ein Theil des in der rechten Nasenhöhle steckenden Rhinolithen nach links hinüber gewachsen ist.

Fig. 3. Oeffnung in der Nasenscheidewand und im unteren Gange der rechten Nasenhöhle nach Herausnahme des Nasensteines. Der untere Nasengang ist in Folge von Druckatrophie der unteren Nasenmuschel geräumig, und die hypertrophische Schleimhaut ist mit zahlreichen polypösen Auswüchsen besetzt.

Fig. 4. Rhinolith. Concave Seite desselben, die den Rand des Septumloches umgreift.

Fig. 5. Einer der längeren polypösen Auswüchse des unteren Nasenganges bei schwacher Vergrösserung. Hartn. Obj. 1, Oc. 2. Oberfläche warzig; Stroma drüsenfrei, aber ausnehmend reich an Gefässen.

Fig. 6. Querschnitt durch den Thränennasengang. Vergr. Hartn. Obj. 4, Oc. 2. Schleimhaut des Ganges wesentlich verdickt und dicht mit Rundzellen infiltrirt.

## Tafel 19.

Fig. 1. Gesichtsskelet mit Hyperostose des rechten Oberkieferbeines und der rechten Siebbeinhälfte.

Man sieht die Siebbeinmuscheln, insbesondere die Concha ethmoidalis inferior tief herabreichen und abnorm weit gegen die Mitte der Nasenhöhle vorspringen. Septum osseum compensatorisch nach links hin deviirt.

Fig. 2. Apertura pyriformis bei hochgradiger Hyperostose der rechten Kopfhälfte.

Die Lamina perpendicularis ist gleichfalls hyperostotisch und springt geschwulstartig gegen beide Nasenhöhlen vor. Siebbein und untere Nasenmuschel normal.

Fig. 3. Gesichtsskelet mit einem in der linken Nasenhöhle steckenden Zapfenzahn, der dem invertirten centralen Incisivus der rechten Seite entspricht. Im rechten Zahnfortsatze ist der laterale Schneidezahn der erste in der Reihe.

Fig. 4. Dasselbe Präparat nach Abtragung der facialen Platte des Zwischenkiefers. Man übersieht genau die Länge und Lage des invertirten Zahnes.

Fig. 5. Linke Nasenhöhle mit einem frontal im unteren Nasengange steckenden Bicuspis.

Fig. 6. Dasselbe Präparat. Vordere Kieferwand und Nasenhöhle von der facialen Seite aus betrachtet. Man bemerkt den quer gelagerten Backenzahn seiner ganzen Länge nach sowie auch den retinirten Eckzahn.

Fig. 7. Linkes Oberkieferbein. Faciale Kieferwand grösstentheils abgetragen. Man sieht ein Odontom mit stellenweise aufgesetzten Emailtropfen.

Fig. 8. Das Odontom mit seiner oberen, dem Sinusboden zugekehrten Fläche, die eine tiefe Grube enthält.

Z. Dentinzapfen, der in einer Vertiefung des Zahnfortsatzes steckte.

Fig. 9. Mikroskopischer Schnitt durch die oberflächliche Schichte des Odontom. Vergr. Hartn. Obj. 5, Oc. 2.

D. Dentin.
C. Cement.

Fig. 10. Eine andere Stelle desselben Präparates mit stark verdicktem Cement. Vergr. Hartn. Obj. 5, Oc. 2.

D. Dentin.
C. Cement.

## Tafel 20.

Fig. 1. Rechtes Oberkieferbein. Kiefercyste im Bereiche des zweiten Bicuspis. Das Loch an der Innenwand der Cyste führt in den Sinus maxillaris.

Fig. 2. Rechter Oberkiefer von hinten gesehen. Kiefercyste an der Tuberositas maxillaris, durch eine Krankheit des Weisheitszahnes entstanden. Die äussere Wand der Knochencyste ist dünn und durchlöchert.

Fig. 3. Linker Oberkiefer. Grosse Zahncyste beinahe die ganze faciale Wand einnehmend. Im Hohlraume stecken die Wurzeln der cariösen Backenzähne.

Fig. 4. Dasselbe Präparat en face gesehen, um die Vorwölbung der Kiefercyste (e e) gegen die Nasenhöhle zu zeigen.

Fig. 5. Harter Gaumen mit einer grossen Cavität rechterseits. Die Cavität communicirt mit den defecten Alveolen der vorderen Zähne, und ihre dünne Decke ist gegen die Nasenhöhle hin vielfach durchlöchert.

Fig. 6. Das gleiche Kiefergerüst von vorne her gesehen. Asymmetrie der Apertura pyriformis und des Nasenbodens auf Seite und in Folge des Abscesses.

Fig. 7. Alveolarabscess im Bereiche des ersten Molaris mit Durchbruch gegen die Nasenhöhle am Gaumen.

Fig. 8. Grosse, den ganzen rechten Oberkieferkörper einnehmende Kiefercyste mit hochgradiger Einengung der Kieferhöhle. Der niedrige Spalt unter dem Orbitalboden ist die Kieferhöhle, die gerade in der Höhe des Ostium maxillare getroffen ist.

## Tafel 21.

Fig. 1. Frontalschnitt durch beide Kieferhöhlen. Exostose im Sinus maxillaris der rechten Seite.

Fig. 2. Sagittalschnitt durch die rechte Orbita und Kieferhöhle mit einer am Boden der letzteren aufsitzenden Knochengeschwulst.

Fig. 3. Empyem der rechten Kieferhöhle. Aeussere Wand der rechten Nasenhöhle mit Polypen und polypösen Wucherungen am Processus uncinatus und im erweiterten Infundibulum.

Fig. 4. Dasselbe Präparat. Frontalschnitt durch die Nasen- und Kieferhöhle. Man sieht die innere Wand der Kieferhöhle gegen den mittleren Nasengang vorgewölbt.

*p.* Polyp am Processus uncinatus.

Fig. 5. Dasselbe Präparat. Längsschnitt durch den Polypen am Processus uncinatus. Vergr. Hartn. Obj. 2, Oc. 2. Die Geschwulst ist ausnehmend reich an Drüsen.

*K.* Verlängerter Proc. uncinatus.

Fig. 6. Dasselbe Präparat. Querschnitt durch die Schleimhaut der Kieferhöhle. Lupenvergrösserung. Die Schleimhaut ist wesentlich verdickt und stark mit Rundzellen infiltrirt.

*C.* Cystöser Drüsenfollikel.

Fig. 7. Oberflächliche Partie desselben Schnittes bei stärkerer Vergrösserung. Hartn. Obj. 5, Oc. 2.

*C.* Cystöser Drüsenfollikel.

## Tafel 22.

Fig. 1. Nasale Wand des linken Oberkiefers mit Verwachsung der Schleimhaut zwischen Bulla ethmoidalis und Processus uncinatus nach Empyem des Sinus maxillaris.

Fig. 2. Rechte Nasenhöhle macerirt. Vorwölbung der defecten äusseren Nasenwand und des Siebbeines durch Empyem des Sinus maxillaris.

Fig. 3. Ein einem Rhinolithen ähnliches Concrement, welches in dem Sinus maxillaris des auf Fig. 2 abgebildeten Falles vorgefunden wurde.

Fig. 4. Linke Oberkieferhälfte von vorne her gesehen, mit hochgradiger Ektasie der Thränengrube und des Thränennasenganges. Die Ektasie der letzteren (*e*) springt an der äusseren Nasenwand geschwulstartig gegen die Nasenhöhle vor.

Fig. 5. Rechte Nasenhöhle mit Polypen und einem in der Keilbeinhöhle befindlichen Adenom der Hypophyse.

Fig. 6. Die linke Hälfte desselben Präparates.

## Tafel 23.

Fig. 1. Rechte Kieferhöhle von der facialen Seite her eröffnet; sie enthält einen grossen Cystenpolypen.

*c.* Cyste, aus der Schleimhaut der Bulla ethmoidalis hervorgegangen, die in dem enorm erweiterten Ostium maxillare steckt.

Fig. 2. Durchschnitt der Cystenpolypen. Stiel drüsenreich. Lupenvergrösserung.

Fig. 3. Linke Kieferhöhle desselben Präparates von aussen geöffnet; die kleinen Vorsprünge sind Cysten, die zwei grossen Polypen. Der untere sitzt auf einem fadendünnen Stiel auf.

Fig. 4. Längendurchschnitt der Polypen mit dem fadendünnen Stiel. (st). Vergr. Obj. 4, Oc. 2.

Fig. 5. Durchschnitt durch einen anderen Polypen einer Kieferhöhle.

*s.* Schleimhaut der Kieferhöhle.

*p.* Polyp; derselbe ist drüsenlos.

## Tafel 24.

Fig. 1. Frontalschnitt durch die Nasenhöhle und die Kieferhöhlen. Gelappter Polyp am hinteren Rande des Ostium maxillare rechterseits.

Fig. 2. Frontalschnitt durch die Nasenhöhle und die Kieferhöhlen. Grosse cystöse Geschwülste in den Kieferhöhlen.

Fig. 3. Gesichtsskelet mit Apertura pyriformis. Man sieht die rechte Siebbeinhälfte geschwulstartig aufgetrieben und das Septum nach links hin verdrängt.

Fig. 4. Rechte Nasenhöhle dieses Falles mit dem vergrösserten und aufgeblähten Siebbeinlabyrinth.

Zuckerkandl: Anatomie der Nasenhöhle. II.

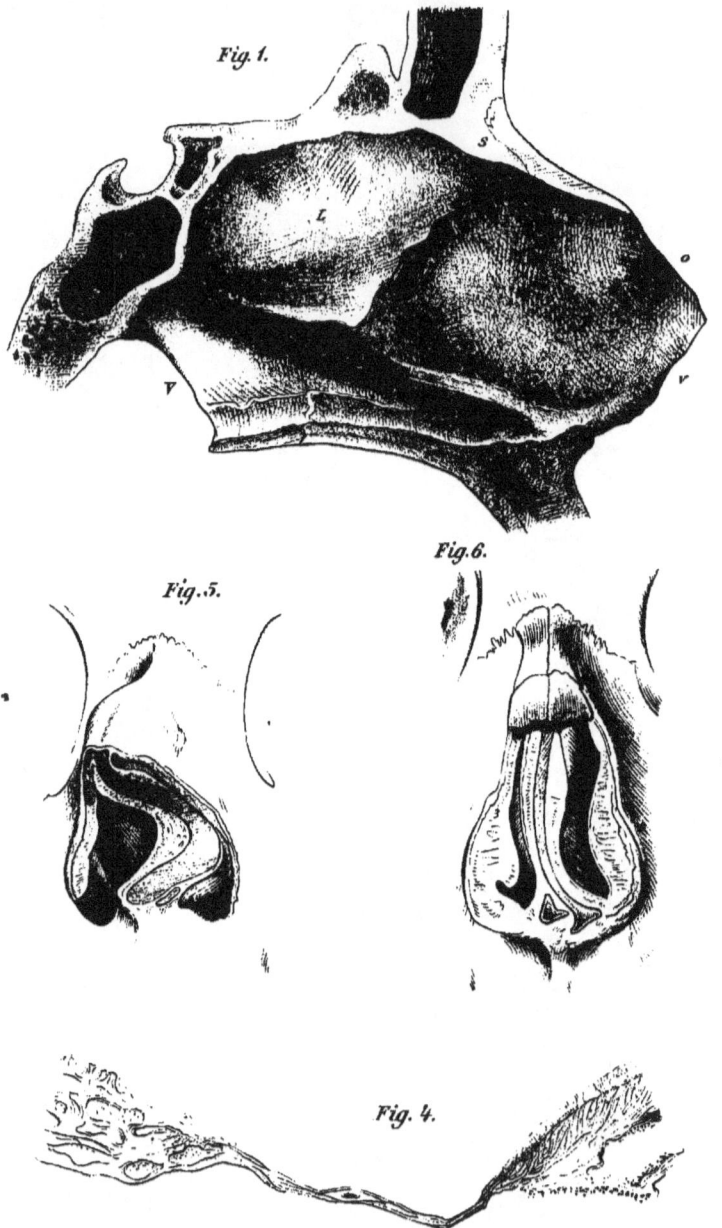

F. Meixner del. A. Berger lith.  Verlag v. W.

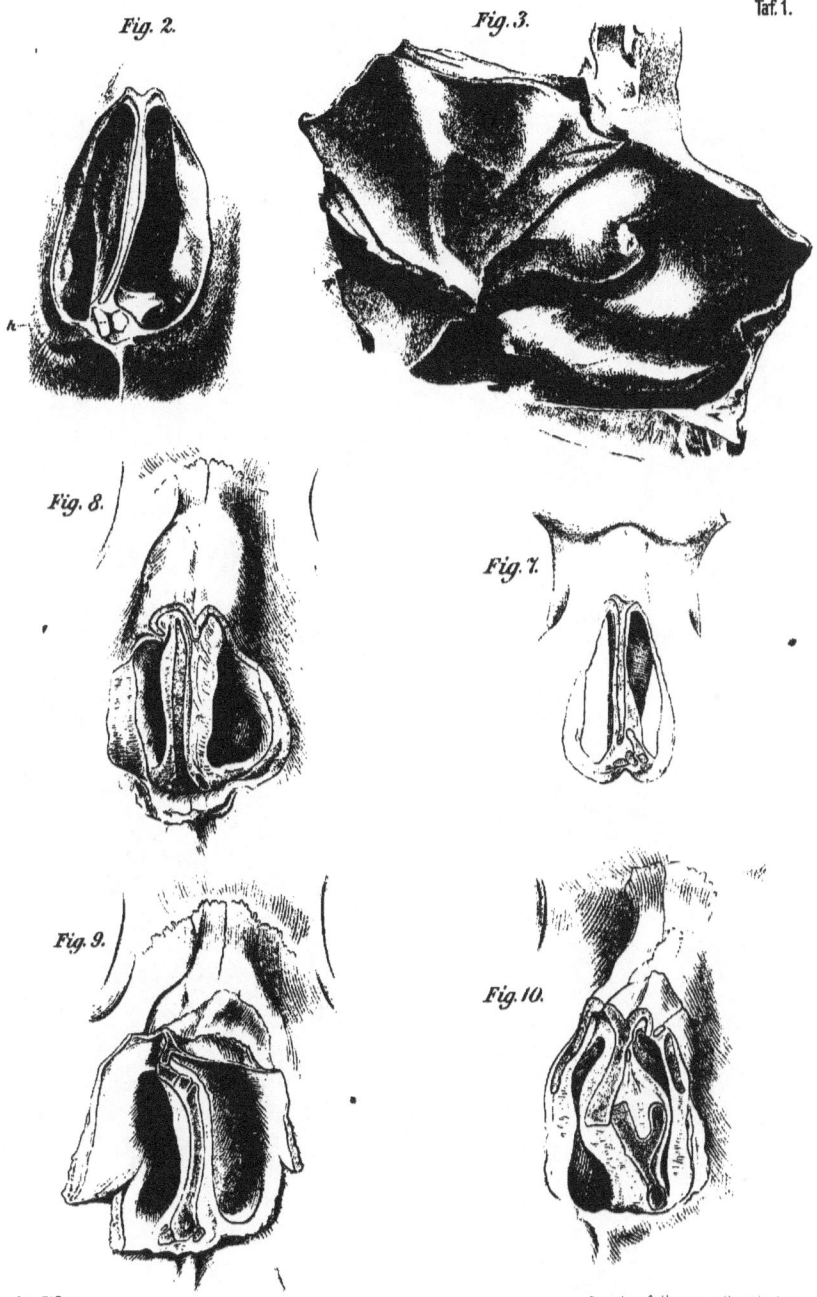

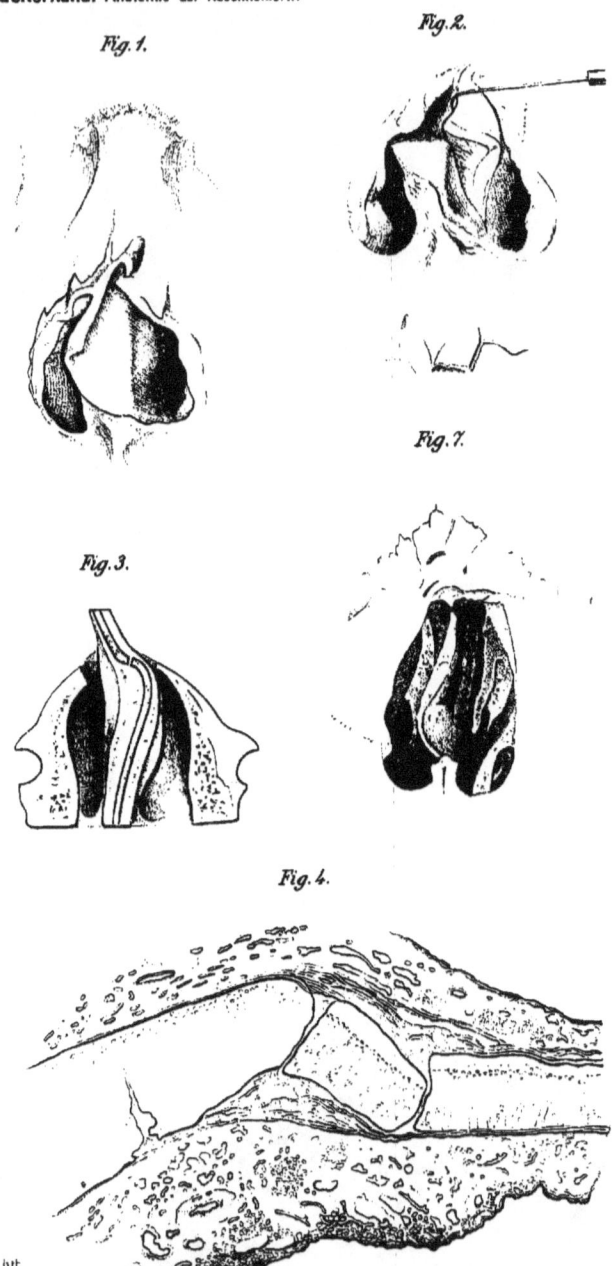

Zuckerkandl: Anatomie der Nasenhöhle. II.

Fig. 1.   Fig. 2.

Fig. 3.   Fig. 7.

Fig. 4.

F. Maixner del. A Berger lith.   Verlag

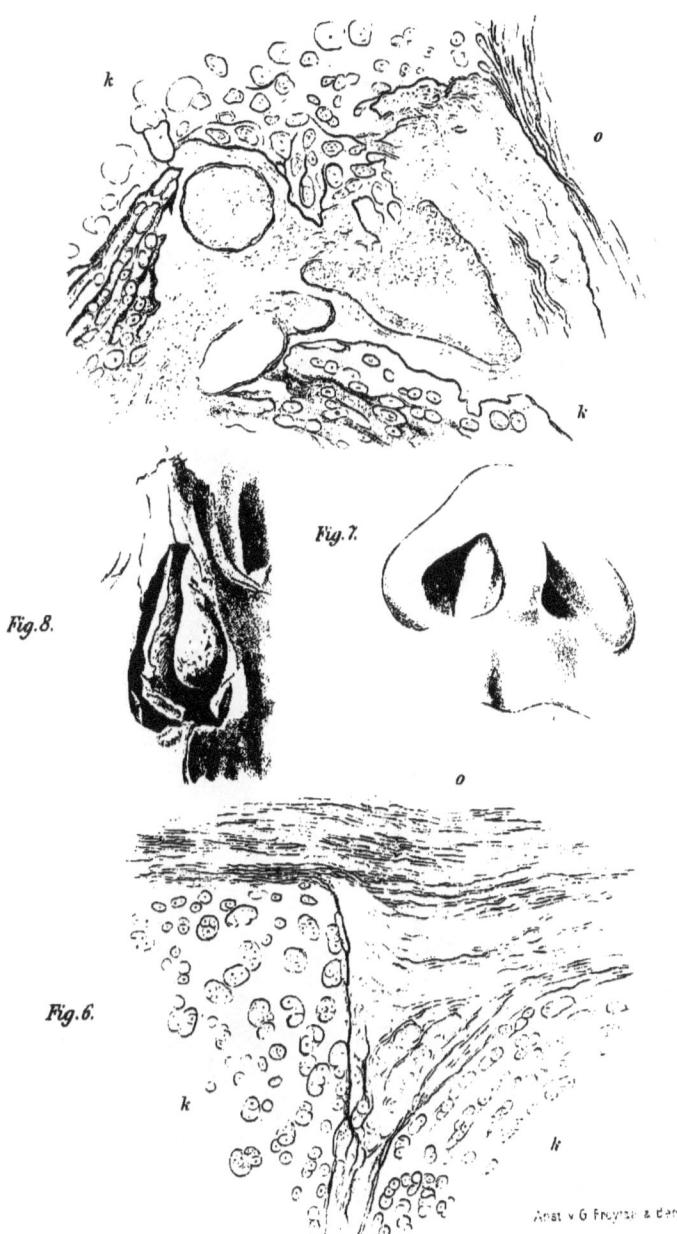

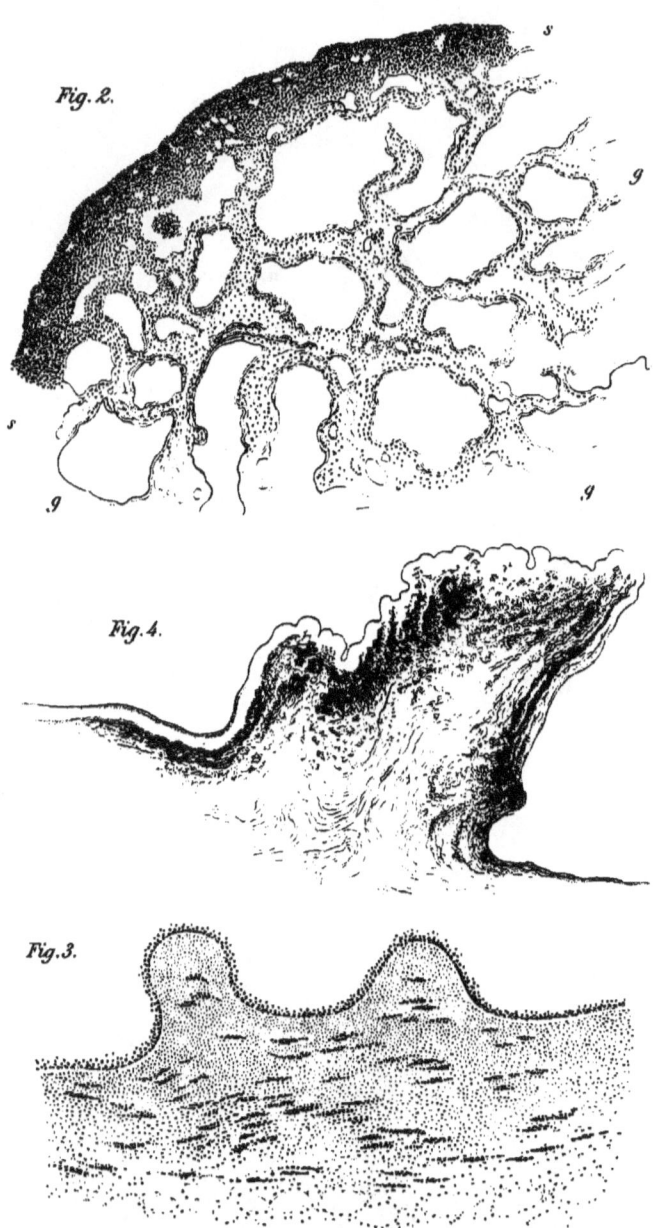

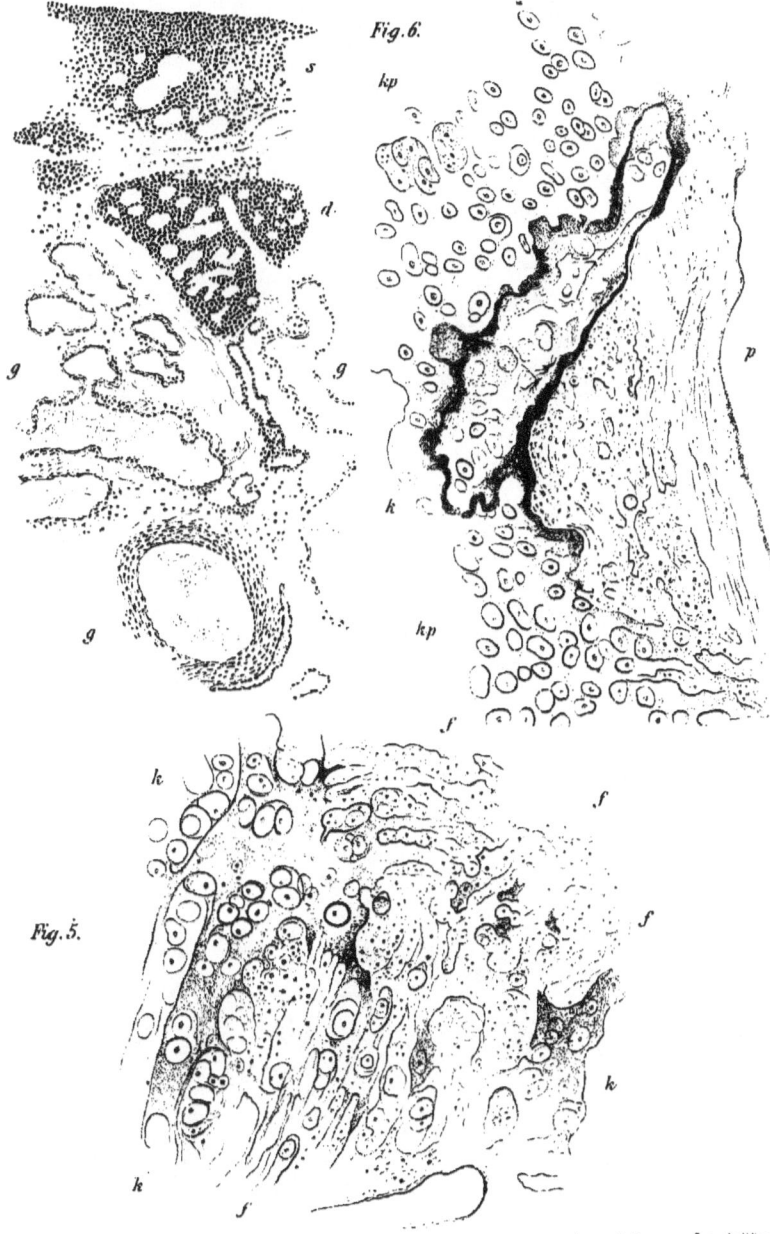

Lith. Anst. v. G. Freytag & Berndt, Wien

in Wien.

Zuckerkandl: Anatomie der Nasenhöhle. II.

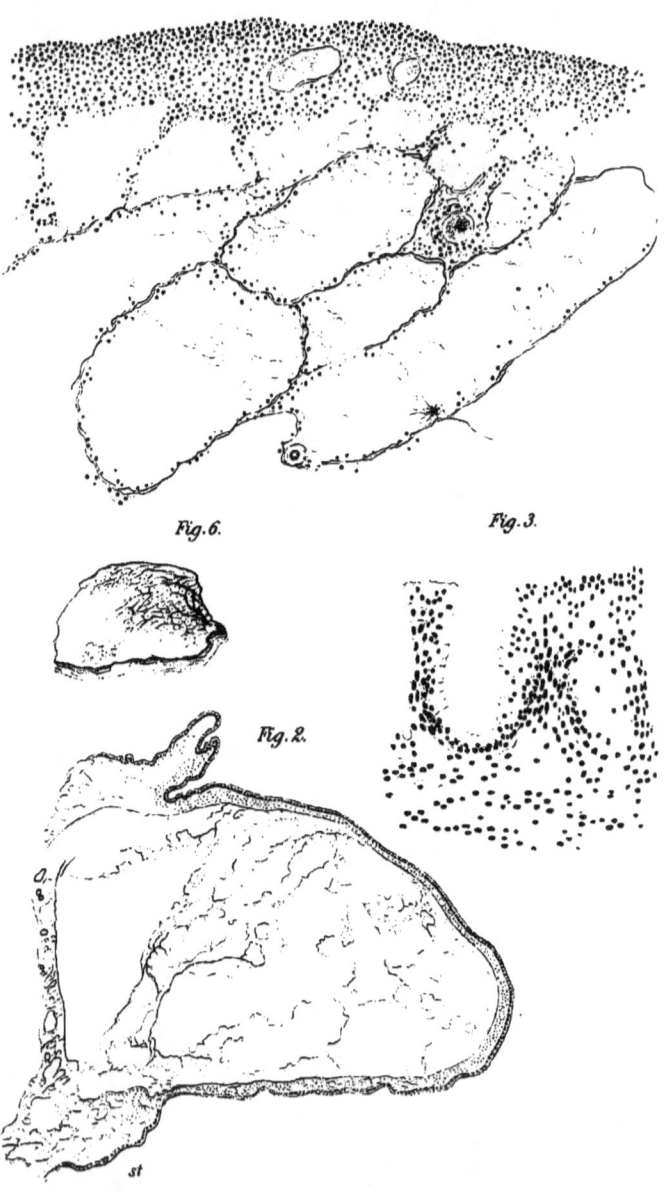

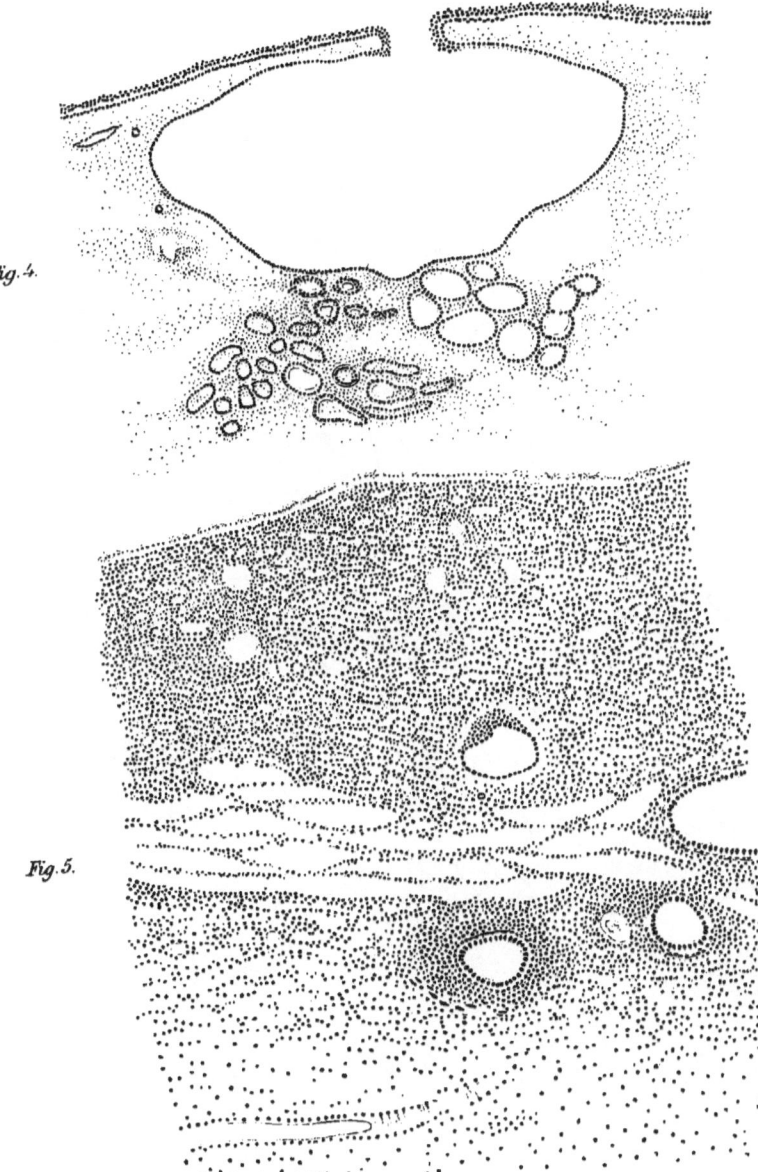

Zuckerkandl: Anatomie der Nasenhöhle. II.

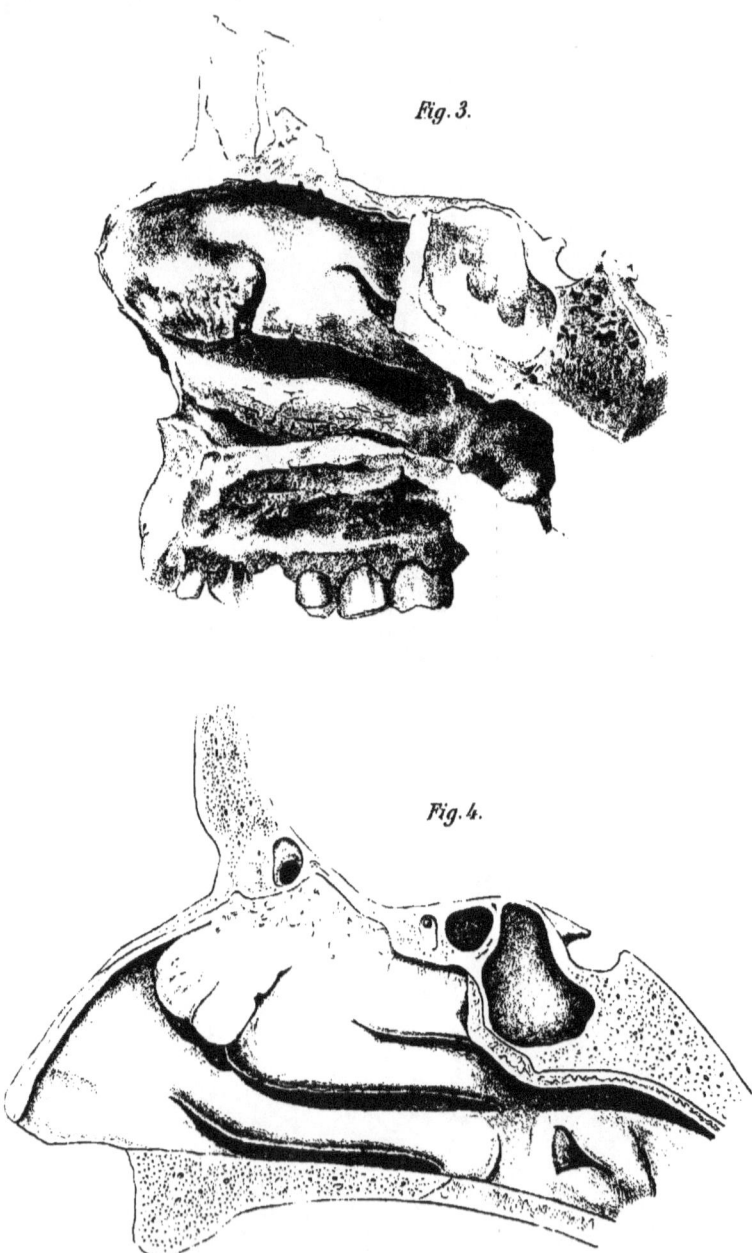

Fig. 3.

Fig. 4.

Taf. 5

Fig. 1.

Fig. 2.

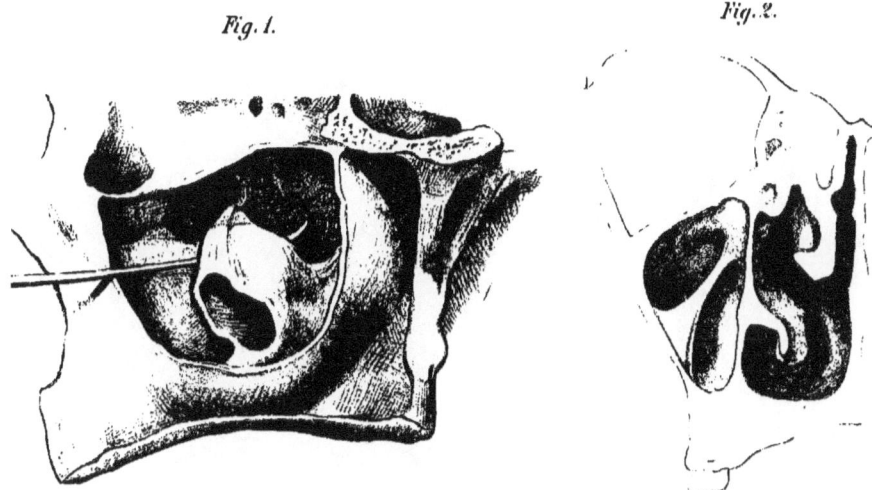

Fig. 5.

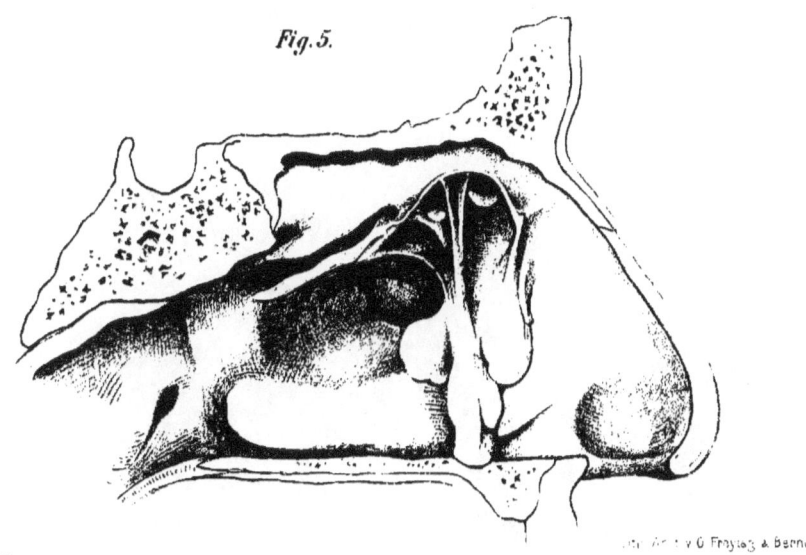

r in Wien.

**Zuckerkandl:** Anatomie der Nasenhöhle. II.

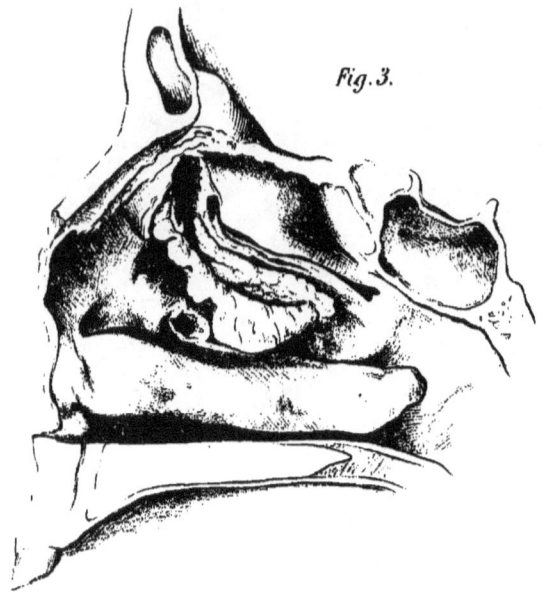

Fig. 3.

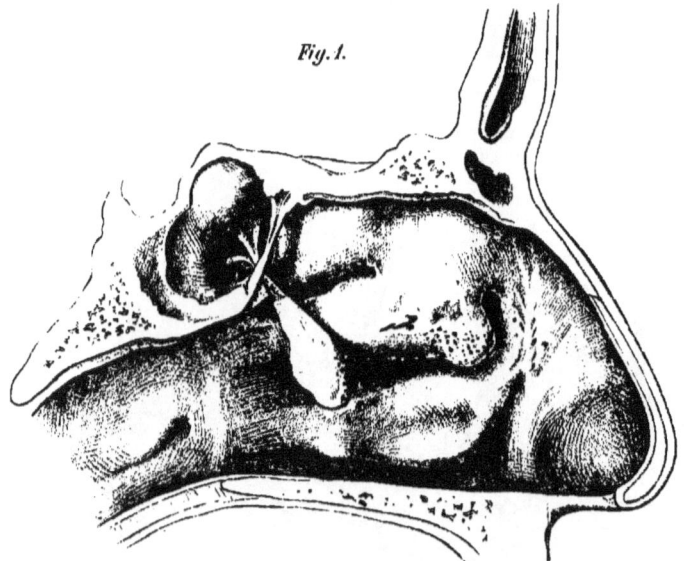

Fig. 1.

Leixner del. A. Berger lith.

Verlag v. W.

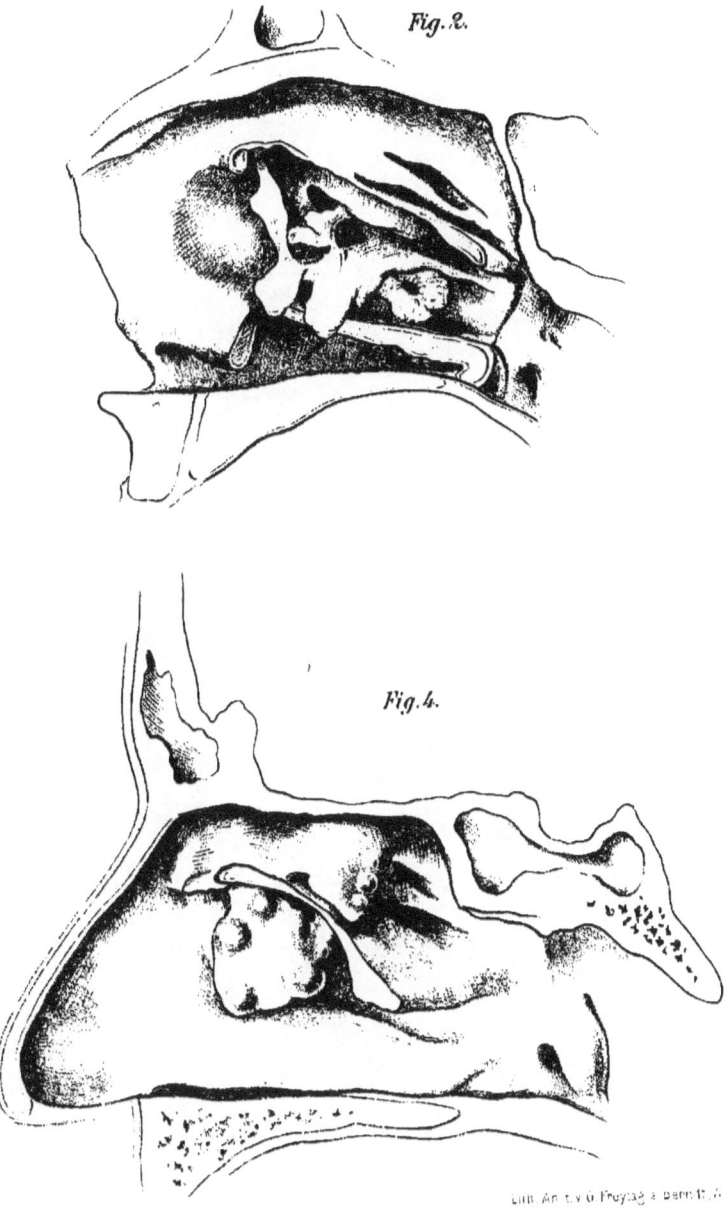

Fig. 2.

Fig. 4.

in Wien.

Zuckerkandl: Anatomie der Nasenhöhle. II.

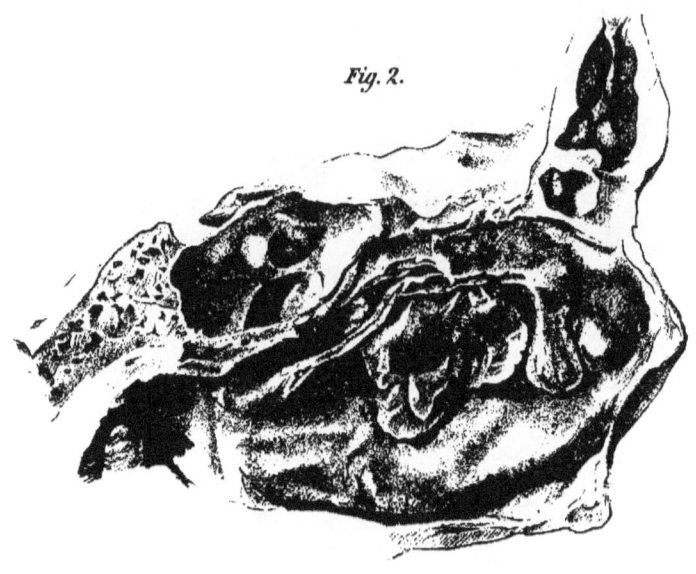

Fig. 2.

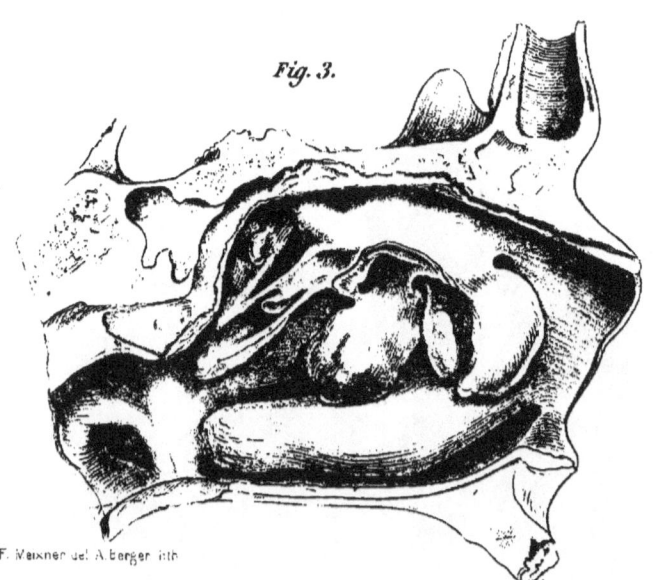

Fig. 3.

F. Meixner del. A. Berger lith.

Verlag v. W. B.

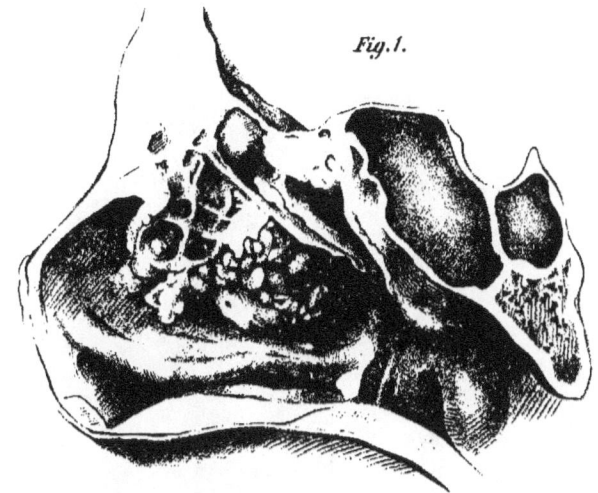

*Fig. 1.*

*Fig. 7.*

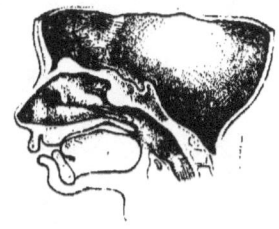

*Fig. 6.*

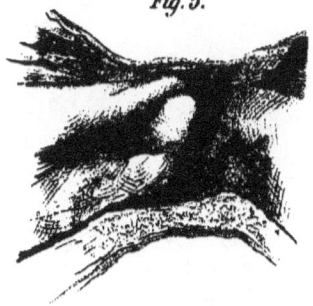

*Fig. 5.*

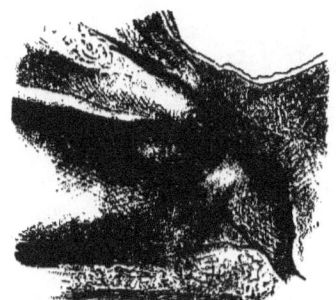

*Fig. 4.*

Wien.

Druck v. G. Freytag & Berndt, Wien.

Fig. 1.

Fig. 2.

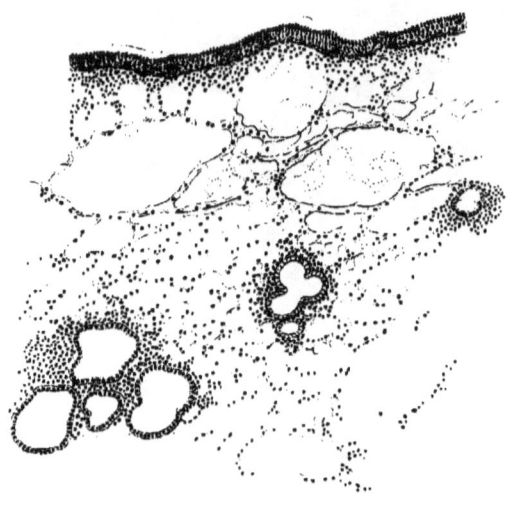

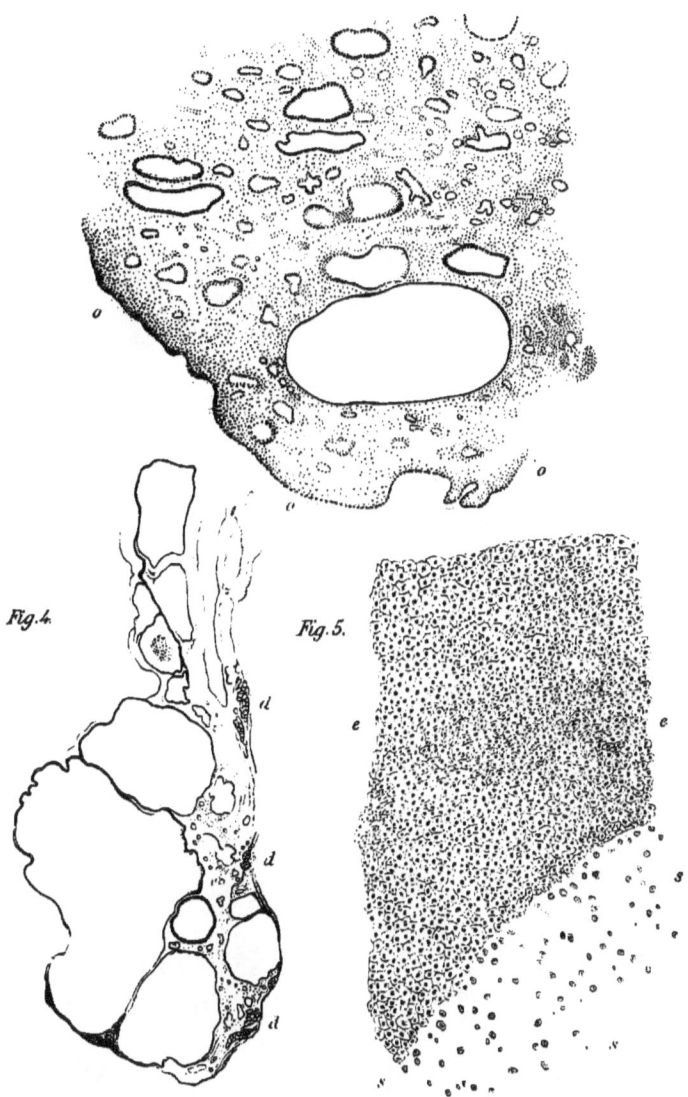

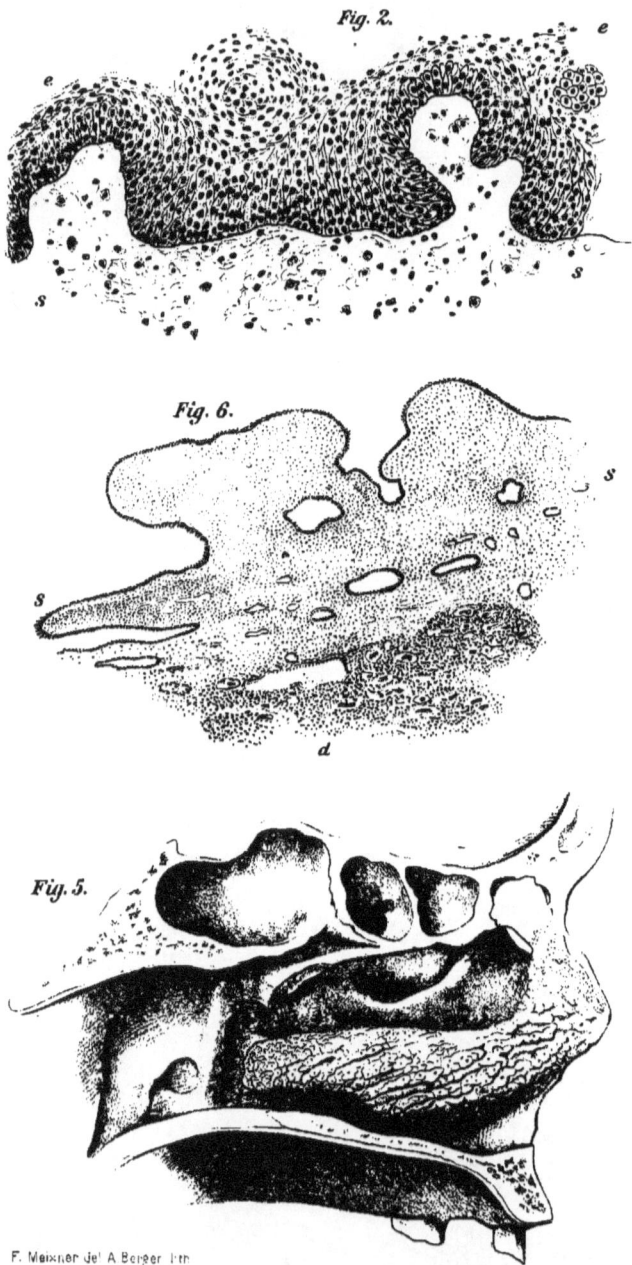

Taf. 9.

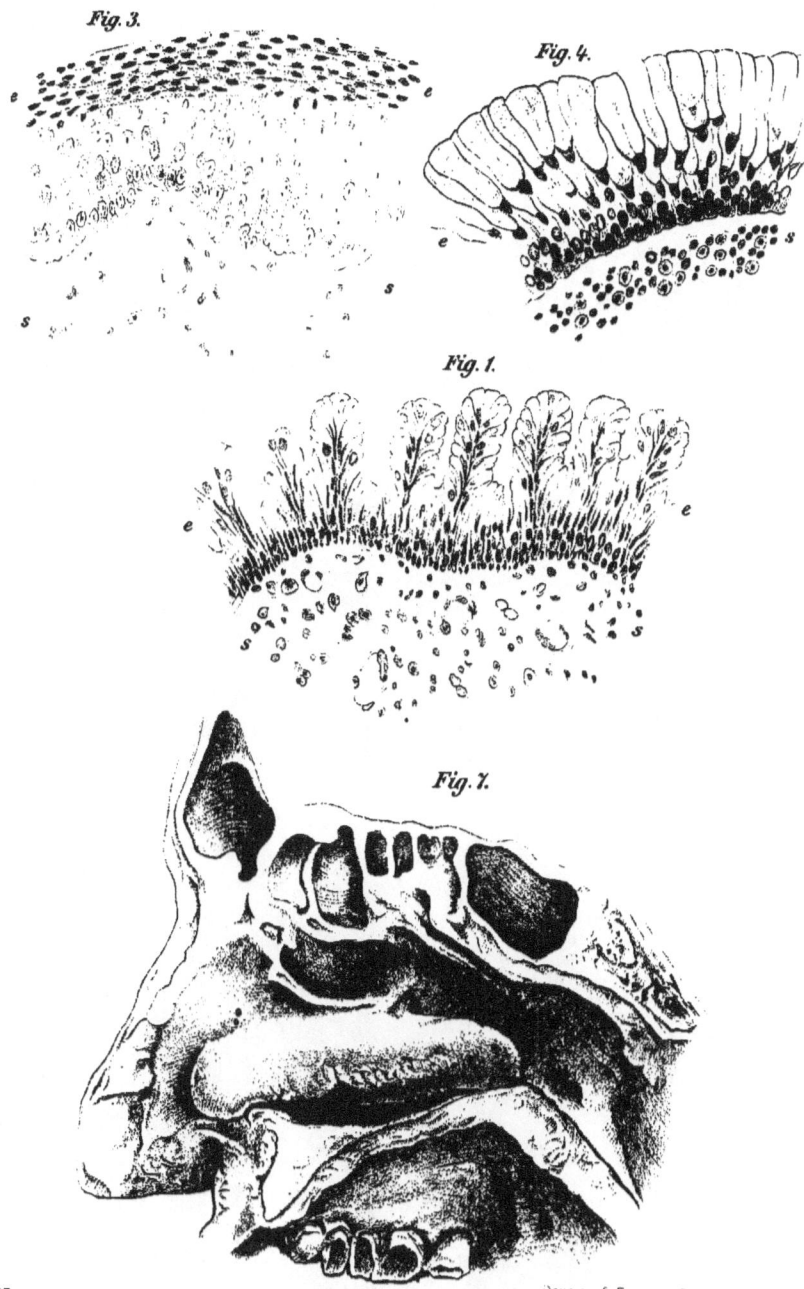

Zuckerkandl: Anatomie der Nasenhöhle. II.

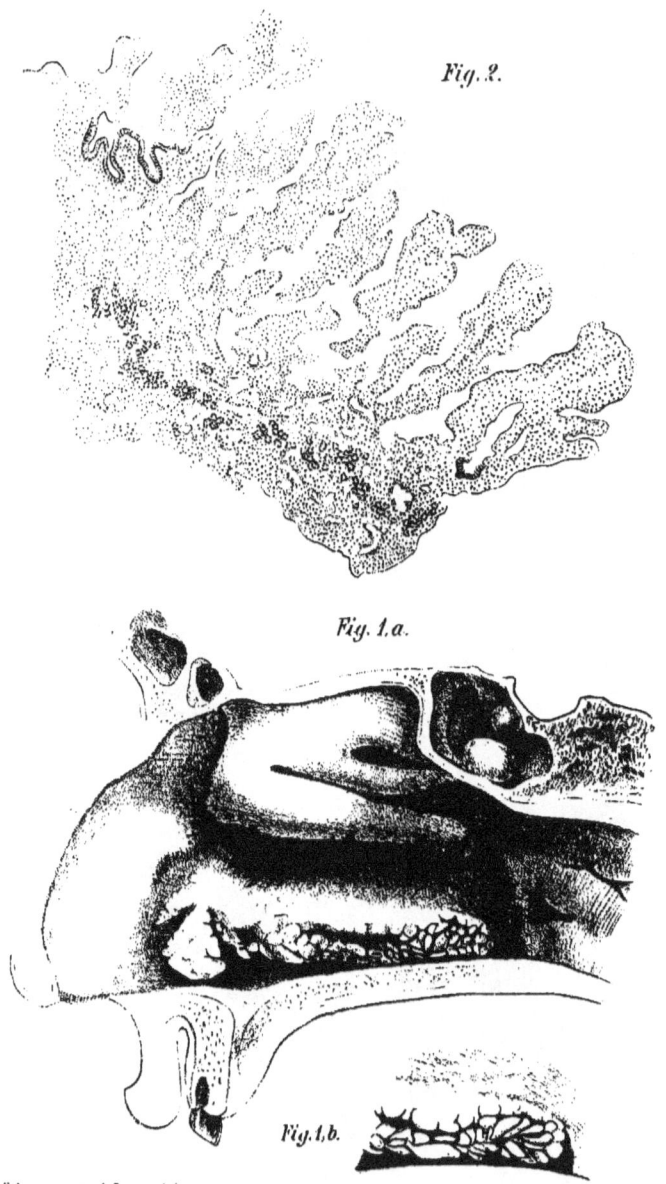

Fig. 2.

Fig. 1. a.

Fig. 1. b.

F. Meixner del. A Berger lith.

Verlag v. W.

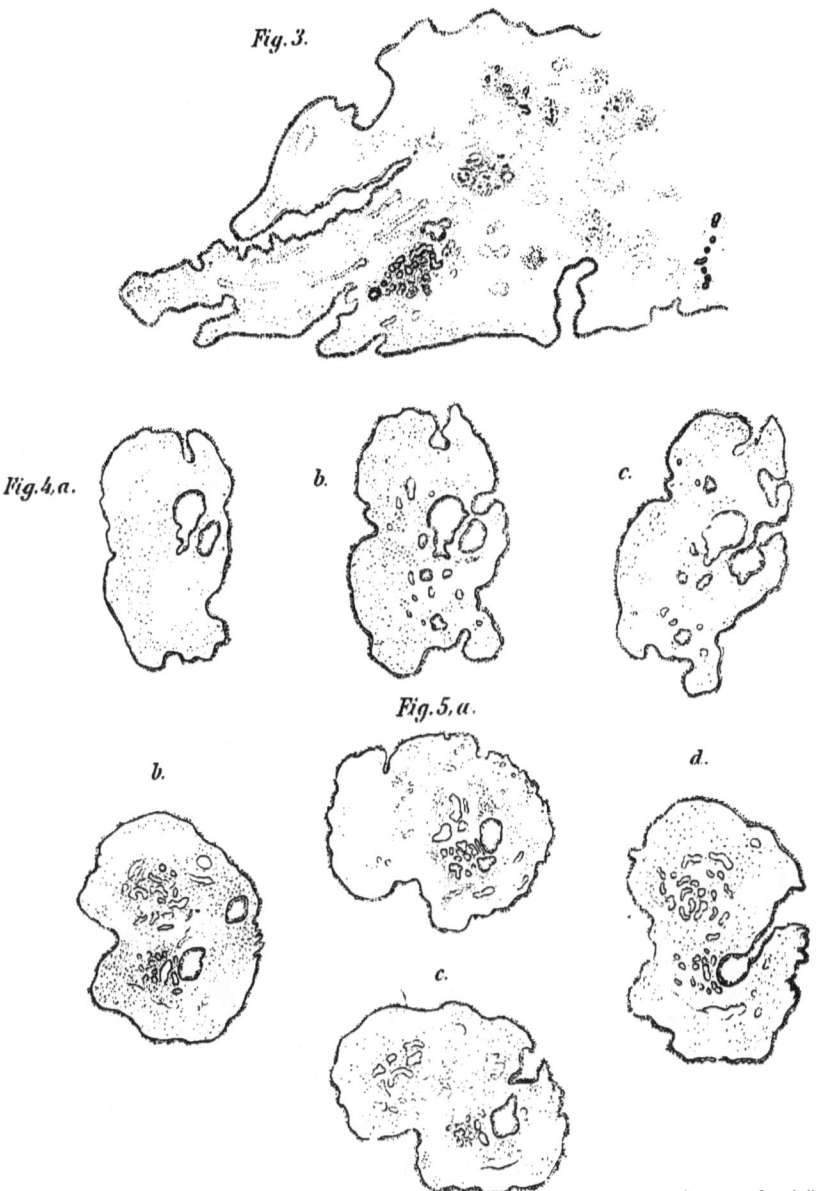

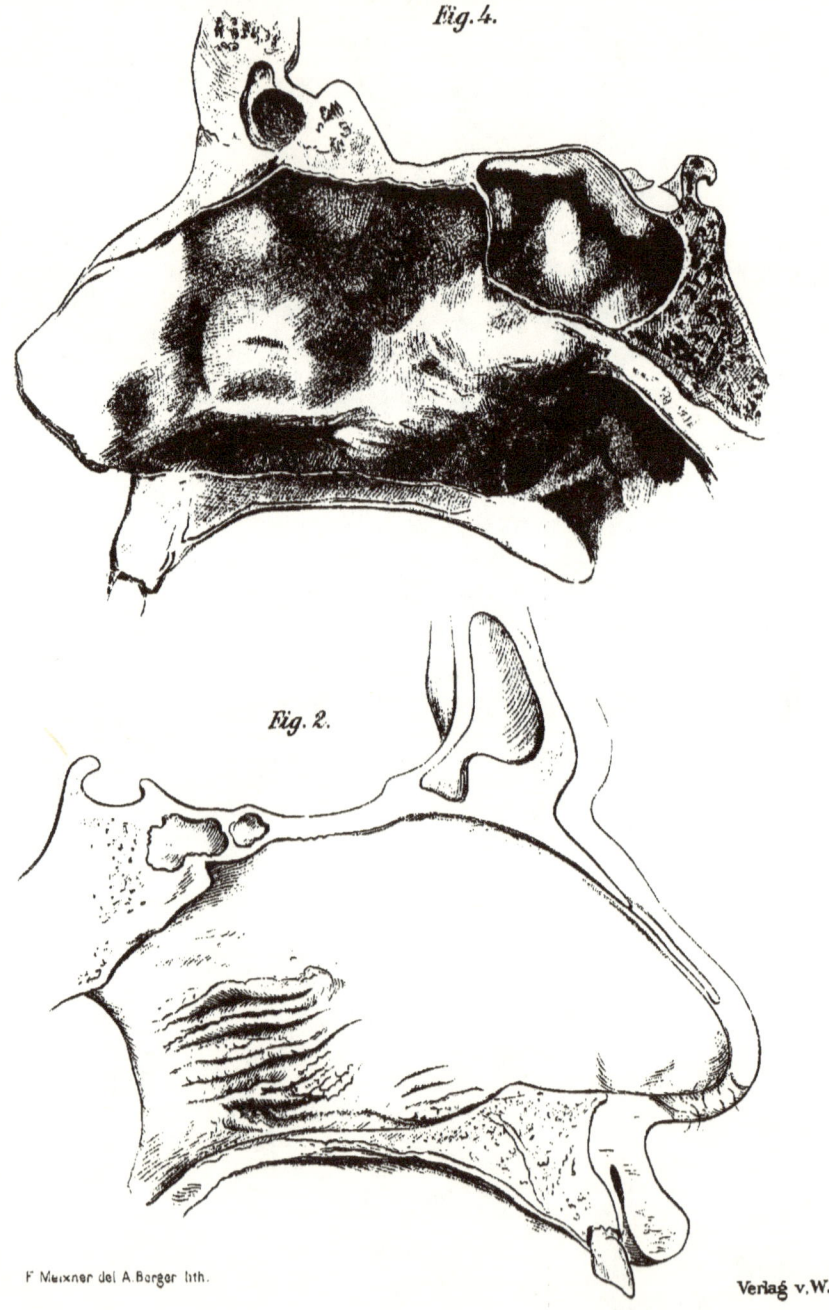

Fig. 4.

Fig. 2.

F. Meixner del. A. Berger lith.  Verlag v. W.

*Fig. 5.* *Fig. 3.*

 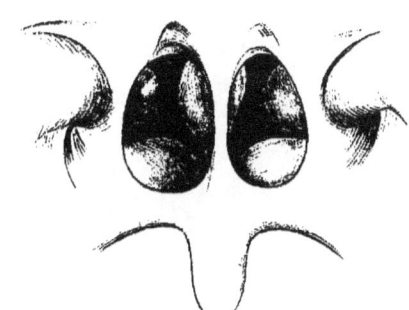

*Fig. 1.*

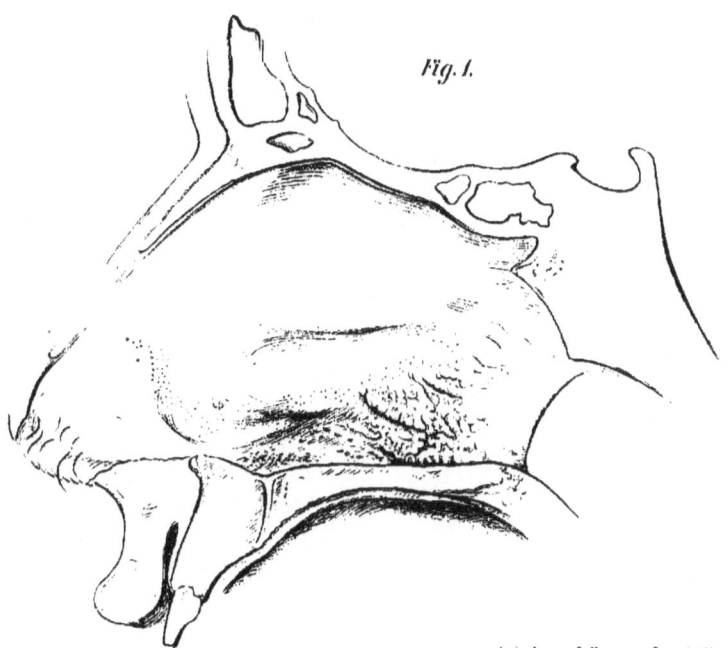

Lith. Anst. v. G. Freytag & Berndt, Wien.

**Zuckerkandl:** Anatomie der Nasenhöhle. II.

Fig. 3.

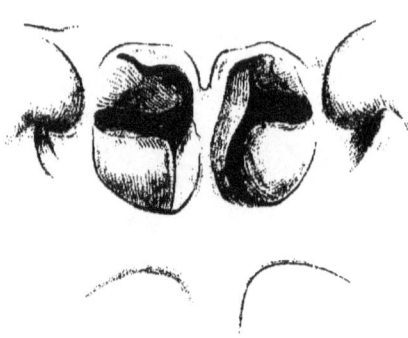

Fig. 4.

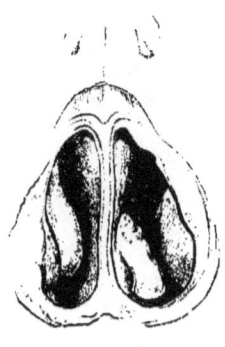

Fig. 2.

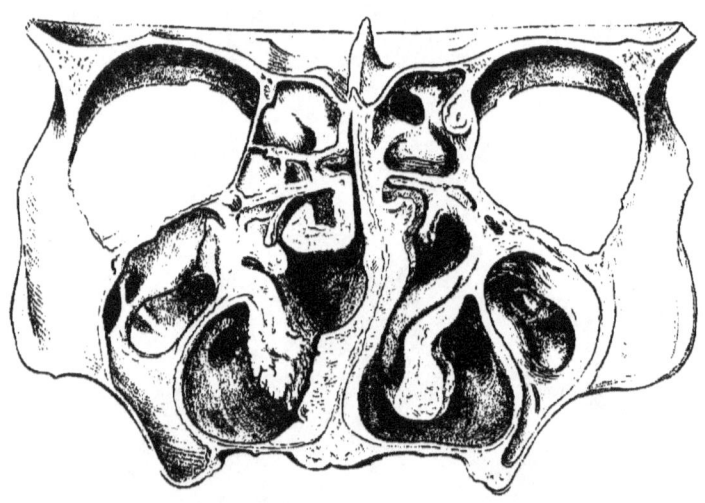

F. Meixner del. A. Berger lith.

Verlag v. W.

*Fig. 5.*

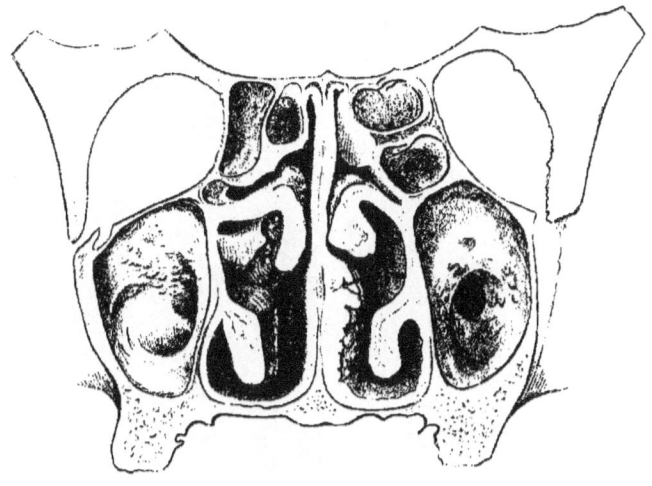

*Fig. 1.*

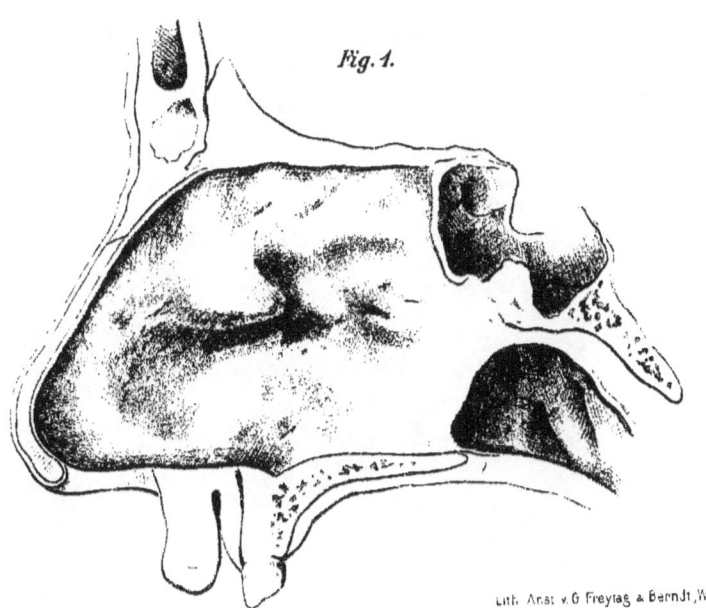

Lith. Anst. v. G Freytag & Berndt, Wien

in Wien.

Zuckerkandl: Anatomie der Nasenhöhle. II

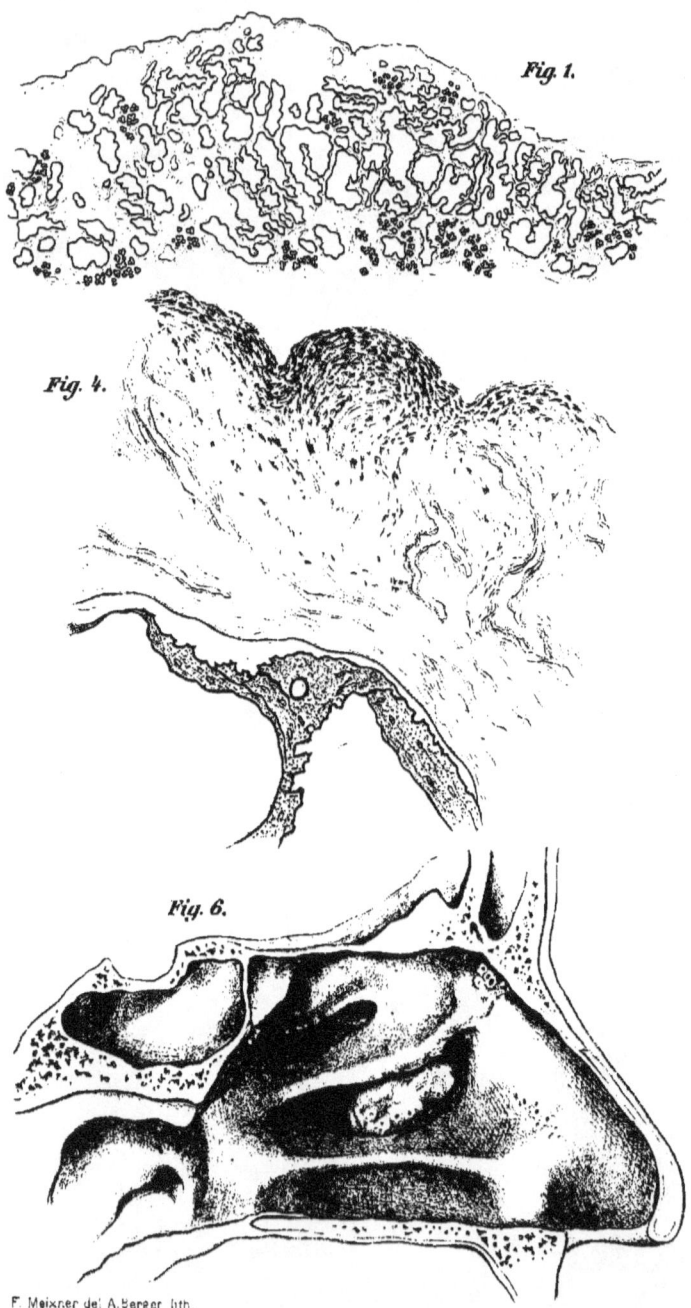

Fig. 1.

Fig. 4.

Fig. 6.

F. Meixner del. A. Berger lith.

Verlag v.

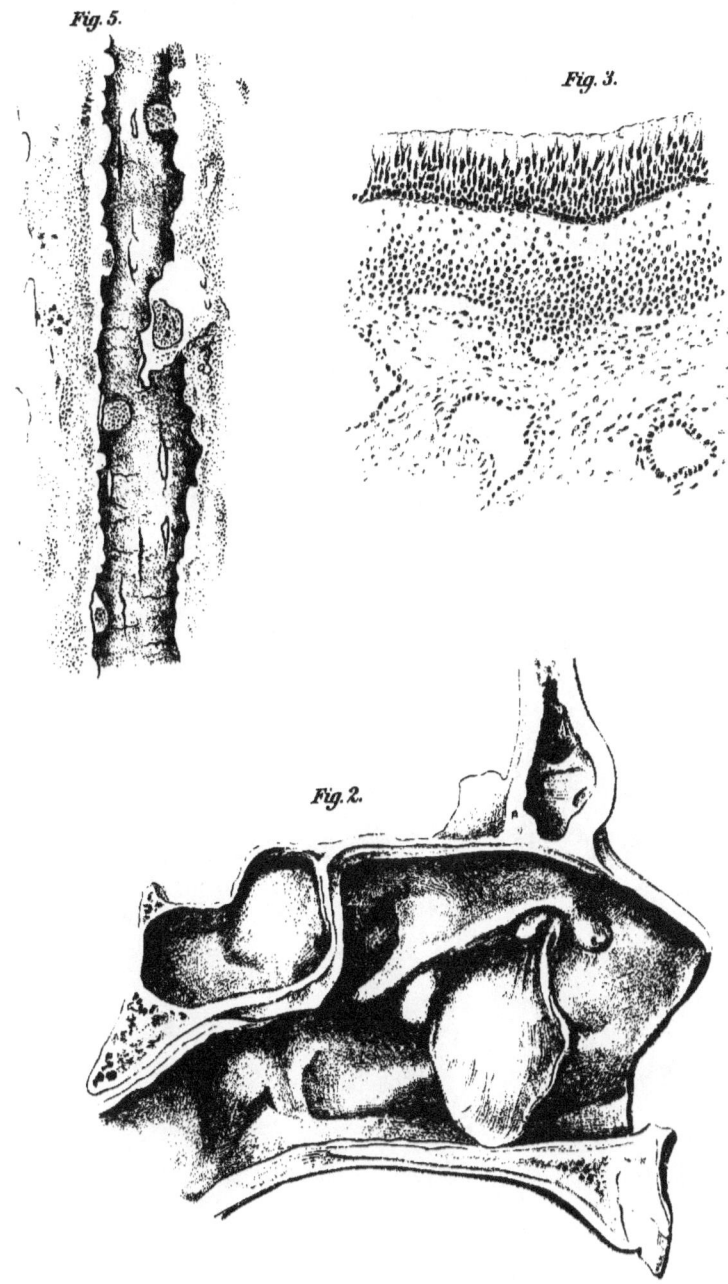

Zuckerkandl: Anatomie der Nasenhöhle. II.

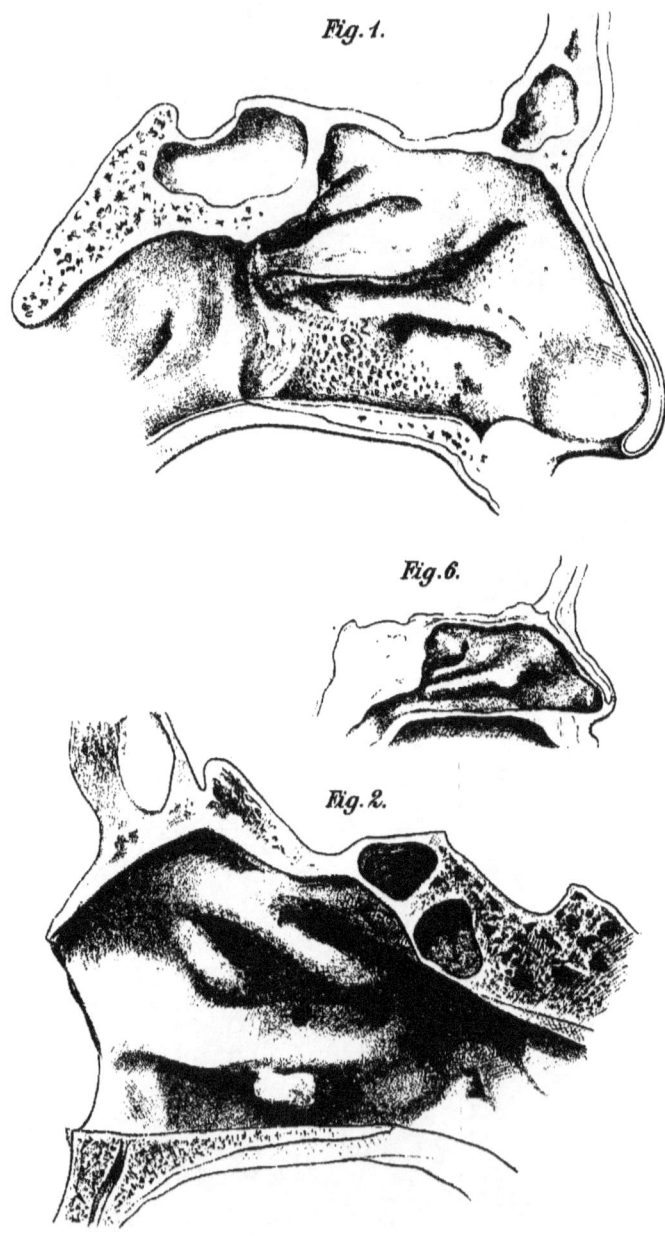

Fig. 1.

Fig. 6.

Fig. 2.

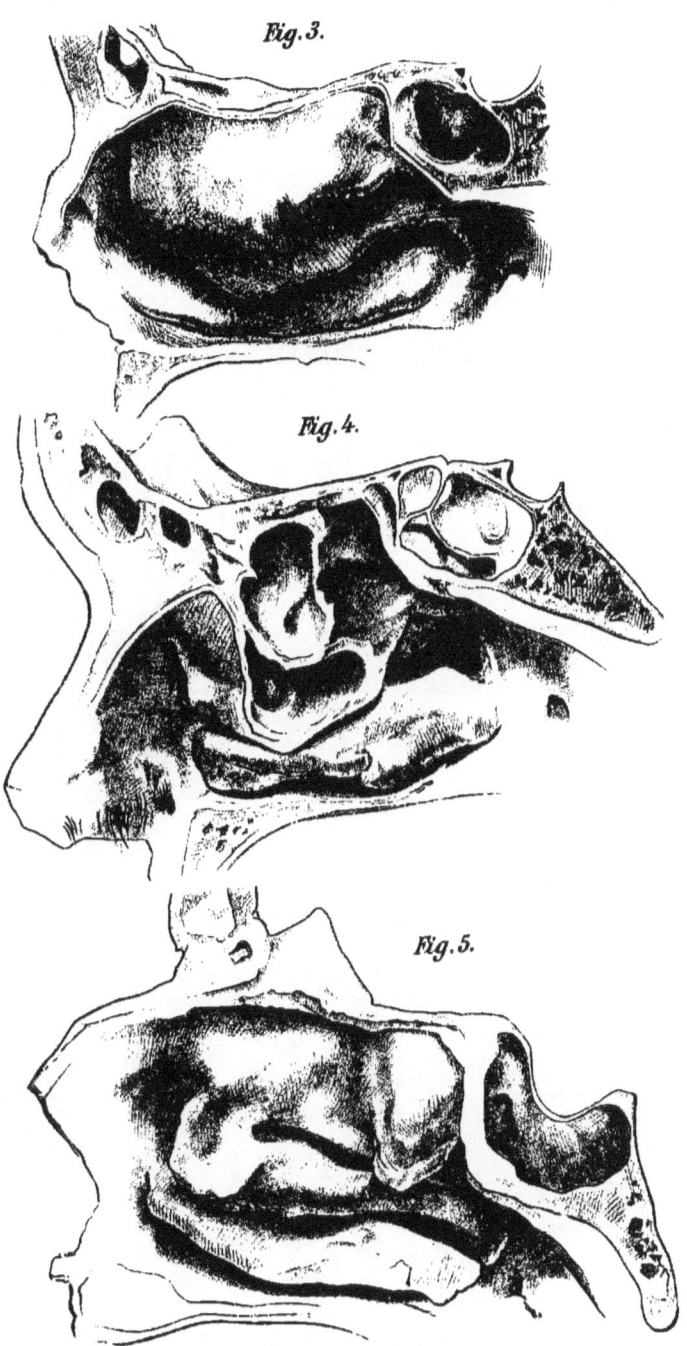

Zuckerkandl: Anatomie der Nasenhöhle. II.

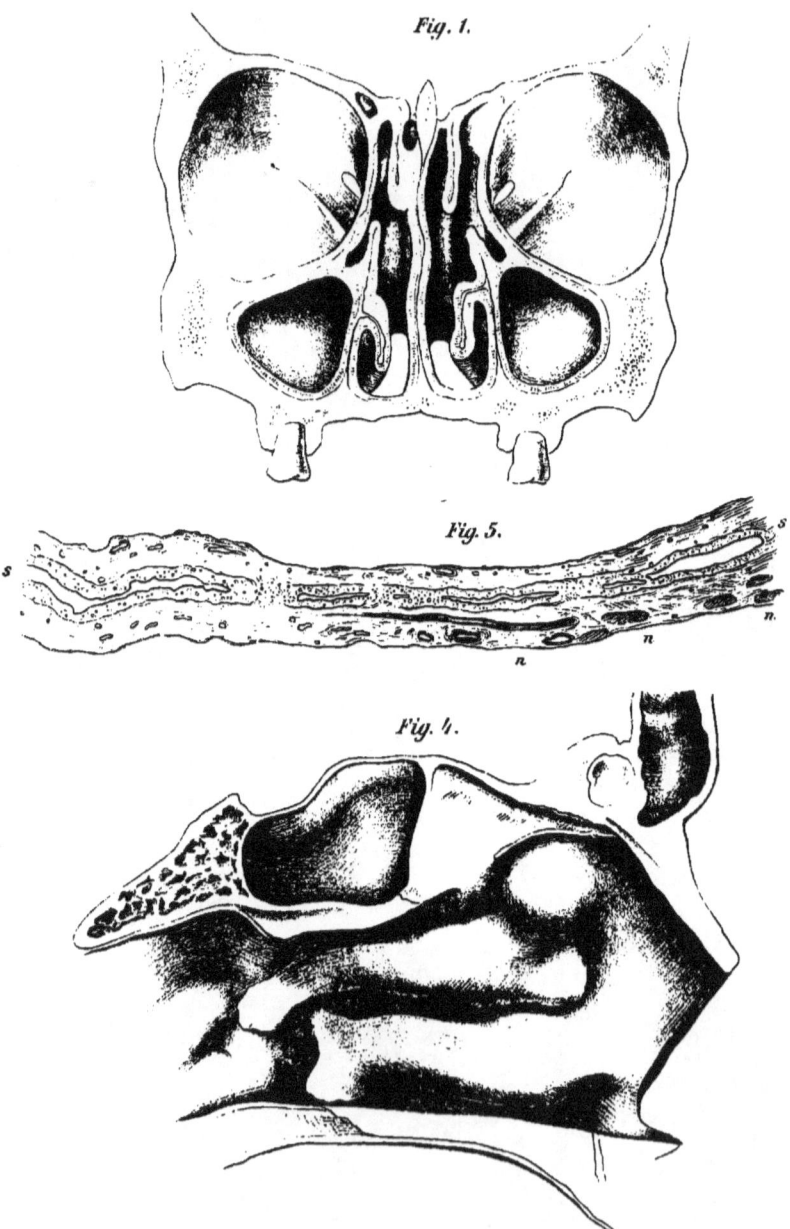

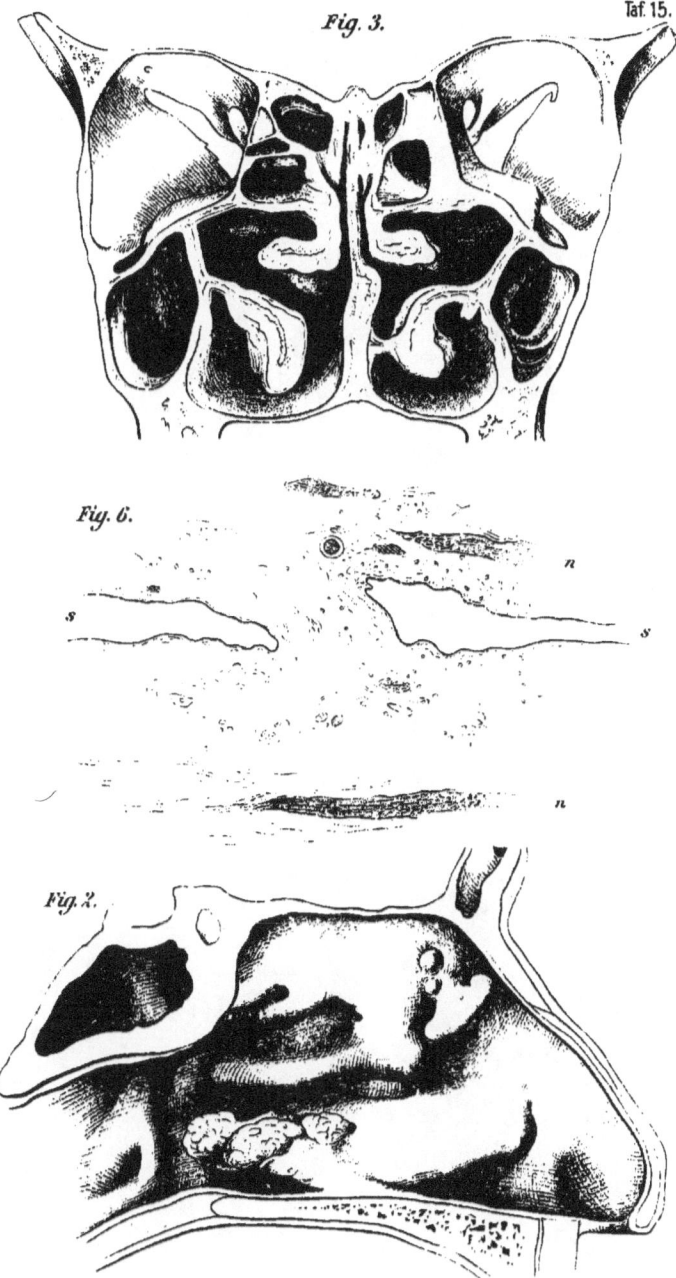

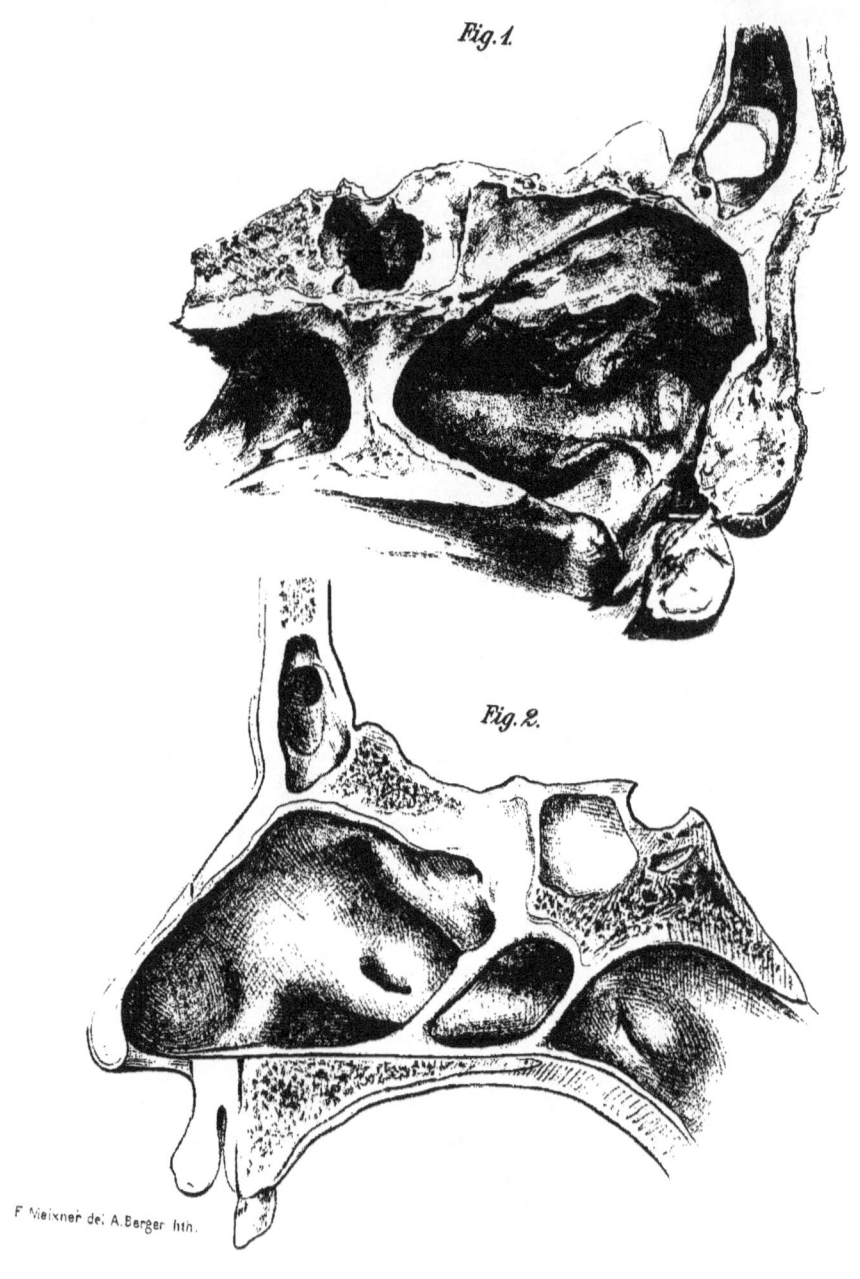

Fig. 1.

Fig. 2.

F. Meixner del. A. Berger lith.

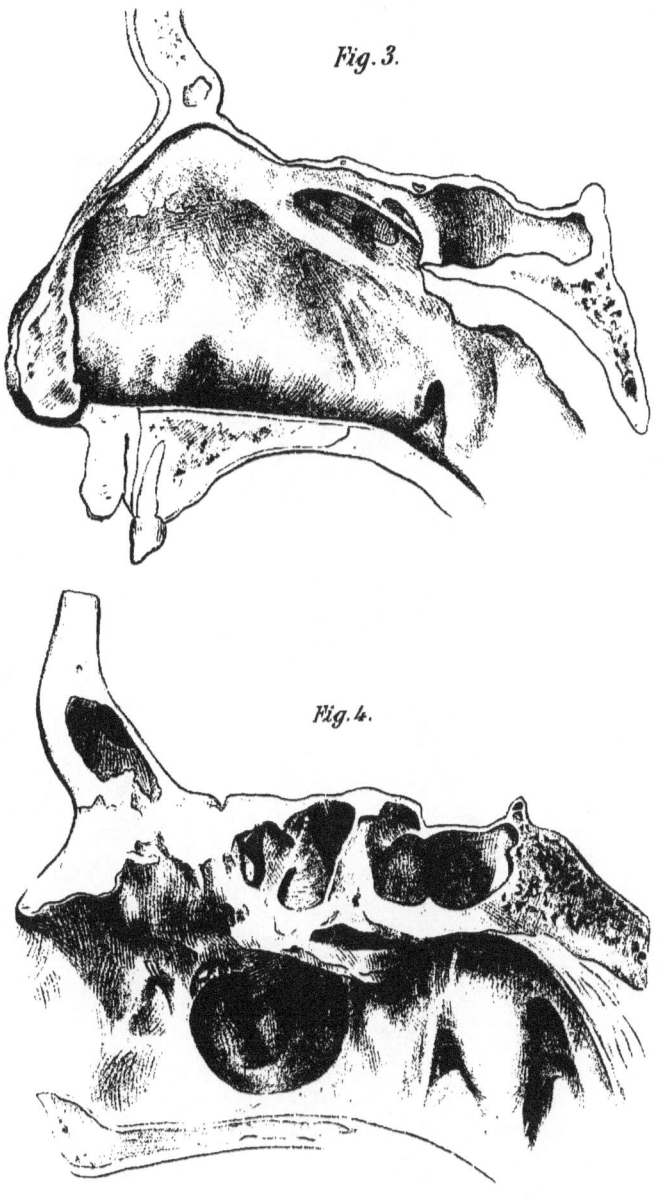

Fig. 3.

Fig. 4.

Lith. Anst. v. G. Freytag & Berndt, Wien.

in Wien.

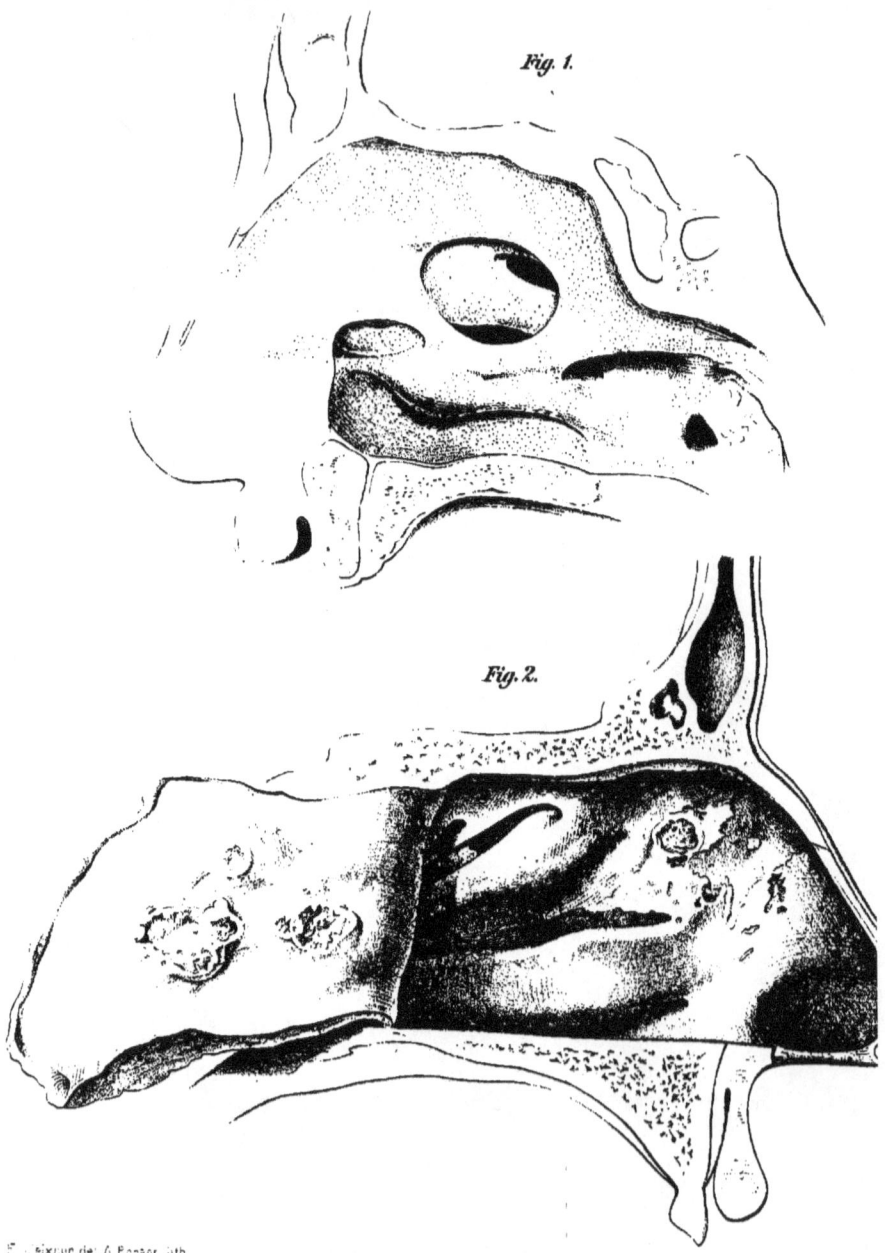

Fig. 1.

Fig. 2.

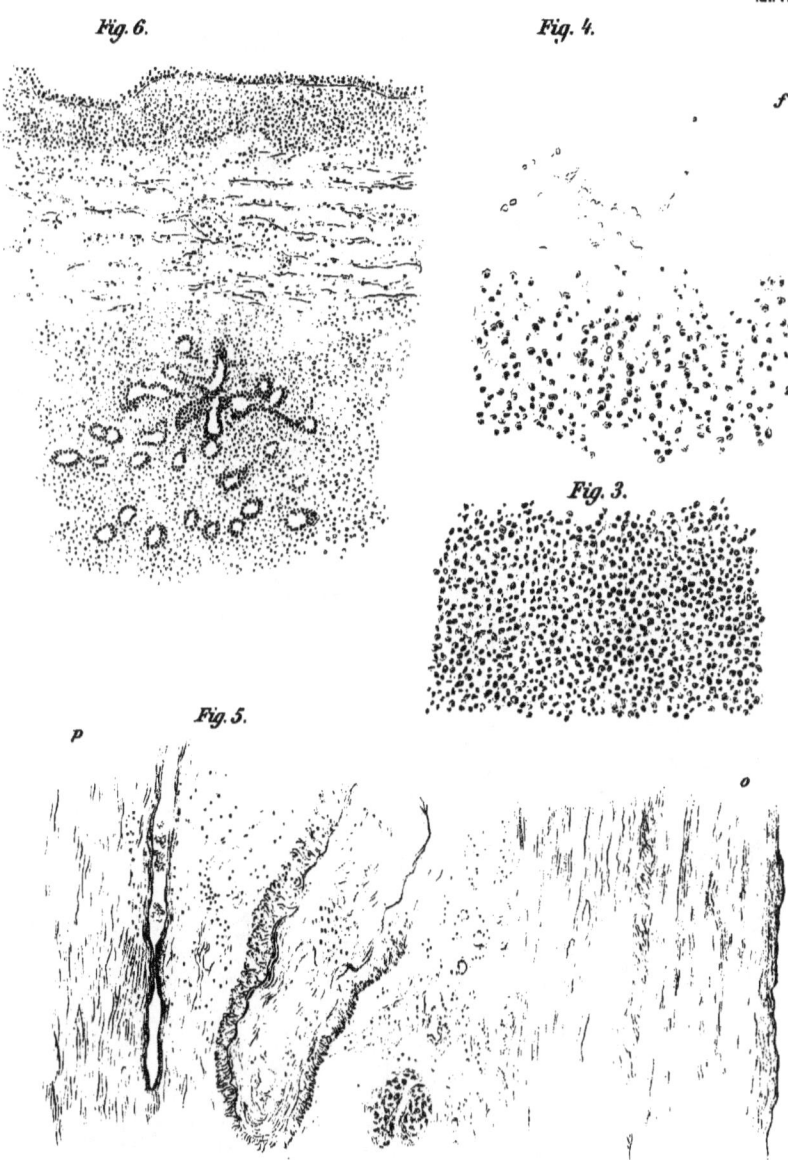

Taf. 17.

in Wien.

Druck v. G. Freytag & Berndt, Wien.

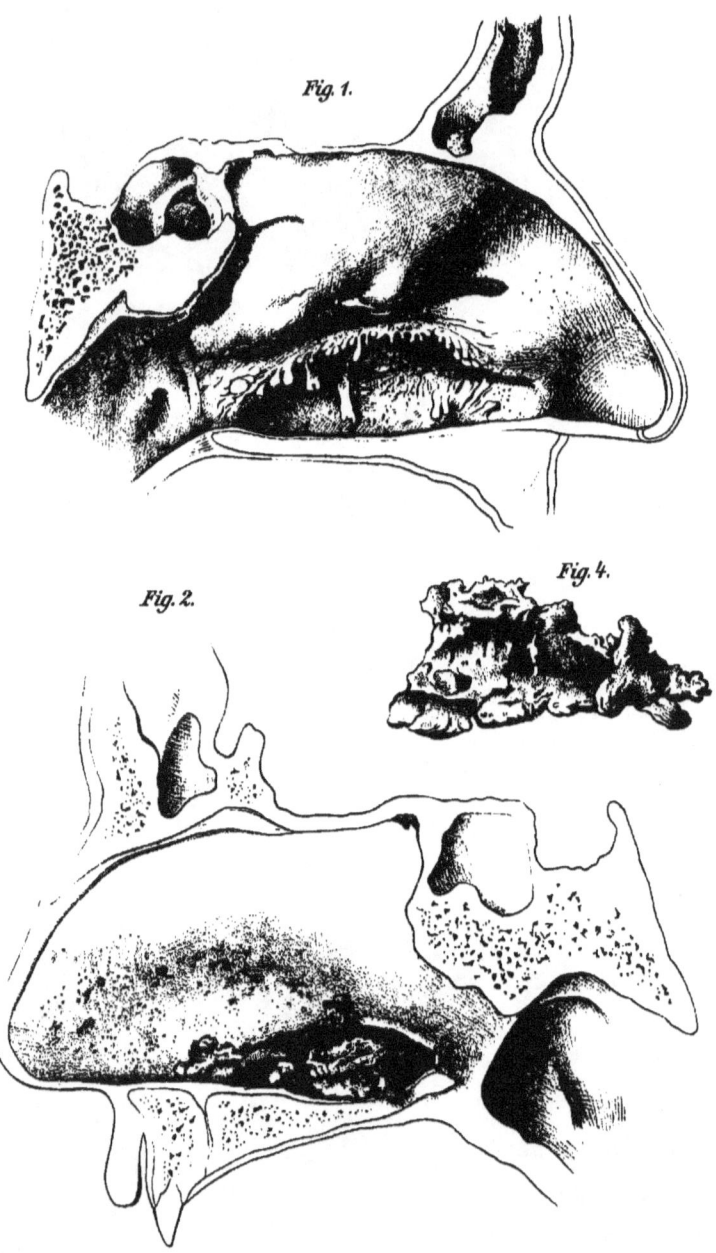

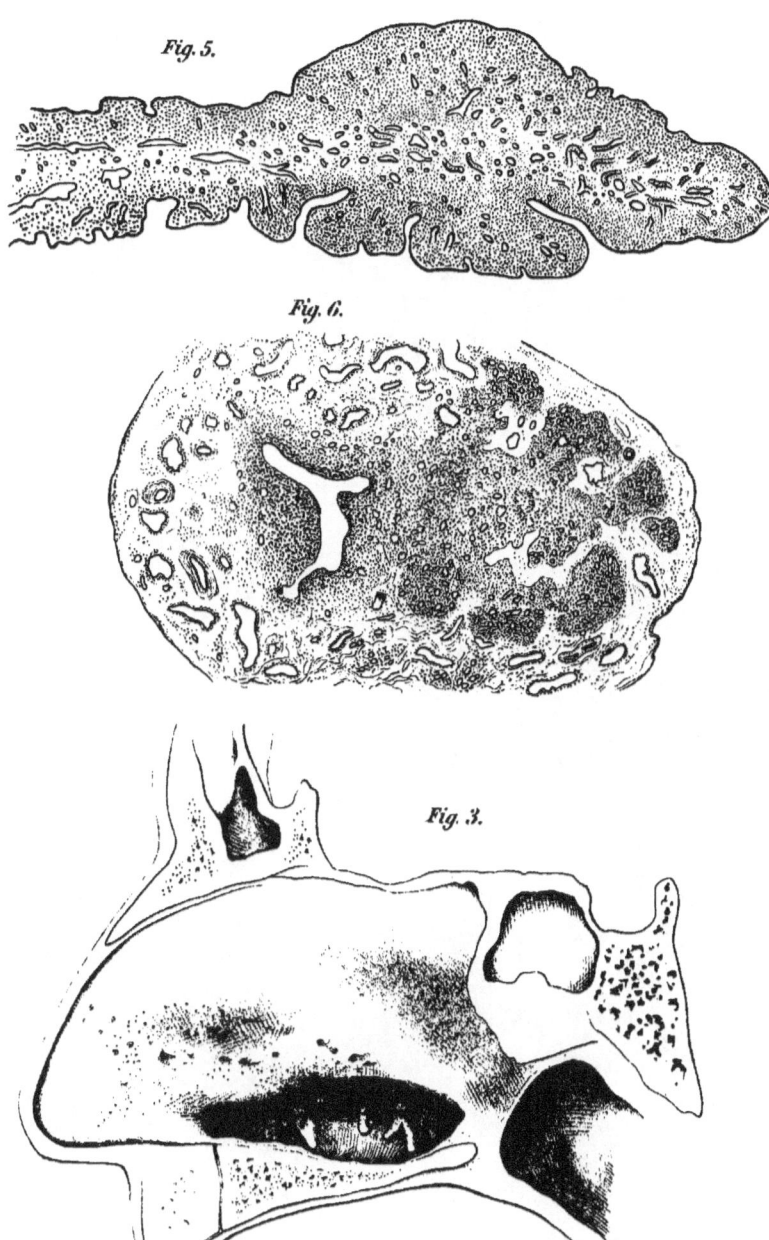

Taf. 18.

Fig. 5.

Fig. 6.

Fig. 3.

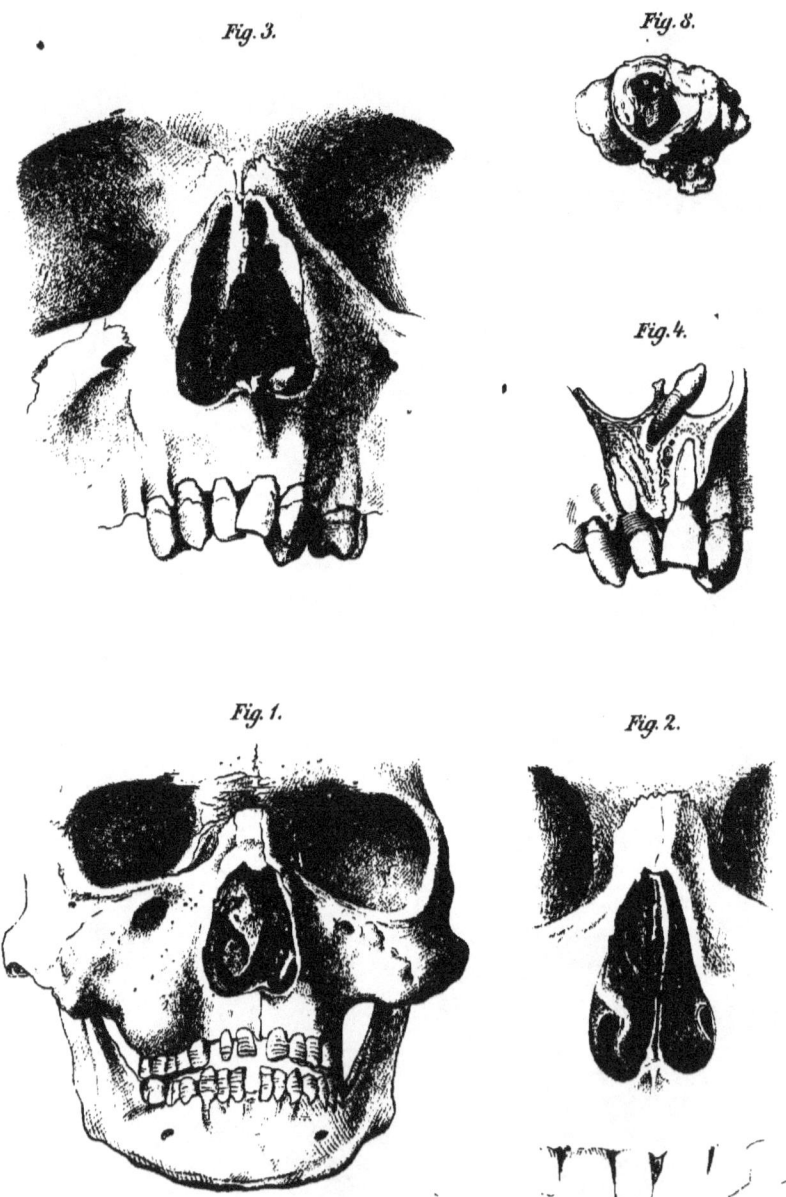

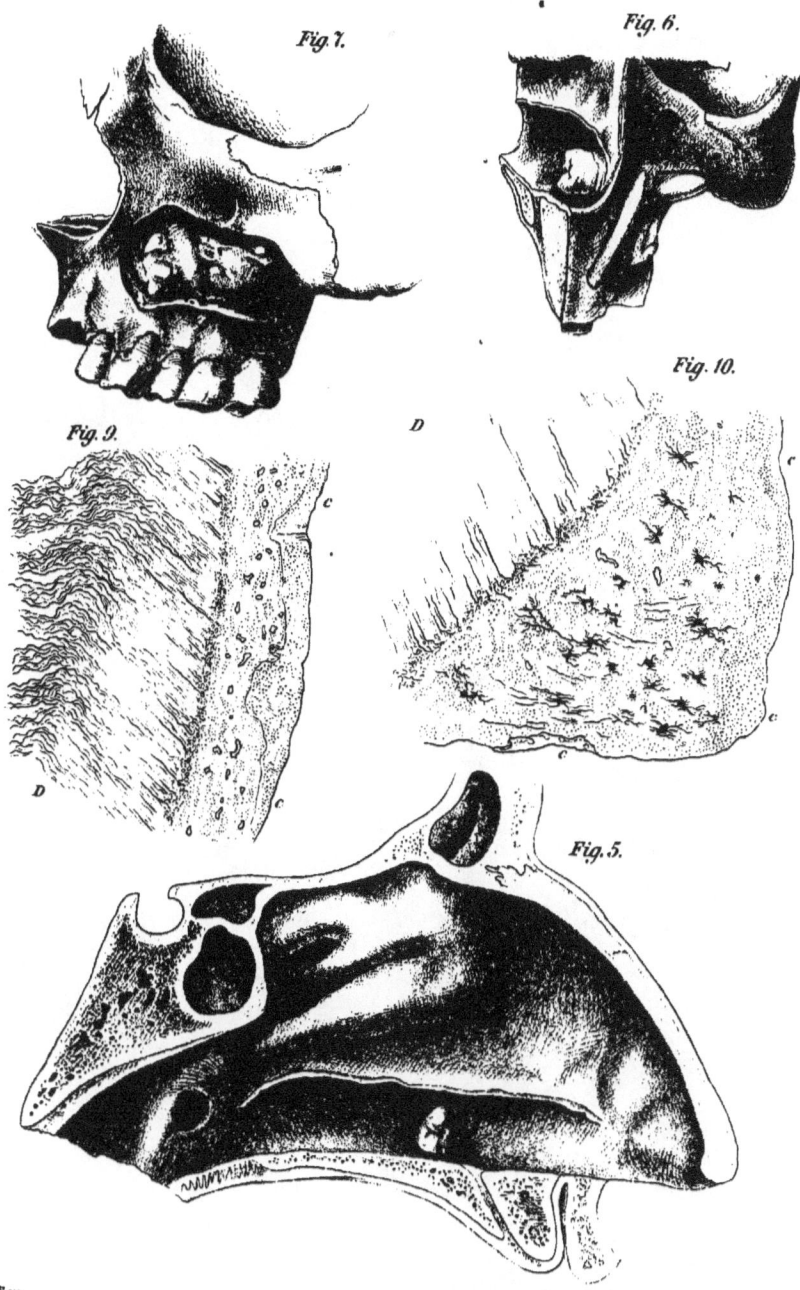

Taf. 19.

Zuckerkandl: Anatomie der Nasenhöhle. II.

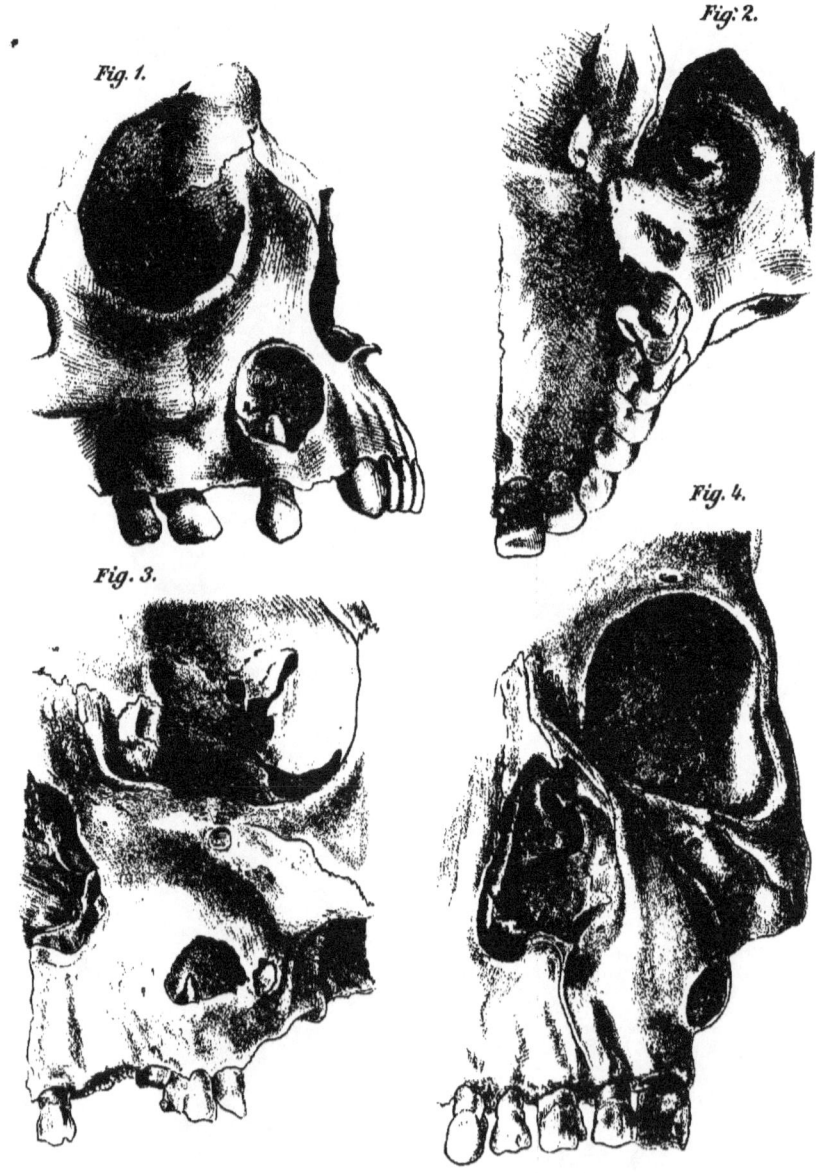

Fig. 1.

Fig. 2.

Fig. 3.

Fig. 4.

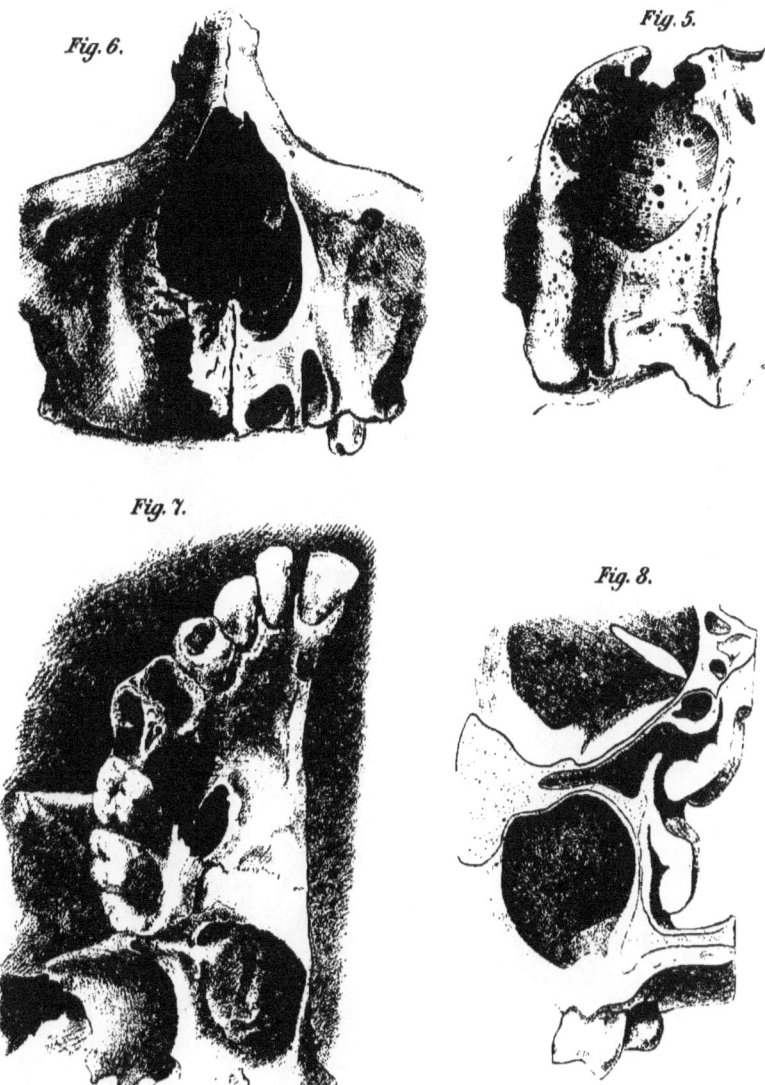

Zuckerkandl: Anatomie der Nasenhöhle. II.

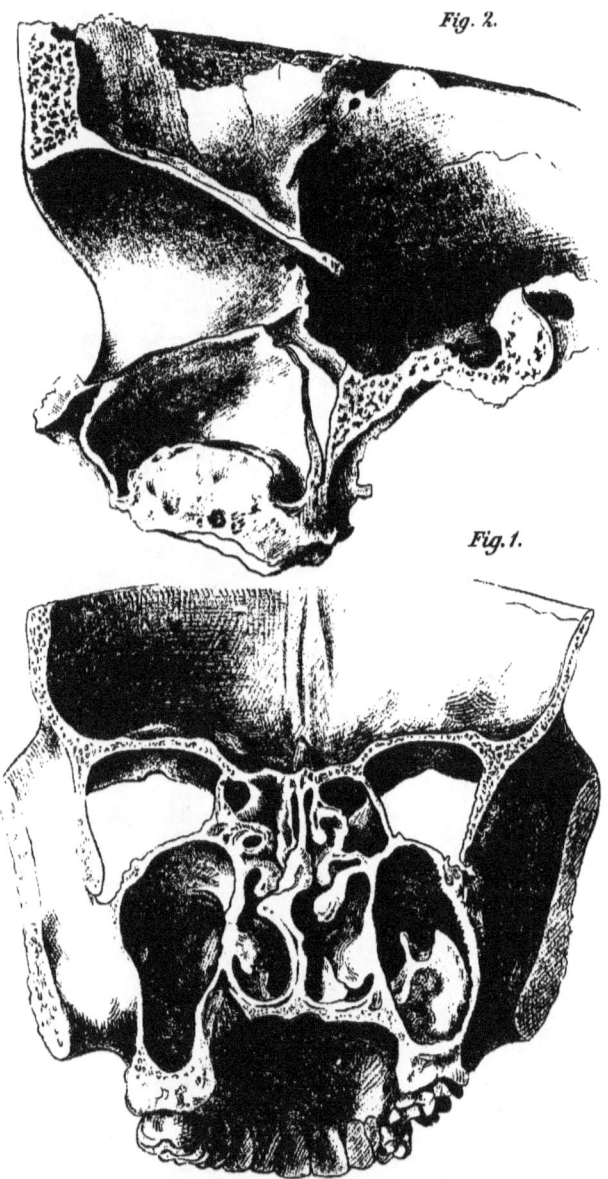

Fig. 2.

Fig. 1.

F. Waixner del. A. Berger lith.

Taf. 21.

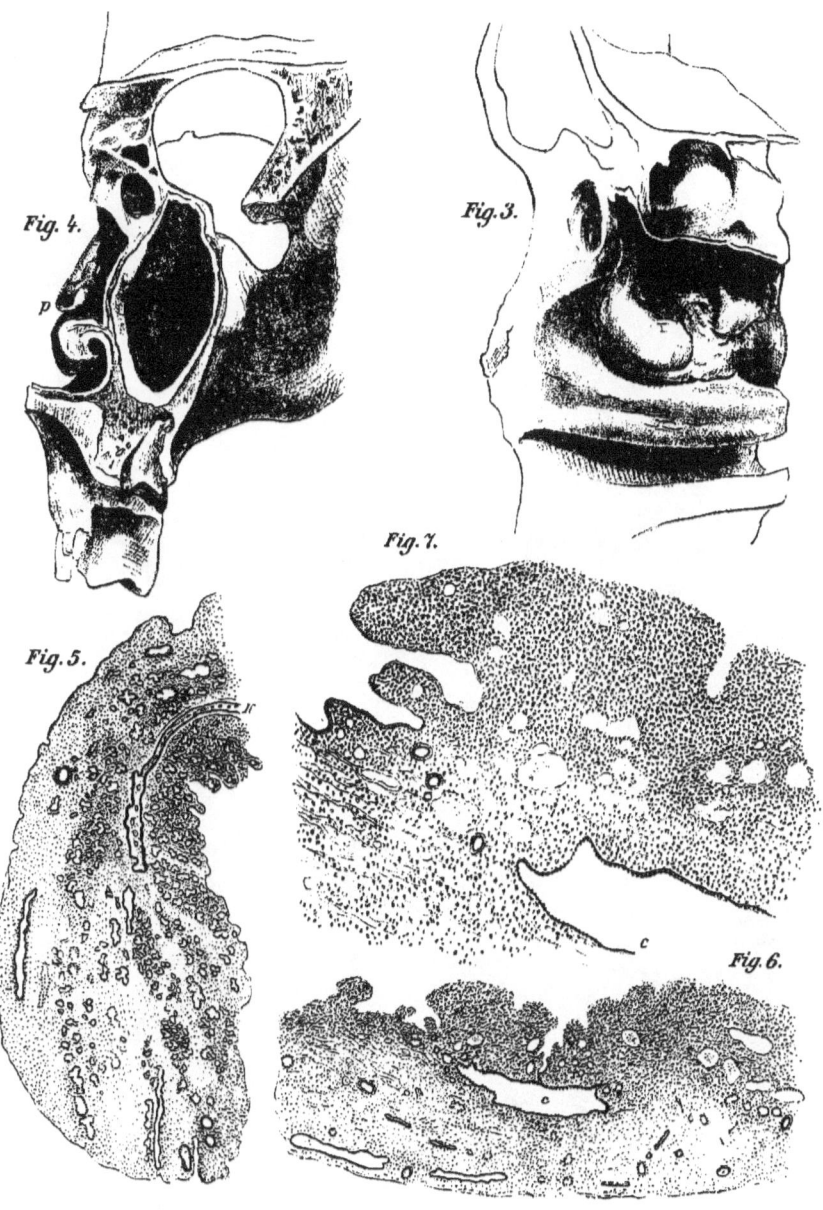

Zuckerkandl: Anatomie der Nasenhöhle. II.

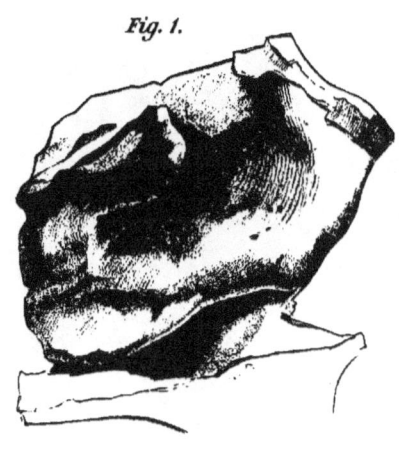
*Fig. 1.*

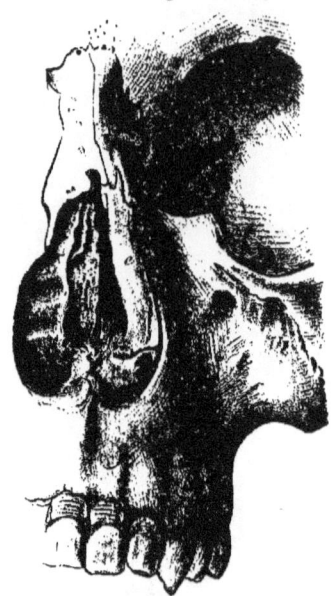
*Fig. 4.*

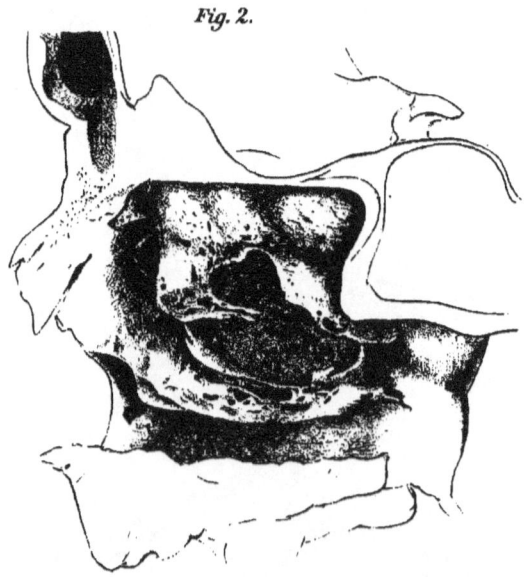
*Fig. 2.*

*Fig. 3.*

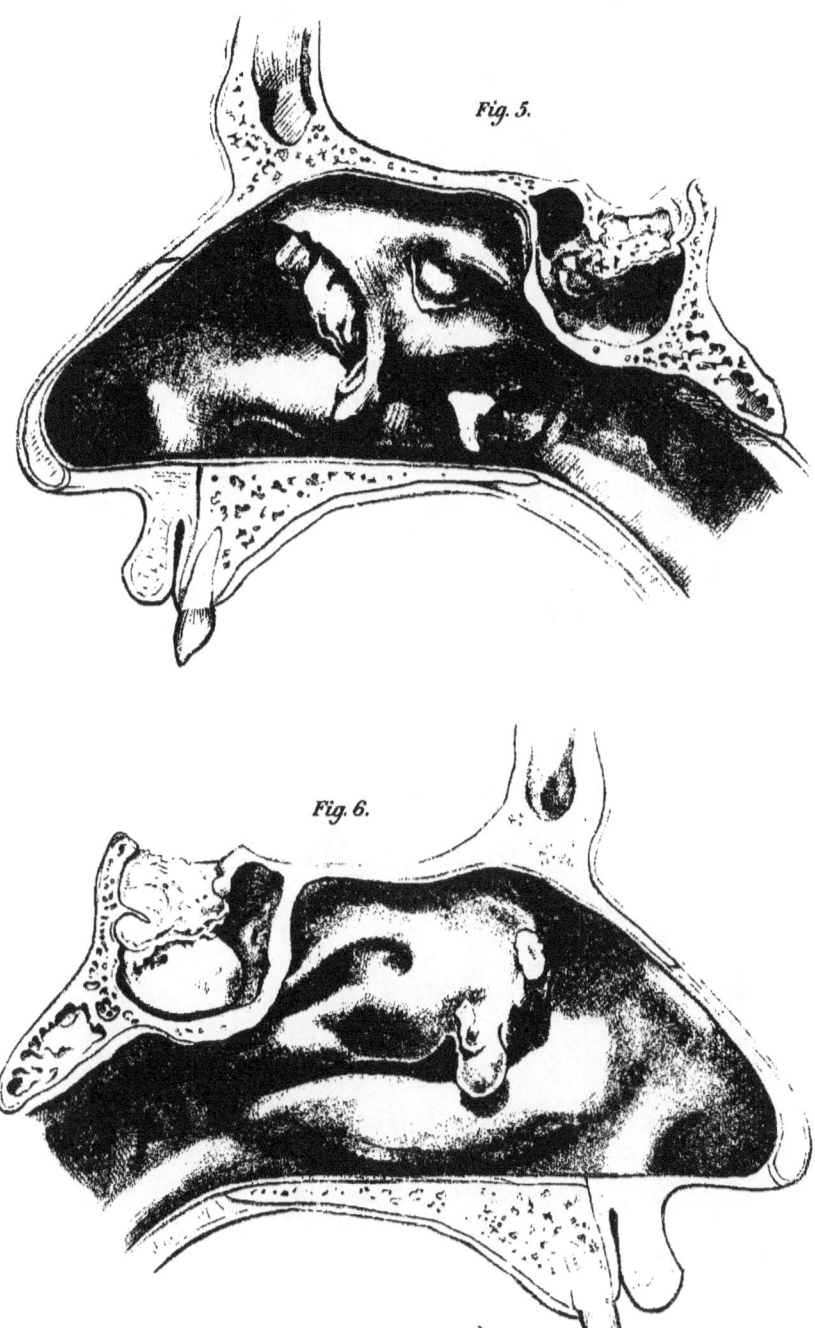

*Fig. 5.*

*Fig. 6.*

Wien.

Zuckerkandl: Anatomie der Nasenhöhle. II.

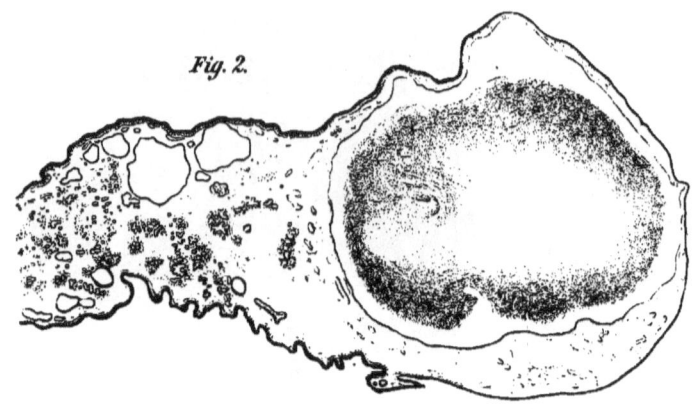

Fig. 2.

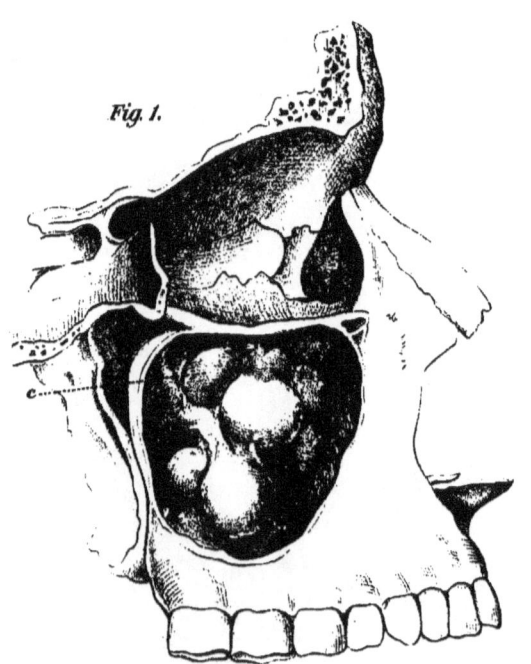

Fig. 1.

F. Meixner del. A. Berger lith.

Verlag v. W.

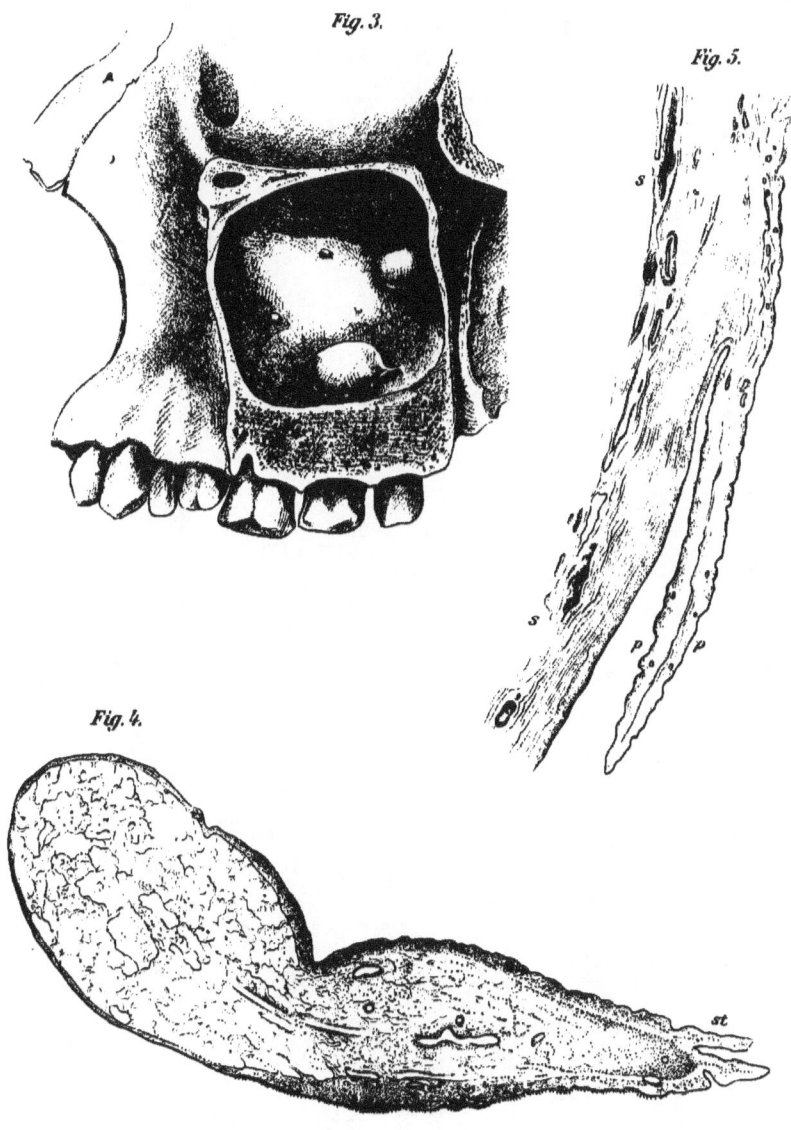

Zuckerkandl: Anatomie der Nasenhöhle. II.

Fig. 3.

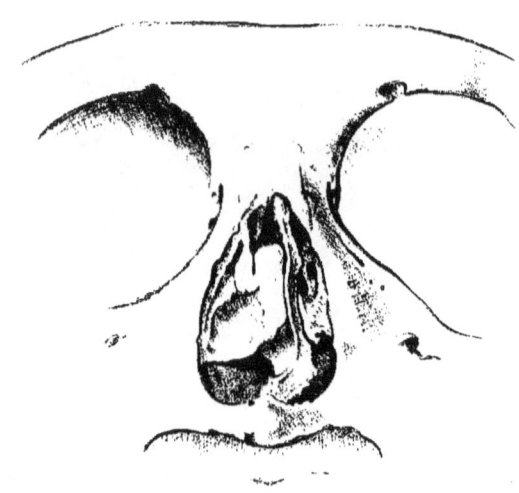

Fig. 1.

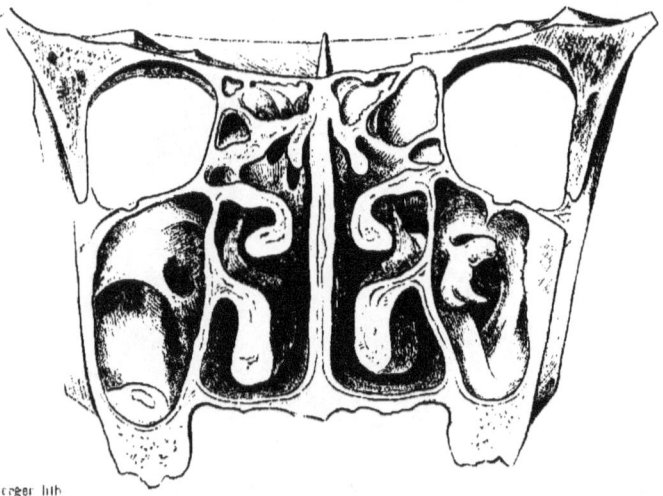

Verlag v.

Fig. 4.

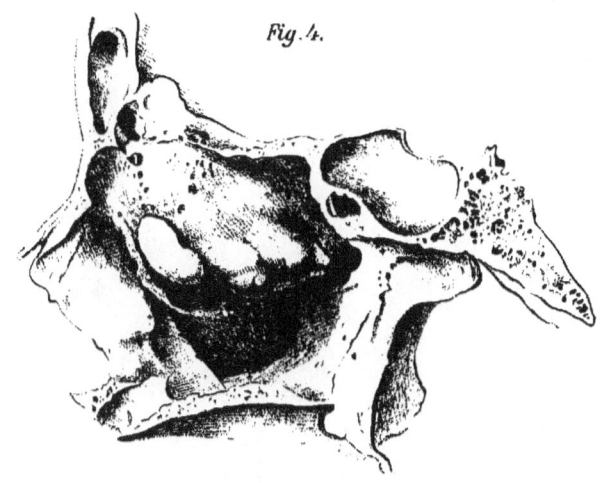

Fig. 2.

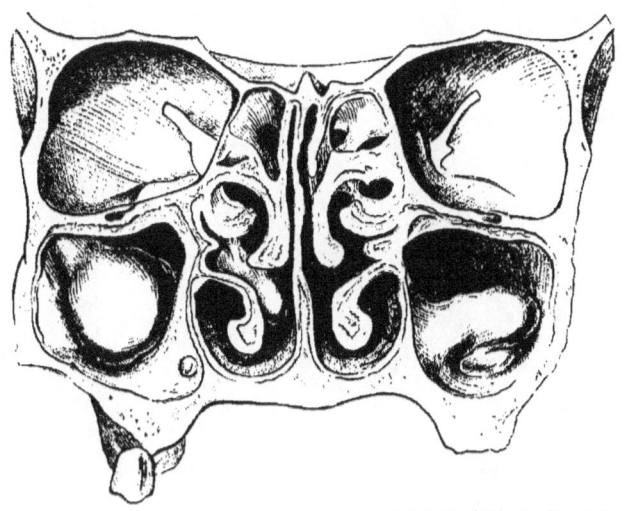

www.ingramcontent.com/pod-product-compliance
Lightning Source LLC
Chambersburg PA
CBHW031900220426
43663CB00006B/706